AF590780

TRAITÉ DES CHEMINS DE TOUTES ESPÈCES.

3337

S 157754

Tous les exemplaires non revêtus de la signature de l'Auteur sont réputés contrefaits.

TRAITÉ
DES CHEMINS
DE TOUTES ESPÈCES,

COMPRENANT LES GRANDES ROUTES, CHEMINS DE HALAGE, CHEMINS VICINAUX ET PARTICULIERS, ARBRES ET FOSSÉS QUI LES BORDENT, LES RUES ET PLACES PUBLIQUES;

OUVRAGE DESTINÉ A FAIRE SUITE AU RÉGIME DES EAUX.

PAR M. GARNIER,

AVOCAT AUX CONSEILS DU ROI ET A LA COUR DE CASSATION.

Prix : 7 fr., et 8 fr. 60 c. par la poste.

BIBLIOTHÈQUE ROYALE

A PARIS,

Chez L'AUTEUR, rue de l'Observance, n.° 8, près l'École de Médecine, et chez les principaux Libraires.

IMPRIMERIE DE BEAUCÉ-RUSAND,

RUE PALATINE, HÔTEL PALATIN, PRÈS SAINT-SULPICE.

1823.

AVERTISSEMENT.

L'indulgence avec laquelle a été accueilli l'ouvrage que je publiai l'an dernier (1), les encouragements et les avis qu'il m'a valus, les regrets qui m'ont été exprimés du silence que j'y garde sur les chemins, m'ont déterminé à entreprendre un travail sur cette matière, dont je n'avais pas cru d'ailleurs devoir m'occuper dans mon *Régime des Eaux*,

---

(1) *Régime des Eaux* ou des Rivières navigables, flottables ou non et de tous les autres cours d'eau; des obligations, droits et actions qui en résultent pour l'Etat et pour les particuliers, et de la compétence des autorités administratives et judiciaires, même des justices de paix, en matière possessoire, *suivant la jurisprudence du conseil-d'Etat et de la cour de cassation.*

Un vol. in-8.°, prix 5 fr. et 6 fr. 50 c. par la poste.

parce qu'elle m'avait paru susceptible, à raison de son importance, de devenir l'objet d'un traité particulier.

Les chemins ont sans doute avec les rivières et cours d'eau de toute nature, une grande analogie. Les uns et les autres sont des moyens de communication, facilitent le transport des hommes et des choses d'un point sur un autre, contribuent à faire fleurir le commerce et à répandre dans le royaume l'abondance, la prospérité et toutes les commodités de la vie; les uns et les autres sont régis, à quelques différences près, par les mêmes principes. Il y a par conséquent même insuffisance dans la législation, même versatilité dans la jurisprudence, même embarras dans la solution des difficultés relatives à l'une et l'autre matière. Cette dernière remarque, quoique générale, s'applique plus particulièrement à la compétence des autorités, à la séparation des pouvoirs administratif et judiciaire qu'il est si difficile d'établir et de préciser.

Mais s'il y a beaucoup de règles communes aux chemins et aux cours d'eau, il en est aussi un très-grand nombre qui sont particulières aux chemins, et qui, pour être bien comprises, devaient être traitées séparément et avec étendue.

Aussi, en composant cet ouvrage, je me suis proposé deux choses : la première d'expliquer un sujet qui n'a encore été traité, dans toute son étendue, par personne, et qui est aussi important qu'usuel ; la seconde de donner à mon premier travail une sorte d'appendice et pour ainsi dire de complément.

L'importance et la difficulté du sujet que j'ai entrepris de traiter ne peuvent être contestées. Le nombre des grandes routes, des chemins vicinaux et privés est immense. Il n'y pas de commune, de village dans lequel on ne compte un certain nombre de chemins de ces deux dernières espèces. Le besoin continuel et indispensable que chacun a d'en user fait naître chaque jour des contestations très-graves. L'intérêt personnel, ce mobile de toutes les actions des hommes, toujours si ingénieux à se créer des moyens, sait enfanter des difficultés nouvelles. Tantôt un riverain ou autre particulier se prétend propriétaire des arbres ou des fossés qui bordent le chemin, y construit sans autorisation, l'intercepte ou l'envahit pour agrandir son héritage, ou contrevient aux lois et règlements sur la police du roulage et des messageries; tantôt l'État ou une commune revendiquent une portion de propriété particulière comme un chemin royal ou vicinal ou au moins prétendent y exercer un droit de passage. Souvent l'administration veut en établir de nouveaux, ou s'arroge le pouvoir de prononcer sur des questions de propriété ou sur des contraventions qui sortent de ses attributions et rentrent dans celles de l'autorité judiciaire; cette malheureuse tendance de l'administration est même une des causes les plus directes de ces difficultés. Et dans ce dédale, dans ce labyrinthe, où l'on s'égare, les particuliers et les communes sont souvent épuisés, sans avoir pu obtenir autre chose qu'une décision sur la compétence.

Je me suis appliqué à faire cesser, autant que possible, ces difficultés, et si je n'ai pu parvenir à les applanir toutes, je crois pouvoir dire qu'à l'aide des principes que j'établis, le lecteur sera à portée d'en résoudre un grand nombre.

Toutefois, ce que j'ai dit fait comprendre qu'il en restera encore beaucoup qui ne pourront être terminées que par une loi dont l'urgence et le besoin se font chaque jour sentir et que nous appelons de tous nos vœux. Espérons que le gouvernement les exaucera en s'occupant incessamment de cette importante partie de l'administration publique; et n'oublions pas que le sénat d'Athènes veillait à l'entretien et à la conservation des chemins, que Lacédémone, Thèbes et d'autres États en avaient confié le soin aux hommes les plus marquants qu'ils appelaient *Viarum Curatores*. Il en fut de même chez les Carthaginois et chez les

Romains; chez ceux-ci les fonctions relatives aux chemins furent confiées aux édiles et aux censeurs, et remplies avec tant de soin et de vigilance que Denys d'Halicarnasse, dans le 3.e livre de son Histoire, range les voies publiques entre les merveilles de la grandeur romaine qui ont le plus contribué à la gloire de ce peuple. On peut citer pour exemple la voie Appie contenant cinq journées de chemin et si bien cimentée qu'elle semblait toute d'une pièce, et dont après huit siècles il n'y avait pas encore une seule pierre ébranlée. Aussi est-ce avec raison qu'elle était appelée *Reine des voies*, et que le docte Lipse la met au nombre des merveilles et des premiers titres de gloire des Romains, livre 3 *de Magnit. Roma. ch.* 10.

Dans le cours de cet ouvrage, je me suis exprimé comme il appartient à un citoyen dévoué à son prince et à son pays, c'est-à-dire avec franchise et liberté. J'ai blâmé sans détours cette disposition habituelle de l'administration à empiéter sur les attributions du pouvoir judiciaire; je n'ai pas besoin de dire que je n'ai entendu attaquer personne, que mes plaintes ne portent que sur les institutions; mes sentiments sont d'ailleurs assez connus pour qu'il ne soit pas possible de confondre ce que j'ai dit avec une opposition hostile et une attaque contre le gouvernement. Trop fort pour craindre l'expression libre des opinions, trop sage et trop juste pour laisser échapper la vérité lorsqu'on lui facilite les moyens de la découvrir, le gouvernement sous lequel nous avons le bonheur de vivre reçoit favorablement tout ce qui tend à améliorer nos institutions et à garantir le bonheur du peuple.

En attendant qu'il ait pu nous donner une loi, j'ai tâché de profiter des matériaux que nous possédons, et j'ai puisé dans les décisions du conseil-d'Etat et de la cour de cassation la plupart des principes que j'ai établis en faisant sur la jurisprudence de ces tribunaux suprêmes les observations qui m'ont paru nécessaires pour en faciliter l'application et pour démontrer qu'elle est conforme ou contraire à la loi. On trouvera les arrêts de la cour de cassation dans les recueils de MM. Sirey et Dalloz, mes confrères.

Les arrêts du conseil que j'ai cités se trouvent, avec l'analyse des faits et des moyens des parties, soit dans le recueil de M. Sirey, intitulé *Jurisprudence du conseil-d'Etat*, 4 vol in-4.°, soit dans le recueil des arrêts du conseil de M. Macarel, aussi mon confrère.

Le recueil de M. Sirey contient la plus grande partie des décisions rendues par le conseil-d'Etat en matière contentieuse, depuis le 22 juillet 1806 jusqu'à la fin de septembre 1818.

Le recueil de M. Macarel comprend toutes les décisions rendues depuis le 1er janvier 1821.

Quant à celles rendues dans l'intervalle, on les trouvera aux archives du comité contentieux.

TABLE
DE LA DIVISION DE L'OUVRAGE.

SECONDE PARTIE.

Des Chemins vicinaux.

TROISIÈME PARTIE.

Des Chemins particuliers.

TRAITÉ

DES

CHEMINS DE TOUTES ESPÈCES.

N.° 1. Les Romains avaient trois espèces de chemins : *vias publicas*, qu'ils subdivisaient *in regales*, *militares*, *consulares*, qui conduisaient de ville à ville ou à la mer, ou aux ports des fleuves et rivières navigables, ou dans une autre voie royale; *Vias vicinales quæ in vicos ducebant*, c'est-à-dire qui conduisaient d'un village à un autre; *vias privatas quas agrarias quidam appellabant*, qui étaient consacrés à l'exploitation de certains héritages.

N.° 2. Nous connaissons comme les Romains trois sortes de chemins; et cet ouvrage sera divisé en trois parties, dont la première sera consacrée aux grands chemins, la seconde aux chemins vicinaux, et la troisième aux chemins privés ou agraires.

PREMIÈRE PARTIE.

DES GRANDS CHEMINS.

CHAPITRE PREMIER.

Définition et propriété des grands Chemins.

3. Les grands chemins sont plus généralement connus sous le nom de routes.

4. Un arrêt du conseil du 6 février 1776, porte que les routes que l'on construira à l'avenir par ordre du roi, pour servir de communication entre les provinces et les villes ou bourgs, doivent être distinguées en quatre classes ou ordres différents.

La première classe doit comprendre les grandes routes qui traversent la totalité du royaume, ou qui conduisent de la capitale dans les principales villes, ports et entrepôts de commerce.

La seconde, les routes par lesquelles les provinces et les principales villes du royaume communiquent entre elles ou qui conduisent de Paris à des villes considérables, mais moins importantes que celles dont on vient de parler.

La troisième, les routes qui ont pour objet

la communication entre les villes principales d'une même province ou de provinces voisines.

Et la quatrième, les chemins particuliers, destinés à la communication des petites villes ou bourgs.

5. Le décret du 16 décembre 1811, qui forme le dernier état de la législation sur les routes, les divise en deux espèces :

Les routes royales,

Les routes départementales.

6. Les routes royales se subdivisent en trois classes suivant l'état annexé au décret précité.

Les routes départementales sont toutes celles qui, avant ce décret, étaient connues sous la dénomination de routes de troisième classe.

Toutes les fois qu'une route nouvelle est ouverte, l'ordonnance royale qui en ordonne la construction indique la classe à laquelle elle appartient. (Art. 4 du décret.)

Les routes royales de première et deuxième classes sont entièrement construites, reconstruites et entretenues aux frais du Trésor royal. (Art. 5.)

Les routes royales de troisième classe sont construites, reconstruites et entretenues concurremment par le Trésor et les départements qu'elles traversent. (Art. 6.)

La construction, la reconstruction et l'entretien des routes départementales, sont à la charge des départements, arrondissements et communes qui sont reconnus participer plus particulièrement à leur usage. (Art. 7.)

7. Mais à qui appartiennent les routes? Loyseau (Traité des Seigneuries, chap. 9) prétend que les grands chemins n'appartiennent à personne, parce que l'usage en est commun à tous, et que l'état n'en a que la garde principale et la surintendance; mais c'est précisément parce qu'ils n'appartiennent à personne, parce que l'usage en est commun à tous, que la propriété doit en appartenir à l'État; car dans tous les pays, les choses communes qui n'ont pas de maître particulier sont considérées comme régales.

La loi du 22 décembre 1790 vient à l'appui de ce raisonnement; elle porte, article 2 : « Les chemins publics, les rues et places des villes, les fleuves et rivières navigables... sont considérés comme des dépendances du domaine public. »

Cette loi entend les chemins publics dans le même sens que les lois romaines d'après lesquelles il y avait, comme nous l'avons vu, des chemins publics, des chemins vicinaux et des chemins privés. Par chemins publics elle entend donc tous ceux qui ne sont ni vicinaux ni privés.

L'art. 538 du code civil confirme ces principes. Il est conçu en ces termes :

« Les chemins, routes et rues à la charge de
» l'état, les fleuves et rivières navigables ou flo-
» tables, les rivages, lais et relais de la mer, les
» ports, les havres, les rades, et généralement
» toutes les parties du territoire français qui ne
» sont pas susceptibles *d'une propriété privée*,
» sont considérés comme des dépendances du
» domaine public. »

Il ne peut donc venir à l'idée de personne de contester le principe que les chemins royaux sont la propriété de l'État.

Cependant ne doit-on pas faire une distinction entre les chemins royaux? ne doit-on pas du moins en faire une entre les routes royales et les routes départementales?

Ainsi, suivant l'art. 6 du décret du 16 décembre 1811, les routes royales de troisième classe sont construites et entretenues concurremment par le Trésor public et par les départements qu'elles traversent.

Suivant l'art. 7 du même décret, les constructions, reconstructions et entretiens des routes départementales sont à la charge des départements, arrondissements et communes qui participent plus particulièrement à leur usage.

Or, l'art. 538 du code civil ne semble-t-il pas dire que les seuls chemins publics qui appartiennent à l'Etat, sont ceux qu'il entretient et qu'il en est différemment de ceux qu'il n'a pas construits et qu'il n'entretient point?

Nous ne le croyons pas;

Et d'abord, remarquons que, d'après la loi du 16 septembre 1807, l'Etat consent quelquefois à contribuer aux frais de construction, même des routes départementales. (Art 29 de ladite loi.)

Ensuite que, lors de la promulgation du code civil, tous les grands chemins, sans distinction, appartenaient à l'Etat, aux termes de la loi du 22 décembre 1790; qu'ils étaient également entretenus aux frais du trésor, ainsi que cela résulte de la loi du 16 frimaire an II; que par une conséquence toute naturelle, la loi du 28 messidor an IV, art. 1, et la loi du 11 frimaire an VII, art. 2, mettent au rang des dépenses générales de l'Etat, celles de la confection, entretien et réparation des grandes routes; qu'enfin la loi du 24 avril 1806, art. 59, affecte exclusivement *à l'entretien des routes et aux travaux des ponts et chaussées*, le produit de la contribution qu'elle établit sur le sel.

Il est donc manifeste que l'art. 538 du code civil n'a entendu exclure du domaine public que les chemins vicinaux ou privés, les seuls qui, lors de sa promulgation, n'étaient point entretenus par l'Etat.

Les derniers termes de cet article justifient cette interprétation.... « et généralement toutes » les portions du territoire français qui ne sont » pas susceptibles *d'une propriété privée*, sont » considérées comme des dépendances du do- » maine public. »

Or, bien certainement, les routes départementales ne sont pas susceptibles d'une *propriété privée*. Elles sont, au contraire, consacrées à un usage public, et tant qu'elles ont cette destination, elles sont hors du commerce, les particuliers n'en peuvent acquérir la propriété par la prescription.

On ne serait pas fondé à les ranger dans la catégorie des biens communaux, puisqu'aux termes de l'art. 542, ces biens sont ceux à la propriété ou au produit desquels les habitans d'une ou plusieurs communes ont un droit acquis, et que, si une ou plusieurs communes participent plus particulièrement à l'usage des routes départementales,il n'en est pas moins vrai que ces routes sont aussi à l'usage d'un département, et souvent même de plusieurs qui contribuent dans des proportions plus ou moins fortes aux dépenses de construction et d'entretien. Si donc cette circonstance que l'on contribue à la confection et entretien des routes, suffisait pour attribuer la propriété, ce ne serait pas à une commune, mais à un ou plusieurs départements qu'elle appartiendrait; et comme nous ne connaissons pas de propriété départementale, les routes dont il s'agit ne peuvent être considérées que comme la propriété de l'Etat. Cette discussion offre plus d'intérêt qu'on ne le pense au premier aspect; et la question qui en est l'objet, se présentera nécessairement si l'on supprime une route départementale, formée depuis le décret du 16 décembre 1811. Il s'agira d'examiner si elle sera attribuée à l'Etat, ou aux communes, ou aux départements.

La circonstance que les départements, arrondissements et communes auront fait, dans une proportion plus ou moins forte, les frais de la construction (ce qui comprend l'achat du terrein) et d'entretien n'est d'aucune considération. Cette obligation est une de ces servitudes légales auxquelles sont nécessairement assujettis tous ceux qui vivent dans un même Etat. On peut ajouter que la construction et l'entretien des routes royales de première et de seconde classe ne sont effectués par l'Etat qu'avec le produit des impôts prélevés sur toute la France; qu'ainsi, bien que toute la France paye, ce n'est pas moins l'Etat qui est propriétaire de ces routes; que s'il est juste de faire supporter les frais aux départements qui usent spécialement des routes qui les traversent, ce n'est pas plus une raison pour que l'Etat n'en soit pas propriétaire; néanmoins il serait équitable qu'une diminution d'impôts fût accordée pendant quelque temps aux départements qui ont fait les frais de la route supprimée.

Au reste, cette servitude légale n'est pas une charge sans profit; car si les départements, arrondissements et communes font des frais, ils en retirent de grands avantages. La facilité des communications rend les transports moins coûteux, fait prospérer le commerce, et augmente la valeur des propriétés.

Je conviens que ces avantages s'évanouissent lorsque la route est supprimée; mais jusque-là, ceux qui ont fait des dépenses en ont reçu l'indemnité totale ou partielle.

CHAPITRE II.

Des Marche-pieds ou Chemins de halage pour le service de la navigation et du flottage.

8. Il y a une autre espèce de chemin dont nous devons parler ici et qu'il faut ranger dans la classe des grands chemins.

Ce sont les chemins de halage.

L'art. 7, titre 28 de l'ordonnance de 1669 sur le fait des eaux et forêts, oblige tous les propriétaires d'héritages aboutissant aux rivières navigables, à laisser le long des bords un espace de terrain *pour chemin royal* et trait des chevaux.

A l'époque de la révolution, où tous les droits et les principes étaient méconnus, les chemins de halage furent en grande partie anéantis ou détériorés à tel point que la navigation était devenue extrêmement difficile.

Ces abus furent détruits par une loi du 13 nivose an v, dont l'art. 1.er porte : « Les lois et » règlements de police sur le fait de la navigation » et chemins de halage seront exécutés selon leur » forme et teneur. »

L'art. 2 remet en vigueur l'art. 7, titre 28 de l'ordonnance de 1669.

Et l'art. 3 est ainsi conçu : « Seront également » tenus tous propriétaires d'héritages aboutis- » sant aux rivières et ruisseaux flottables à bû- » ches perdues, de laisser le long des bords 4 » pieds pour le passage des employés à la conduite » des flots, sous les peines portées en l'art. 2. »

Le code civil confirme ces dispositions.

L'art. 556 est ainsi conçu : « L'alluvion profite » au propriétaire riverain, soit qu'il s'agisse d'un » fleuve ou d'une rivière navigable, flottable ou » non ; à la charge, dans le premier cas, de lais- » ser le marchepied ou chemin de halage, con- » formément aux règlements.

» Art. 649 : les servitudes établies par la loi

» ont pour objet l'utilité publique ou commu-
» nale, ou l'utilité des particuliers. »

« Art. 650 : celles établies pour l'utilité publique ou communale ont pour objet le marchepied le long des rivières navigables ou flottables, la construction ou réparation des chemins et autres ouvrages publics et communaux. »

Ajoutons à cela un décret du 22 janvier 1808, dont voici les dispositions :

« Art. 1er. Les dispositions de l'art. 7, titre 28 de l'ordonnance de 1669, sont applicables à toutes les rivières navigables de l'empire, soit que la navigation y fût établie à cette époque, soit que le gouvernement se soit déterminé depuis ou se détermine aujourd'hui et à l'avenir à les rendre navigables. »

« Art. 2. En conséquence les propriétaires riverains, en quelque temps que la navigation ait été ou soit établie, sont tenus de laisser le passage pour le chemin de halage. »

« Art. 3. Il sera payé aux riverains des fleuves ou rivières, où la navigation n'existait pas et où elle s'établira, une indemnité proportionnée au dommage qu'ils éprouveront ; et cette indemnité sera évaluée conformément aux dispositions de la loi du 16 septembre 1807. »

« Art. 4. L'administration pourra, lorsque le service n'en souffrira pas, restreindre la largeur des chemins de halage, notamment quand il y aura antérieurement des clôtures en haies-vives, murailles, ou travaux d'art, ou des maisons à détruire. »

9. Comme on l'a remarqué, il n'est question dans l'ordonnance de 1669, des chemins de halage, que le long *des rivières navigables;* le décret du 22 janvier 1808 est conçu dans les mêmes termes.

Doit-on conclure de là que, lorsque les rivières sont seulement *flottables*, les propriétaires des héritages qui y aboutissent sont dispensés de laisser le chemin de halage ?

Une telle exemption serait manifestement contraire à la nature des choses; car le marche-pied n'est pas moins nécessaire le long des rivières flottables que des rivières navigables; dans les premières, l'on hale des bateaux, et dans les secondes, des radeaux ou trains de bois.

D'ailleurs, l'obligation de supporter le chemin de halage le long des rivières qui ne sont que flottables, résulte, comme nous l'avons vu, et de la loi du 13 nivose an v, et de l'art. 650 du code civil. Cet article dispose formellement que les servitudes légales sont celles qui ont pour objet, entre autres choses, le marchepied le long des rivières *navigables* ou *flottables*.

L'art. 3 de la loi du 13 nivose an v, oblige les

propriétaires des héritages aboutissant aux rivières et ruisseaux *flottables à bûches perdues*, de laisser le long des bords 4 pieds pour le passage des employés à la conduite des flots.

Nous ajouterons que la question vient d'être jugée dans ce sens par un arrêt du conseil du 8 mai 1822, qui a en même temps décidé que les contraventions sur les chemins de halage ou marche-pieds le long des rivières et canaux flottables, devaient être poursuivies administrativement comme celles commises sur les chemins des rivières navigables.

En voici l'espèce :

Un particulier propriétaire d'un héritage bordant la Moselle, *rivière flottable*, avait fait construire un mur qui en interceptait le marchepied. Cette contravention a été dénoncée au conseil de préfecture qui, le 19 février 1819, s'est déclaré incompétent en se fondant sur ce que l'arrêté du gouvernement du 12 avril 1812, ne faisant mention que *des rivières navigables*, et non de celles qui sont *flottables seulement*, c'était aux tribunaux ordinaires à statuer sur les contraventions relatives à ces dernières.

Le Préfet a pris un arrêté pour attaquer cette décision. Le Ministre de l'Intérieur, en le transmettant au conseil d'état, y a joint les observations suivantes :

« L'arrêté du préfet, a dit S. Exc., est fondé sur ce que les chemins de halage sont assimilés aux chemins vicinaux, et que la loi du 9 ventose an XIII a attribué aux conseils de préfecture la connaissance des infractions aux règlements sur la largeur et l'alignement de ces chemins. »

« Je crois que cette loi n'est pas applicable à l'espèce; la conséquence que M. le préfet en tire me paraît se déduire d'autres principes. »

« La Moselle, dans le département de la Meurthe, est *seulement flottable*. L'article 538 du code civil dit que les routes à la charge de l'état, les rivières navigables *ou flottables*, les relais de la mer, etc., qui ne sont pas susceptibles d'une propriété privée sont considérés comme des dépendances du domaine public; ils font conséquemment partie de la grande voirie; et par les lois des 28 pluviose an VIII et 29 floréal an X, toutes contraventions en matière de grande voirie ne peuvent être jugées que par les conseils de préfecture. »

« Il est vrai que la dernière de ces lois ne parle pas des rivières flottables, que le décret du 10 avril 1812 n'en fait pas mention; mais un arrêté du gouvernement du 13 nivôse an V, et le code civil les assimilent aux rivières navigables; suivant l'arrêté du gouvernement, les chemins de halage sur les rivières flottables doivent avoir quatre pieds pour le passage des employés à la conduite des flots. Ils dépendent du domaine public et de la grande voirie; toute contravention sur la grande voirie, lorsqu'elle intéresse l'ordre public et qu'elle n'a pas pour objet des intérêts privés seulement, doit être, aux termes de la loi du 29 floréal an x et du décret du 10 avril 1812, réprimée par le conseil de préfecture. »

« Sur ce est intervenu au conseil d'état l'arrêt suivant : »

« Vu l'ordonnance du mois d'août 1669, les articles 538 et 650 du code civil, l'arrêté du 13 nivôse an v, les lois des 28 pluviose an viii et 29 floréal an x, et les décrets des 10 et 12 avril 1812. »

« Considérant que, par le décret du 10 avril 1812, les dispositions du décret du 16 décembre 1811 qui renvoyent au conseil de préfecture le jugement des contraventions de grande voirie ont été rendues applicables aux canaux et rivières navigables, sans préjudice de tous les autres moyens de surveillance ordonnés par les décrets et lois; considérant que la servitude des chemins de halage et marchepieds le long des rivières navigables et *flottables* est établie par l'ordonnance de 1669 et par le code civil; que dès-lors les contraventions à ladite servitude sur les rivières navigables et *flottables* sont de leur nature, matière de voirie, et doivent être reprimées d'après les mêmes règles; considérant que le conseil de préfecture a mal à propos fondé son incompétence sur un décret du 12 avril 1812, qui a été rendu en matière d'intérêt privé, relativement au droit de pêche et que, dans l'espèce, il s'agit d'une question d'ordre public ; »

« Par ces motifs, le conseil d'État a annulé l'arrêté du conseil de préfecture et décidé qu'il serait donné suite, devant ledit conseil, au procès-verbal de contravention. »

10. Nous venons de voir que les propriétaires des héritages bordant des rivières navigables ou flottables sont assujettis au marchepied ou chemin de halage ; nous ajoutons que les propriétaires d'héritages aboutissant à de simples canaux qui ont l'un ou l'autre caractère, sont soumis à la même obligation.

Mais que déciderons-nous relativement aux canaux non navigables ni flottables dérivés des rivières qui sont l'un ou l'autre ?

Nous avons établi dans notre régime des eaux, page 18, que ces canaux considérés comme accessoires des rivières font partie du domaine public, et l'on serait peut-être disposé à penser que les obligations des riverains de ces canaux sont les mêmes que celles imposées aux riverains des rivières ou canaux navigables ou flottables.

Mais ce serait là une erreur manifeste ; de ce que les bras émanés des fleuves ou rivières font partie du domaine public, ils n'en résulte pas qu'ils soient navigables. La navigabilité s'établit par le fait et non par la loi : si les réglemens classent les bras des fleuves et rivières navigables et flottables dans le domaine public, c'est pour empêcher le détournement des eaux, leur acquisition par prescription et l'anéantissement de la navigation; c'est parce que les eaux qui coulent dans le bras ont d'abord coulé dans la rivière. Mais pourquoi établirait-on un chemin ou marchepied sur un bras d'eau où il n'y a ni navigation ni flottage?

Aussi l'ordonnance de 1669 et le code civil n'exigent l'établissement de ces chemins que le long des rivières *navigables ou flottables*, parce qu'en effet ils sont indispensables pour la navigation et le flottage; c'est assez dire, ainsi que la raison l'indique, qu'elle n'en exige pas le long des bras d'eau qui n'ont ni l'une ni l'autre destination.

11. A plus forte raison, n'y a-t-il pas lieu à laisser des marchepieds ou chemins de halage le long des parties non navigables des rivières navigables, puisque ces parties ne sont pas même dans le domaine public et qu'elles appartiennent au contraire aux riverains, ainsi que nous l'avons établi dans notre régime des eaux.

12. Le chemin de halage est-il dû sur les îles nées dans le sein des rivières navigables ou flottables?

Nous avons été consulté sur cette question, il y a peu de temps, par les entrepreneurs des coches de la Basse-Seine et nous avons cru devoir la résoudre affirmativement. Elle avait pour eux un grand intérêt, car dans la partie de la Seine entre Paris et Rouen, il existe une grande quantité d'îles qui divisent en deux parties cette rivière, ce qui rend indispensable l'usage de leurs rives pour le service de la navigation.

A la vérité aucune disposition du code civil n'assujettit formellement les îles au chemin de halage; l'article 556 du code y assujettit bien les alluvions, mais il ne renferme aucune disposition semblable pour les îles. On doit même ajouter que l'article 560 qui suppose que les îles peuvent appartenir à des particuliers en vertu de titre ou de prescription, ne les oblige pas à souffrir le passage ou marchepied.

Cependant il faut reconnaître que les îles, soit qu'elles appartiennent à l'Etat, soit qu'elles forment une propriété privée, sont grevées de la servitude légale du marchepied : la première raison qu'on en peut donner c'est la nécessité ; car sans ce chemin la navigation serait presque toujours impossible.

La seconde raison c'est que les dispositions des lois et règlements qui imposent l'obligation de laisser le chemin de halage, sont conçues dans une telle généralité d'expressions qu'il est bien difficile de n'y pas comprendre les îles comme les autres héritages. Ainsi, l'article 7, titre 28 de l'ordonnance de 1669, porte : » les propriétaires » des héritages *aboutissans* aux rivières naviga- » bles laisseront *le long des bords*...... pour » chemin royal et trait de chevaux.....

L'article 650 du code civil porte aussi que le marchepied est dû *le long des rivières navigables ou flottables.*

Or, une île aboutit bien certainement à la rivière puisqu'elle en est entourée de toutes parts.

Nous avons vu que les chemins de halage étaient dus sur les rives des bras d'eau ou canaux navigables ou flottables. Une île qui divise une rivière en deux, dans un espace plus ou moins long, en forme des bras à raison desquels, s'ils sont navigables, les chemins de halage sont nécessairement dus par le propriétaire de l'île et doivent être établis sur ses bords.

Au surplus, l'article 650 porte que le chemin de halage doit être établi *conformément aux lois et règlements qui concernent cette servitude.*

Or, il existe un arrêt rendu par le parlement de Paris, le 28 février 1581 qui juge que les *îles et îlots des rivières navigables doivent avoir le même lez de 24 pieds pour chemin royal et trait de chevaux.*

Il y a encore un arrêt du conseil du 8 novembre 1689 qui consacre les mêmes principes.

On y lit qu'il résulte du procès-verbal de la visite faite par les officiers de la maîtrise de Coucy, qu'au préjudice de l'article 7, titre 28 de l'ordonnance de 1669, il y a quantité de saules, peupliers et autres arbres *le long de plusieurs îles situées dans la rivière d'Aisne qui nuisent à la navigation.* En conséquence, l'arrêt du conseil précité ordonne, *conformément à ladite ordonnance de* 1669, que tous les particuliers qui ont établi des arbres nuisant à la navigation, seront tenus de les ôter incessamment.

Comme on le voit, cet arrêt ne fait aucune difficulté de considérer les îles comme comprises dans la dénomination générale *d'héritages aboutissans aux rivières* que renferme l'article 7, titre 28 de l'ordonnance de 1669.

La même chose est encore établie par un arrêt du conseil beaucoup plus récent. Sa date est du 24 juin 1777. Il porte règlement pour la navigation de la rivière de Marne *et autres rivières et canaux navigables.*

Voici ses dispositions :

Article premier.

« Les ordonnances rendues sur le fait de la navigation, notamment celles des eaux et forêts de 1669 et du bureau de la ville de Paris de 1672, et tous autres règlements sur cette partie seront exécutés selon leur forme et teneur : S. M. fait en conséquence défenses à toutes personnes, de quelque qualité et condition qu'elles soient, de faire aucuns moulins, pertuis, vannes, écluses, arches, bouchis, gords ou pêcheries, ni autres constructions ou autres empêchemens quelconques, sur ou au long des rivières et canaux navigables, à peine de 1000 fr. d'amende et de démolition desdits ouvrages ; et où il se trouverait sur la rivière de Marne et autres rivières, aucuns desdits ouvrages nuisibles à la navigation, ordonne S. M. aux propriétaires de les enlever et de les détruire dans le délai de deux mois, du jour de la signification du présent arrêt qui leur sera faite à cet effet ; sauf auxdits propriétaires qui auraient fait lesdits établissements en vertu de titres ou concessions valables et légitimes, prévus par l'ordonnance de 1669 à remettre dans lesdits deux mois, pour tout délai, ès-mains du contrôleur-général des finances, les titres et renseignements relatifs à leur jouissance, pour, sur le vu d'iceux et le rapport qui en sera fait à S. M., être par elle statué ce qu'il appartiendra, et pourvu à leur indemnité s'il y échoit. »

ART. II.

« Enjoint S. M. à tous propriétaires riverains de livrer vingt-quatre pieds de largeur pour le halage des bateaux et trait des chevaux, le long des bords de ladite rivière de Marne et *autres fleuves et rivières navigables*, *ainsi que sur les îles ou il en serait besoin*, sans pouvoir planter arbres ni haye, tirer fossé ni clôture plus près desdits bords que de 30 pieds; et où il se trouverait aucuns bâtimens, arbres, hayes, clôtures ou fossés dans ladite largeur prescrite pour les chemins de halage, *d'un ou d'autre bord*, ordonne S. M. que lesdits bâtiments, arbres, hayes et clôtures seront abattus, démollis et enlevés, et les fossés comblés par les propriétaires dans le terme d'un mois à compter de la publication du présent arrêt, à peine par lesdits riverains de demeurer garans et responsables des évènements et retards, de 500 fr. d'amende et d'être contraints à leurs dépens à la démolition. Autorise S. M. tous voituriers par eau et mariniers fréquentant lesdites rivières, ledit délai expiré, d'abattre et enlever lesdits obstacles sur la permission des juges qui en doivent connaître, auxquels lesdits voituriers et mariniers seront tenus de denoncer les ouvrages nuisibles à la navigation; et pour dédommager lesdits voituriers et mariniers de leurs peines et de leur dépenses, les objets qu'ils auront démolis et abattus leur appartiendront pour en disposer comme bon leur semblera. »

Ce dernier article donne lieu à une observation

qui ne doit pas nous échapper. Le chemin de halage sur les îles n'est pas dû d'une manière absolue et indéfinie, mais seulement *lorsqu'il en est besoin.* En cas de difficulté entre le propriétaire de l'île et les navigateurs sur la nécessité du chemin, il faudra soumettre le débat au préfet, seul compétent pour le décider, ainsi que nous l'avons établi dans notre ouvrage précité.

13. Avant le code civil, les marche-pieds ou chemins de halage formaient-ils une propriété publique ? Ne constituaient-ils au contraire qu'une servitude légale imposée sur les héritages riverains ? Quelle est, à cet égard, la législation actuelle ?

L'ordonnance de 1669 désigne les marche-pieds sous le nom de *chemins royaux.* Et dans le fait, ils étaient et sont encore entretenus par l'Etat. Néanmoins, il faut reconnaître que l'obligation de souffrir le chemin de halage, ne constitue qu'une servitude imposée sur les propriétés qui bordent les rivières. L'ordonnance de 1669 déclare formellement que les propriétaires des *héritages aboutissant* aux rivières navigables seront tenus de laisser, etc. Elle les reconnaît donc bien formellement propriétaires des chemins. Une ordonnance de François Ier, du mois de mai 1520, est encore là-dessus très-formelle. Elle porte : « et d'autant que de toute ancienneté

» sur et au long des bords et rivages des rivières, » tout comme elles se composent et étendent » de toutes parts, en quelqu'état que les eaux » soient, hautes, basses ou moyennes, il doit » y avoir 24 pieds de lez pour le trait des chevaux » trayant les nefs, bateaux et vaisseaux, tant » montans qu'avalans par icelles, et les mar- » chandises y étant, ordonnons qu'on ne mette » ou fasse mettre sur lesdits rivages aucun em- » pêchement, et que chacun, *sur son héritage,* » *souffre, fasse ou maintienne convenablement* » *ledit chemin de 24 pieds de lez, pour le trait* » *desdits chevaux, sur peine*, etc.... »

Ces principes sont ceux du droit romain. Le paragraphe IV *De Rer. divisione*, *Institut.*, est ainsi conçu :

« *Riparum quoque usus publicus est, jure gen-* » *tium, sicut ipsius fluminis. Itaque naves ad* » *eas adpellere, funes arboribus ibi natis, re-* » *ligare, onus aliquod in his reponere, cuilibet* » *liberum est, sicut per ipsum flumen navigare.* » *Sed proprietas earum illorum est, quorum* » *prædiis hærent; quâ de causâ, arbores quo-* » *que in eisdem natæ eorumdem sunt.* »

Il résulte delà que, si la rivière cesse d'être navigable, ou change de cours, les riverains reprennent la jouissance du terrain qui formait le chemin, et que même, pendant les intervalles de navigation, ils peuvent jouir de ce terrein, sans toutefois en changer la destination.

Ainsi donc, les chemins de halage, depuis quelque temps qu'ils soient établis, forment, de plein droit, une propriété privée qui s'étend jusqu'au flot, sauf la preuve contraire que pourraient faire l'Etat ou des communes; mais comme nous venons de le dire, cette preuve ne pourrait résulter de l'existence du chemin, quel qu'ancienne qu'elle fût. Nous disons que la propriété des riverains s'étend jusqu'au flot, ce qui a lieu, lors même que la rivière se serait retirée d'un côté, pour se porter du côté opposé (art. 557 du code civil.)

Quant aux chemins de halage, établis depuis le code civil, ou depuis le décret du 22 janvier 1808, il ne peut y avoir aucune difficulté à les ranger dans la classe des servitudes. Les art. 639, 649 et 650 du code civil, sont là-dessus très-formels. Du reste, cette question qui est grave, et à laquelle nous avons cru devoir, par ce motif, donner quelques développements, à été décidée dans notre sens par une ordonnance royale du 26 août 1818, que nous rapporterons ci-après. Le Gouvernement a considéré cette décision comme tellement importante, qu'il l'a fait insérer au bulletin des lois.

On y lit entr'autres motifs le suivant: « Con-

» sidérant *que l'obligation consacrée par l'ordon-*
» *nance de* 1669 *et par le code civil, de laisser sur*
» *le bord des rivières navigables un chemin pour*
» *le halage des bateaux, impose une servitude*
» *et ne caractérise pas une expropriation.*

14. Le décret du 22 janvier 1808 plus juste, il faut le dire, que l'ancienne législation dispose qu'il sera accordé aux riverains des fleuves et rivières où la navigation n'existait pas, et où elle s'établira, une indemnité proportionnée au dommage qu'ils éprouveront.

L'Etat aurait-il le droit de forcer les riverains à lui céder leur propriété pour la partie qui est nécessaire à la formation du chemin de halage? Nous ne le pensons pas. Nous croyons qu'une telle exigeance serait une violation ouverte du droit sacré de propriété.

L'Etat ne peut pas arbitrairement contraindre un propriétaire à lui céder son héritage. Il ne peut le faire que pour cause d'utilité publique bien constatée et reconnue par une ordonnance royale, aux termes des lois des 16 septembre 1807 et 8 mars 1810.

Les ordonnances, les lois déclarent que l'utilité publique ne réclament qu'une servitude. Elles déclarent expressément que l'obligation de souffrir le halage n'est *qu'une servitude*. On ne peut donc exiger autre chose. Le décret du 22 janvier

1808 est bien basé sur ces idées. Il ne dit pas que l'on paiera aux riverains la valeur du terrain, mais seulement qu'il leur sera alloué une indemnité proportionnée *au dommage* qu'ils éprouveront, ce qui suppose bien qu'ils demeurent toujours propriétaires. Les riverains ont intérêt à conserver cette propriété; car la navigation et le passage ne sont pas continuels; la rivière peut d'ailleurs cesser d'être navigable, et les riverains ont un grand intérêt à conserver une propriété d'autant plus précieuse qu'elle borde une rivière;

15. Mais si l'Etat ne peut contraindre à céder la propriété, peut-il être contraint à l'acheter? Non sans doute, puisque comme nous l'avons dit, les lois et ordonnances n'établissent que des servitudes, que le décret du 22 janvier n'oblige l'Etat à accorder d'indemnité, qu'à raison du dommage que cause à la propriété cette même servitude; qu'enfin toutes choses doivent être égales entre l'Etat et les riverains; que si l'Etat ne peut forcer ceux-ci à céder leur propriété, ils ne peuvent l'obliger à l'acheter.

16. Mais si l'obligation de souffrir le passage ou marchepied est une servitude, il faut reconnaître aussi que cette servitude est toute spéciale; qu'elle est imposée aux riverains pour le seul service de la navigation; qu'elle ne saurait être aggravée d'après le principe consacré par l'art. 702

du code civil, que celui qui a un droit de servitude, ne peut en user que suivant son titre, sans pouvoir faire, dans le fonds qui la doit, de changement qui aggrave sa condition.

Ainsi un particulier ne pourrait se servir du chemin de halage, dans son intérêt particulier, par exemple pour l'exploitation de ses terres, pour y déposer des matériaux, ou pour tout autre usage; il ne serait pas fondé à prétendre que ce chemin étant consacré à un usage public, il importe peu qu'on l'emploie plutôt de telle manière que de telle autre.

Il faudra donc que le particulier qui veut se servir pour son usage du chemin de halage, en rapporte un titre; et s'il y a contestation sur ce titre, il n'appartiendra qu'aux tribunaux d'en connaître; car le débat ne roulant pas sur l'existence et la nécessité du chemin de halage dans l'intérêt de la navigation (ce qui ne pourrait être décidé que par l'autorité administrative) mais se référant à une question d'intérêt privé, et à l'appréciation d'un titre, l'autorité judiciaire est seule compétente pour le juger. Tous ces principes ont été consacrés par un arrêt du conseil d'État du 3 juin 1821.

17. Il faut encore aller plus loin, et décider que le chemin de halage ne peut pas même être employé par les navigateurs à un autre usage que

le simple passage; les navigateurs ne peuvent s'en servir qu'en faisant route, et lorsque leurs navires sont en marche; et si, pour faire les manœuvres indispensables à la navigation, ils sont forcés de s'amarrer sur le chemin, comme lorsqu'ils portent des envergures ou des touées, ils ne peuvent donner aucune fixité à leurs abordages et amarrages. Ils ne peuvent donc transformer le chemin de halage en un port fixe d'abordage où ils demeureraient amarrés. C'est ce qui a été décidé par un arrêt du conseil du 26 août 1818, rapporté par Sirey, tome 1818, deuxième partie, pag. 322, et inséré au bulletin des lois, an 1818, bulletin 234, n.° 4864, et rendu dans l'espèce suivante :

Un sieur de Perrier est propriétaire d'un héritage situé sur les bords de la Seine, commune de Manoir (Eure).

Un arrêté du conseil de préfecture avait autorisé un sieur Leclerc à transformer en port fixe d'abordage, une partie de la propriété du sieur de Perrier, formant chemin de halage, en lui permettant d'y attacher son bateau.

Sur le pourvoi au conseil d'Etat, il y intervint un arrêt ainsi conçu :

« Considérant, sur la compétence, qu'aux termes de la loi du 29 floréal an x, les conseils de préfecture ont le droit de statuer sur les matières de grande voierie ; et que les parties n'ayant produit ou fait valoir aucun titre constitutif de propriété ou de servitude, il n'y avait pas lieu à renvoyer la cause devant les tribunaux ordinaires ; »

« Considérant, au fond, que l'obligation consacrée par l'ordonnance de 1669, et par le code civil, de laisser sur le bord des rivières navigables un chemin pour le halage des bateaux, impose une servitude et ne caractérise pas une expropriation ; »

« Considérant que si les bateliers peuvent s'arrêter dans leur marche partout où le besoin de la navigation l'exige, ce serait aggraver la servitude des riverains que de permettre arbitrairement, dans l'intérêt d'un tiers, la formation d'un port fixe d'abordage le long d'un chemin de halage, dont la propriété n'aurait pas été acquise préalablement pour cause d'utilité publique : »

« Notre conseil d'Etat entendu, »

« Nous avons ordonné et ordonnons ce qui suit : »

« Art. 1.er L'arrêté du conseil de préfecture du département de l'Eure est annulé. »

« Art. 2. Tous les travaux faits par le sieur Leclerc sur la propriété du sieur de Perrier, seront supprimés dans le mois qui suivra la notification de la présente ordonnance, et faute par lui de le faire, il y sera procédé, à ses frais, par le sieur de Perrier, sous la surveillance du maire de la commune de Manoir. »

« Art 3. La présente ordonnance sera insérée au bulletin des lois. »

18. Néanmoins, tant que les travaux et appareils que la pêche à l'escave exige, ne s'étendent point au-delà du terrain réservé au marche-pied des rivières, les propriétaires riverains n'ont pas droit d'en empêcher l'exercice.

(Arrêt du conseil du 20 novembre 1815.)

19. De ce que le chemin de halage doit être établi le long des bords des héritages riverains des fleuves et rivières navigables et flottables, il résulte que ce chemin doit suivre les variations de la rivière; si donc, elle emporte une partie de la rive, le propriétaire est obligé de le fournir sur les terres qui lui restent, et de souffrir le reculement nécessaire, et par une juste compensation, si la rivière se porte sur la rive opposée, ou s'il se forme un attérissement, le chemin avance à proportion. C'est ce qui résulte des articles 556 et 557 du code civil, dont le 1.er porte que l'alluvion profite au propriétaire riverain, soit qu'il s'agisse d'un fleuve ou d'une rivière navigable, flottable ou non, à la charge dans le premier cas de laisser le marche-pied ou chemin de halage, et dont le second dit : « *il en est de même* des relais que forme l'eau courante

qui se retire insensiblement de l'une de ses rives, en se portant sur l'autre : le propriétaire de la rive découverte profite de l'alluvion, sans que le riverain du côté opposé y puisse venir réclamer le terrain qu'il a perdu. » L'ordonnance de François I.er donnée à Montreuil, au mois de mai 1520, porte expressément entr'autres choses que « si par la violence de l'eau ledit chemin » venait à être ruiné, il doit être rétabli sur la » prochaine terre. La disposition de cette ordonnance est tirée de la loi 14, § 1er ff. *Quemadmodùm servitutes amittuntur*, qui porte : *Cùm via publica vel fluminis impetu, vel ruinâ amissa est, vicinus proximus viam præstare debet.*

Tous ces principes, au surplus, ne sont qu'une conséquence de l'obligation imposée aux propriétaires *des héritages aboutissant aux rivières* de laisser le chemin de halage *sur les bords* ; de sorte que quelqu'événement qui arrive, il faut toujours que ce chemin existe.

20. L'obligation de laisser un chemin de halage s'applique à toutes les rivières, à tous les fleuves navigables ou flottables, soit que la navigation s'y fasse à trait de chevaux, ou d'hommes ou par l'impulsion du vent, ou à l'aide du flux et reflux, sauf toutefois la largeur du chemin qui diffère suivant les cas, ainsi que nous l'expliquerons ailleurs.

CHAPITRE III.

De la largeur des Chemins.

21. La largeur des chemins n'a pas toujours été uniforme. Une transaction de l'an 1222, appelée *Charta Pacis*, fixe la largeur du chemin royal à 18 pieds. La coutume du duché de Bourgogne, chapitre des mesures, ne donne que 30 pieds de largeur au chemin dit royal. Celle de Normandie, art. 623, dit qu'il ne doit pas avoir moins de quatre toises. D'autres coutumes ont fixé diversement la largeur des grands chemins.

L'ordonnance de 1669, art. 1, titre 28, porte : « Qu'en toutes forêts de passage où il y a, et » doit avoir grand chemin royal servant aux » coches, carosses, messageries et rouliers de » villes et autres, les grandes routes auront au » moins 72 pieds de largeur ; et où elles se » trouveraient en avoir d'avantage, elles seront » conservées en leur entier. »

Néanmoins, l'art. 3 du même titre réduit cette largeur à 60 pieds, dans le cas où il y a des bois, épines et broussailles à détruire.

Il est ainsi conçu : « Ordonnons, que dans six » mois du jour de la publication des présentes,

3

» tous bois, épines et broussailles qui se trouve-
» ront dans l'espace de 60 pieds ès-grands che-
» mins, servant au passage des coches et caros-
» ses publics, tant de nos forêts que de celles
» des ecclésiastiques, communautés, seigneuries
» et particuliers, seront essartés et coupés, en
» sorte que le chemin soit libre et plus sur, le tout
» à nos frais ez forêts de notre domaine et aux
» frais des ecclésiastiques, communautés et par-
» ticuliers, dans les bois de leur dépendance. »

Il y a même deux arrêts du conseil des 4 octobre 1670 et 20 novembre 1671 qui fixent à 40 toises la largeur du chemin de Paris à Melun dans toute l'étendue de la forêt de Senar et qui ordonnent que, dans deux mois pour tout délai, les propriétaires riverains chacun en droit soi, fassent couper et arracher les bois de la largeur de 20 toises à prendre du milieu dudit grand chemin.

La largeur des autres chemins royaux hors des forêts avait été réglée différemment par divers arrêts et lettres patentes, jusqu'à l'arrêt du conseil qui fixa la largeur des grands chemins à 60 pieds et celle des autres chemins à 36 pieds. Cette règle s'est observée aussi exactement qu'il a été possible jusqu'en 1776, que le roi a cru devoir diminuer cette largeur pour laisser plus de terrein à l'agriculture.

L'arrêt du conseil rendu le 5 février 1776 fixe la largeur des routes de la première classe à 42 pieds; les routes de la seconde classe, doivent avoir 36 pieds de largeur et celles de la troisième classe 30 pieds, sans comprendre dans cette largeur ni les fossés, ni les empattemens des talus ou glacis.

Suivant l'art. 5, ces règles ne doivent point s'appliquer aux chemins royaux dirigés à travers les bois; la largeur de ces chemins doit continuer d'être de 60 pieds, conformément à ce que l'ordonnance des eaux et forêts à prescrit à cet égard, pour la sûreté des voyageurs.

Comme il y a des pays tels que ceux des montagnes, où la construction des chemins présente des difficultés extraordinaires et entraîne des dépenses considérables, l'intention du roi est qu'on puisse donner à ces chemins une largeur moindre que celle qui est prescrite en général, pourvu toute fois qu'on prenne les précautions nécessaires pour prévenir tous les accidens. Dans ce cas la largeur doit être fixée par le conseil, d'après ce que les circonstances locales pourront exiger et d'après le compte que les intendans des provinces auront rendu à cet égard. C'est ce qui résulte de l'art. 6.

L'arrêt prévoit le cas ou l'affluence des voitures aux abords de la capitale et de quelques autres villes où il se fait un commerce considérable, peut occasionner des embarras ou accidens; et c'est ce qu'a fait l'article 7 : il porte que le roi s'est réservé d'augmenter aux abords de ces villes, par des arrêts particuliers, la largeur prescrite, sans néanmoins qu'elle puisse jamais être étendue au-delà de 60 pieds.

Ces différentes dispositions n'ont pas été abrogées, et subsistent encore aujourd'hui.

Le décret du 16 décembre 1811 garde le silence sur la largeur des chemins, et son dernier article déclare formellement n'abroger que les dispositions des lois antérieures qui y sont contraires.

22. Ce que nous venons de dire ne s'applique point aux chemins de halage dont la largeur est fixée différemment par d'autres dispositions.

L'ordonnance de François I.er de 1520 rappelle que de toute ancienneté, il y a eu sur le bord des rivières 24 *pieds de lez* pour le trait des chevaux. L'ordonnance de 1669 fixe aussi à 24 pieds la largeur de ce chemin ; mais elle ajoute à la précédente deux dispositions importantes.

La première consiste dans l'interdiction faite aux riverains qui doivent le chemin de halage, de planter des arbres, établir des haies ou des clôtures plus près des bords que 30 pieds.

La seconde consiste dans l'obligation imposée aux riverains du côté opposé au chemin de halage, de laisser sur les bords 10 pieds de leur terrein et de ne pouvoir par conséquent établir des arbres, des haies, des clôtures qu'au-delà de cette distance.

La même disposition a encore été textuellement répétée dans l'ordonnance de 1672, considérée comme loi fondamentale du commerce et de l'approvisionnement de Paris; dans l'arrêt du conseil du mois de juin 1777, dans la loi du 13 Nivose an 5, et dans le décret du 22 janvier 1808. Ces trois dernières lois ajoutent l'interdiction de creuser des fossés à celle de planter des arbres, haies ou établir des clôtures.

23. Le décret du 22 janvier 1808, établit la nécessité de laisser un marche-pied le long des rivières et ruisseaux où le flottage des bois se fait à buches perdues; mais comme ce marche-pied est uniquement destiné au passage des employés à la conduite des flots, sa largeur est fixée à 4 pieds seulement; et, comme le décret ne contient ici aucune prohibition, les riverains peuvent établir des murs à la distance de 4 pieds des bords; mais nous pensons que, lorsque le riverain veut planter des arbres de haute tige ou des haies vives, il doit se conformer à l'article 671 du code civil.

24. Du reste, le chemin est dû le long de toutes les rivières navigables ou flottables, soit que la navigation ait lieu par l'impulsion du vent, ou à trait de chevaux ou d'hommes, ou à l'aide du flux et du reflux; mais l'espace de 24 ou 30 pieds ne peut être exigé que du côté où le tirage a lieu et se trouve restreint à 10 pieds sur chaque bord, tant qu'il n'y a pas de tirage à chevaux d'établi. C'est ce qui résulte d'un décret du 16 Messidor an XIII, par lequel :

« Considérant que, suivant les articles 538 et 556 du code civil, la propriété nationale se renferme dans le lit des fleuves et rivières navigables, et que celle des riverains s'étend jusqu'au bord des mêmes fleuves et rivières, sauf la servitude du marche pied; que les pêcheurs n'ont droit d'exiger ce marche-pied, et de s'en servir, que comme tous les autres navigateurs, il fut décidé que l'art. 7 du titre 28 de l'ordonnance de 1669, confirmée par le code civil, s'appliquait à toutes les rivières et fleuves navigables, mais que l'espace de 24 à 30 pieds se trouvait restreint à 10 pieds sur chacun des deux bords, tant qu'il n'y avait pas de tirage à chevaux d'établi; »

« Que la loi du 14 Floréal an x, n'ayant rien innové ni ajouté à cette disposition, le droit de servitude des pêcheurs à terre se bornait à l'usage des marche pieds tels que l'avaient les autres navigateurs. »

25. Il y a des fleuves ou rivières où le flux et le reflux se font sentir; d'ailleurs toutes les rivières sont suivant les saisons plus ou moins fortes. Comment alors déterminer les bords sur lesquels doit exister le chemin?

L'ordonnance de François I.er de 1520 veut que le chemin de 24 pieds soit toujours libre dans les eaux hautes, moyennes et basses; mais il faut convenir que cette disposition doit entraîner dans son application de graves difficultés, car l'augmentation des eaux étant souvent subite ou très-prompte, et les variations des rivières étant fréquentes, comment déterminer l'espace de terrein qui doit être laissé sur chaque bord?

Nous croyons que l'autorité administrative doit adopter un terme moyen entre les eaux basses et l'élévation des hautes marées, et fixer, d'après cette base, l'emplacement du chemin de halage et de l'espace de 10 pieds du bord opposé. C'est ce qui a d'ailleurs été décidé par un arrêt du conseil du 24 décembre 1818, n. 3189, arch. dont les termes doivent trouver place ici à cause de son importance.

« Louis, — sur le rapport du comité du contentieux; vu la requête à nous présentée au nom du sieur Frédéric Asselin, propriétaire à Rouen, ladite requête enregistrée, etc., et tendant à ce qu'il nous plaise annuler un arrêté du conseil de préfecture du département de la Seine-Inférieure, du 26 mars 1817, qui le condamne à arracher trois rangs de peupliers, sous prétexte que ces arbres, plantés sans autorisation préalable, interceptent la libre communication sur le bord de la Seine, et déclarer que le suppliant sera affranchi de la servitude qu'on voudrait lui imposer; »

« Vu l'arrêté attaqué du conseil de préfecture du département de la Seine-Inférieure, du 26 mars 1817; »

« Vu les observations adressées par ce conseil à notre garde-des-sceaux, ministre secrétaire d'Etat de la Justice, le 14 septembre 1818; »

« Vu l'ordonnance des eaux et forêts de 1669;

« Vu l'ordonnance de la marine, du mois d'août 1681; »

« Vu les autres pièces produites, etc; »

« Considérant qu'aux termes de l'article 7 du titre 28 de l'ordonnance de 1669, il est dû le long du canal opposé au chemin de halage, une espace de 10 pieds de largeur; »

« Considérant qu'aux termes de l'article 1.er, titre 7, livre 4 de l'ordonnance de 1681, sont réputés bords et rivages de la mer, tout ce qu'elle couvre et découvre pendant les nouvelles et pleines lunes, et jusqu'où le grand flot de mars peut s'étendre sur la grève ; »

« Considérant que les marées se font sentir dans cette partie de la Seine, et que les chemins et contre-chemins de halage doivent être praticables à toutes les époques de marées où la navigation est possible ; »

« Considérant que le conseil de Préfecture, pour alléger la servitude qui pèse sur l'héritage du sieur Asselin, a choisi un terme moyen entre les eaux basses et l'élévation des hautes marées, et qu'ainsi il a su concilier les intérêts de la navigation avec le respect dû à la propriété ; »

« Notre conseil d'Etat entendu,

« Nous avons ordonné et ordonnons ce qui suit : »

« Art. 1.er La requête du sieur Asselin est rejetée. »

« 2. L'arrêté du conseil de Préfecture du département de la Seine-Inférieure, du 26 mars 1817, est approuvé. »

26. L'auteur de la conférence sur l'ordonnance de 1669 prétend que l'obligation imposée aux riverains de laisser une espace libre de 10 pieds du côté opposé au chemin de halage, est fondée sur le motif qu'il y a plusieurs rivières où suivant les vents on est obligé de haler les bateaux tantôt d'un côté, tantôt de l'autre. D'où il paraît con-

clure qu'il ne doit pas y avoir un chemin d'égale largeur de 24 pieds des deux côtés de la rivière, lorsque le halage s'y fait habituellement.

Nous ne partageons pas cette opinion; nous croyons que l'espace de 10 pieds n'est suffisant que lorsque le halage a lieu habituellement du côté opposé; mais il nous semble que dans le cas proposé il y a égale nécessité d'établir des deux côtés un chemin de la même largeur puisque la navigation s'y fait à trait de chevaux. D'ailleurs la nécessité du chemin étant égale des côtés ainsi que nous venons de le dire, de quel côté fixerait-on l'espace de 24 pieds?

L'ordonnance de François I.er est conçue en termes généraux; elle exige que les riverains laissent *sur les bords* 24 pieds pour le trait des chevaux. La même généralité d'expressions existe dans l'ordonnance de 1672, dans la loi du 13 Nivôse an v, et dans le décret du 22 janvier 1808.

C'est donc le besoin de la navigation à trait de chevaux qui a fait établir le chemin de 24 pieds.

L'ordonnance de 1669 n'est pas moins formelle à cet égard. L'art. 7, titre 28, contient deux dispositions. Par la première, il assujettit les propriétaires à laisser le long des bords 24 pieds de terrein pour chemin royal et trait de chevaux.

Par la seconde, il leur défend de planter, tenir clôture ou haie, plus près des bords que 30 pieds du côté où les bateaux se tirent, et 10 pieds de l'autre côté.

D'après cette disposition, il est évident que si les bateaux *se tirent des deux côtes*, il doit y avoir sur chaque bord le même espace, et que les riverains ne peuvent planter ou établir clôture qu'à la distance de 30 pieds.

Nous ajouterons que la question nous semble résolue dans ce sens par l'arrêt du conseil, du mois de juin 1777.

L'art. 2 de cet arrêt, après avoir renouvelé la défense faite par l'ordonnance de 1669 de planter des arbres ou établir des haies, fossés ou clôtures, plus *près des bords que* 30 *pieds*, ajoute : « Et où il se trouverait aucuns bâtiments, ar-» bres, haies, clôtures ou fossés dans ladite lar-» geur prescrite pour les chemins de halage, *d'un* » *ou d'autre bord*, ordonne S. M., etc.... »

27. Le décret du 22 janvier 1808, art. 4, porte que l'administration pourra, lorsque le service n'en souffrira pas, restreindre la largeur des chemins de halage, notamment quand il y aura antérieurement des clôtures en haies vives, murailles ou travaux d'art, ou des maisons à détruire.

Cette disposition s'applique-t-elle aux rivières sur lesquelles la navigation existait avant le décret comme à celles qui n'ont été déclarées navigables que depuis?

Ce qui pourrait faire croire qu'il faut la restreindre à ces dernières, c'est qu'elle vient immédiatement après celle qui prescrit au gouvernement l'obligation d'indemniser les riverains à proportion du dommage qu'ils éprouvent par l'établissement d'un chemin de halage le long d'une rivière qui n'est déclarée navigable que depuis le décret; de sorte qu'elle paraît établie plutôt dans l'intérêt de l'Etat, et pour éviter de payer des indemnités considérables, que dans l'intérêt des particuliers.

Néanmoins, comme l'art. 4 est conçu dans les termes les plus généraux, qu'il autorise à restreindre la largeur des chemins de halage lorsque la navigation ne souffre pas de cette restriction, nous pensons qu'il est applicable aux rivières qui étaient navigables et flottables avant le décret; la justice et la raison le veulent ainsi : les lois et ordonnances, en exigeant un chemin de halage, n'ont pas voulu grever d'une servitude inutile la propriété des riverains; ils ne l'ont fait que pour le besoin de la navigation, et parce qu'il fallait bien établir une règle générale; mais lorsqu'il est prouvé que le besoin de la navigation n'exige pas que le chemin de halage ait une aussi grande largeur, l'administration doit la réduire sans hésiter.

L'auteur de la conférence sur l'ordonnance de

1669, que nous avons déjà cité, remarque que, quelque précise que soit cette loi sur la nécessité de laisser un chemin de halage de 24 pieds, il y a cependant tels endroits où il est tout-à-fait impossible de la pouvoir exécuter, parce que ce sont des rochers ou des maisons et autres édifices, qui de temps immémorial ont été bâtis le pied dans l'eau, et qu'on ne pourrait faire ôter sans de trop grandes dépenses, et une perte considérable pour ceux à qui ils appartiennent, dans la possession desquels les propriétaires ont été confirmés par l'arrêt de vérification du parlement de Paris, de l'ordonnance du mois d'octobre 1570, ladite vérification du 14 décembre suivant.

Puis il ajoute : « Par règlement du siége de la » Table de Marbre du 15 mai 1585, art. 8, il est » défendu de planter des arbres plus près que de » 9 pieds le long des bords des rivières, du côté » que les mariniers tirent à la cordelle, et de l'au- » tre côté plus près que 3 pieds. Présentement » que la largeur est déterminée par cet article, à » 24 pieds d'un côté et 10 pieds de l'autre, il » n'est plus question de toutes les différentes lar- » geurs pour les rivières royales, à moins que ce » ne fût pour de petites rivières particulières où » les bateliers ne peuvent haler qu'à cou; auquel » cas 9 pieds sont plus que suffisants, et même » moins, suivant la situation des lieux; les parti-

» culiers à qui appartient le terrein qui est sur » leurs bords, étant tenus à cette servitude. »

Ce que nous venons de rapporter fait voir que, même avant le décret du 22 janvier 1808, il y avait des cas où l'ordonnance sur la largeur des chemins de halage n'était pas rigoureusement observée.

28. Au surplus, il appartiendra au préfet, sauf recours au ministre de l'intérieur et ensuite au conseil d'Etat, de fixer cette largeur, et de statuer sur la réclamation des riverains, en réduction de celle légale, mais tant que cette réduction n'aura pas été prononcée, les riverains seront obligés de laisser la largeur prescrite par les lois et ordonnances.

CHAPITRE IV.

Des fossés qui bordent les routes.

29. Un arrêt du conseil, du 3 mai 1720, ordonne qu'il sera établi des fossés le long des grands chemins pour fixer leur largeur et empêcher les propriétaires des héritages aboutissants d'anticiper à l'avenir sur lesdits chemins.

L'art. 2 dudit arrêt veut que la largeur du fossé soit au moins de 6 pieds dans le haut, de 3 pieds dans le bas, et la profondeur de 3 pieds, en observant les pentes nécessaires pour l'écoulement des eaux desdits fossés.

L'art. 3 porte que les fossés seront faits aux frais de Sa Majesté, si mieux n'aiment les particuliers les faire aux leurs.

Il est ordonné par l'art. 4 que les nouveaux fossés seront entretenus et curés par les propriétaires des terres y aboutissantes, toutes les fois qu'il sera jugé nécessaire par les inspecteurs et ingénieurs des ponts et chaussées, sur les procès-verbaux desquels les intendants des provinces et généralités ordonneront ledit curage, et seront tenus lesdits propriétaires de faire jeter sur leurs héritages ce qui proviendra dudit curage.

Néanmoins, l'art. 5 excepte de ces dispositions les chemins qui se trouvent entre des montagnes, et dont la situation ne permet pas qu'ils soient élargis.

30. Un autre arrêt du conseil, du 6 février 1776 restreint la nécessité d'établir des fossés sur tous les grands chemins.

Suivant l'art. 8, les routes ne doivent être bordées de fossés que dans les cas où ils auraient été jugés nécessaires pour qu'elles soient garanties de l'empiètement des riverains, ou pour écouler les eaux.

Du reste, cet arrêt ne change rien aux dispositions de celui du 3 mai 1720, relatives à la largeur et profondeur des fossés, à leur construction, entretien et curage.

« L'art. 2 de la loi du 9 ventose an XIII, porte que les plantations seront faites dans l'intérieur de la route et sur le terrein appartenant à l'Etat, *avec un contre-fossé qui sera fait et entretenu par l'administration des ponts et chaussées.* »

Le décret du 16 décembre 1811, contient sur les fossés les deux articles suivants :

« Art. 109. Les travaux d'entretien, de curement et réparation des fossés des grandes routes seront exécutés par les propriétaires riverains, d'après les indications et alignements qui seront donnés par les agents des ponts et chaussées. »

« Art. 110. Tous les travaux de curement ou entretien des fossés qui n'auraient pas été faits par les propriétaires ou locataires riverains, aux époques indiquées, le seront à leurs frais, par les soins des agents des ponts et chaussées, et payés sur des états approuvés et rendus exécutoires par les préfets. »

Il faut conclure de tous ces articles de loi que les dispositions des arrêts du conseil de 1720 et 1776 relatives aux fossés, subsistent encore aujourd'hui.

31. Mais à qui appartiennent les fossés régnant le long des routes? sont-ils la propriété de l'Etat ou des riverains? sont-ils mitoyens?

C'était une règle constante dans l'ancienne jurisprudence que les fossés situés entre deux héritages étaient mitoyens de droit, à moins qu'il n'y eût marque ou titre du contraire.

Il y avait marque de non mitoyenneté lorsque le rejet du fossé existait d'un côté seulement, alors le fossé appartenait en entier à celui du côté duquel se trouvait le rejet. Mais lorsqu'il en existait également de chaque côté, ou qu'il n'y en avait ni de l'un ni de l'autre, le fossé était mitoyen jusqu'à ce que le contraire fût prouvé ou par un titre formel ou par une possession capable de constituer la prescription. Voyez Loisel, Lhommeau, Pocquet, et Coquille, ainsi que les coutumes qu'ils citent.

Ces principes ont été confirmés par le code civil, ainsi qu'il résulte des articles 666, 667, 668, 669. S'appliquent-ils aux fossés qui séparent les héritages riverains des grandes routes? Nous ne le pensons pas : nous croyons au contraire que ces fossés sont de plein droit la propriété exclusive de l'Etat, et que pour qu'il en soit autrement, il faut que les riverains produisent un titre positif qui la leur attribue.

L'ordonnance de 1669, titre 27, art. 4, oblige tous les riverains qui possèdent des bois joignant les forêts royales et buissons, à les en séparer par des fossés ayant 4 pieds de largeur et 5 pieds de profondeur, et à les entretenir en cet état, à peine de réunion.

On a élevé sur cet article la question de savoir si ces fossés appartiennent aux riverains ou à l'Etat, ou s'ils sont mitoyens. L'auteur de la conférence de l'ordonnance dit à ce sujet que, quoique les riverains soient assujettis à faire et entretenir les fossés à leurs frais, il faut néanmoins, pour décider la question proposée, recourir aux coutumes qui forment le droit commun, et dont les dispositions ont passé dans notre nouvelle législation, ainsi que nous l'avons déjà fait remarquer.

Ainsi donc, ces fossés seront mitoyens, ou la propriété exclusive des riverains ou de l'État, suivant qu'il existera un titre ou une marque, ou qu'il n'en existera point.

Mais il ne s'agit point ici de fossés que les riverains soient chargés de faire entre leurs bois et ceux de l'Etat; il s'agit au contraire de fossés que l'Etat est chargé de faire à ses frais le long des chemins qui forment non-seulement une propriété de l'Etat, mais encore une propriété publique, d'après l'usage auquel ils servent.

Si l'Etat est chargé de faire les fossés le long des routes, c'est pour en fixer la largeur, pour les garantir des empiétements des riverains et enfin pour l'écoulement des eaux si nécessaire à leur conservation et à leur viabilité. Ces fossés sont donc un accessoire inséparable des routes, et c'est le cas d'appliquer la règle établie par l'article 1615 du code civil que les accessoires d'une chose, et tout ce qui a été destiné à son usage perpétuel, en font partie, et sont considérés comme la chose même.

Il suit delà qu'il faut admettre comme un principe incontestable que les fossés régnant le long des routes appartiennent de droit à l'Etat. L'article 86 du décret du 16 décembre 1811 le confirme en termes exprès; il attribue à l'Etat la propriété des arbres plantés *en dedans des fossés;* cette disposition ne peut être fondée que sur la propriété du terrein même qui constitue le fossé et est une application de la règle *ædificium solo cedit*, renouvelée par les articles 551 et 552 du code civil. Elle est d'autant plus remarquable que le même article 86 fait une distinction entre les arbres plantés *sur le terrein de la route*, et ceux plantés sur *le terrein des riverains*; qu'il attribue la propriété des premiers à l'Etat et celle des derniers aux riverains. Ces principes ont été reconnus par la chambre des députés, dans les séances des 31 mai et 1.er juin 1819. (Voyez le Moniteur des 2 et 3 juin de cette année.)

Il s'est élevé une discussion sur la question de savoir si le curage des fossés devait rester à la charge des riverains, et pour soutenir la négative on partait de cette considération : *que les fossés qui bordent les grandes routes appartenant à l'Etat comme les routes elles-mêmes dont ils sont l'accessoire nécessaire*, le trésor devait être chargé de l'entretien des fossés comme il était chargé de l'entretien des routes ; mais on fit observer que le décret du 16 décembre 1811 ne pouvait être changé dans une disposition seulement, que le changement sollicité en entraînerait d'autres par voie de conséquence ; qu'il fallait attendre qu'une nouvelle loi générale sur les routes fût présentée, ce que l'on annonçait comme très-prochain. Ces observations déterminèrent l'ajournement. A chaque session, on fait la même promesse; mais il ne paraît pas qu'on soit prêt à la réaliser.

52. Au surplus, nous pensons que la règle qui veut que les fossés régnant le long des routes appartiennent à l'Etat, n'est qu'une présomption légale: *præsumptio juris*, qui n'exclut point la preuve contraire; car l'arrêt du conseil de 1720, tout en chargeant l'Etat de faire à ses frais les fossés, a réservé aux riverains le droit de les faire eux-mêmes. Et il peut arriver que l'Etat ait négligé d'exécuter ces obligations, que les riverains aient eu intérêt à faire les fossés pour éviter toute contestation sur les confins, et pour établir le long de leurs

héritages un cours d'eau nécessaire à leur fertilisation. Nous ne croyons pas que la généralité d'expressions dans laquelle est conçu l'article 86 du décret du 16 décembre 1811, détruise cette proposition, car il n'exclut pas les preuves de propriété et il faudrait qu'une telle exclusion fût bien formelle pour être admise. Cette exclusion n'existant pas, il faut donc se déterminer d'après le droit commun qui autorise les riverains à prouver leur propriété.

33. Reste à examiner comment se fera cette preuve. D'après les anciens principes et le code civil, il y a trois modes bien différents.

La marque, c'est-à-dire l'existence du rejet des terres provenant du fossé;

La possession pendant le temps requis pour constituer la prescription;

Et le titre.

De ces trois modes nous croyons que le dernier est seul admissible.

Comment en effet, les riverains pourraient-ils opposer la marque ou existence du rejet et la possession, puisque les ordonnances et les lois les obligent à jeter sur leurs héritages les terres provenant des fossés et à entretenir ces mêmes fossés? Ils n'ont donc pas une jouissance réelle; c'est une servitude qu'ils supportent; ils savent donc qu'ils ne possèdent point à titre de propriétaire, *animo domini*. Cependant la possession doit avoir ces caractères pour pouvoir faire acquérir des droits quelconques ou une prescription. Nous ajouterons que, puisqu'il est reconnu que les fossés sont une partie intégrante des routes, ils ont comme elles le caractère de propriété publique et ne peuvent par conséquent être acquis par la prescription; qu'enfin les riverains ont à s'imputer de ne s'être point procuré un titre, ce qui leur était très-facile; car ils ont dû demander à l'autorité administrative l'autorisation d'établir les fossés et les alignements nécessaires; sans quoi ils se sont rendus coupables d'une contravention qui ne peut leur profiter. Ils ont dû faire rédiger un procès-verbal pour constater qu'ils ont établi le fossé conformément à l'alignement qui leur a été donné.

34. Mais les principes que nous venons de développer ne doivent-ils pas recevoir exception dans un cas? l'arrêt du conseil du 6 février 1776 établit que tous les chemins ne doivent pas également être bordés de fossés; qu'il n'en doit être fait que le long de ceux qui en ont été jugés susceptibles.

Ainsi, lorsqu'il ne sera pas prouvé qu'un chemin a été formellement déclaré susceptible d'être bordé de fossé, le riverain sera-t-il censé en être propriétaire?

Nous ne le croyons pas. Il faudrait, en effet,

faire encore une sous-distinction et rechercher si les fossés ont été établis avant ou après l'arrêt du conseil de 1776, puisque jusqu'à cette époque tous les grands chemins, sans exception, ont été ou dû être bordés de fossés. On conçoit dans quel embarras jetteraient toutes ces distinctions. C'est pour trancher les difficultés qui auraient pu s'élever à cet égard que l'article 86 du décret du 16 décembre 1811 a établi la règle générale que les fossés existant alors le long des grandes routes appartiendraient à l'Etat.

En résumé, donc les fossés régnant le long des routes royales ou départementales appartiennent à l'Etat, sauf aux riverains à prouver le contraire par un titre.

CHAPITRE V.

DES ARBRES QUI BORDENT LES ROUTES.

SECTION PREMIÈRE.

De la plantation des arbres.

35. Diverses ordonnances ont prescrit de planter des arbres le long des grands chemins. La plus

ancienne qu'il y ait à ce sujet, est du mois de février 1522.

Elle enjoint à tous seigneurs, haut-justiciers, et à tous manants et habitants des villages et paroisses de faire planter le long et sur le bord des grands chemins publics, dans les lieux qu'ils jugeront à propos et commodes, des ormes pour que le royaume, avec le temps, en puisse être suffisamment peuplé et pourvu sur peine d'amende arbitraire au profit du Roi.

Henri III renouvela cette ordonnance par une autre du 19 février 1552, et enjoignit de faire, cette année même, les plantations prescrites.

L'article 336 de l'ordonnance de Blois, de l'an 1679, enjoint pareillement aux seigneurs et habitants des paroisses de border les grands chemins d'ormes, noyers ou autres arbres, selon la nature du pays.

L'exécution de la même loi fut encore ordonnée au mois de janvier 1583; enfin par l'article 6 de l'arrêt du conseil du 3 mai 1720, il a été enjoint à tous les propriétaires d'héritages tenants et aboutissants aux grands chemins et branches d'iceux, de les planter d'ormes, hêtres, châtaigniers, arbres fruitiers et autres arbres, suivant la nature du terrein, à la distance de 30 pieds l'un de l'autre et à une toise au moins du bord extérieur des fossés desdits grands chemins, et de les armer d'épines, et ce depuis le mois de novembre jusqu'au mois de mars inclusivement; et où aucuns desdits arbres périraient, ils seront tenus d'en planter d'autres dans l'année.

Il est dit, article 7, que faute par lesdits propriétaires de planter lesdits arbres, les seigneurs auxquels appartient le droit de voirie sur lesdits chemins pourront en planter à leur frais dans l'étendue de leurs voiries; et qu'en ce cas, les arbres par eux plantés et les fruits qu'ils produiront leur appartiendront.

Cependant comme cet article ne fixe aucun délai pour mettre les propriétaires en demeure, et que sans leur laisser le temps de planter, les seigneurs voyers s'empressaient de faire eux-mêmes les plantations au fur et à mesure que l'on traçait les chemins et avant qu'ils fussent finis, le Roi a jugé qu'il résultait de là, sur les terres des riverains, une servitude qui n'était pas méritée et une peine qui n'était pas encourue puisqu'elle ne devait avoir lieu que dans le cas de la négligence de ces propriétaires et après qu'ils auraient été mis en demeure : en conséquence, S. M. a rendu un arrêt en son conseil, le 17 avril 1776, par lequel elle a ordonné qu'à l'avenir les seigneurs voyers ne pourraient planter les chemins dans l'étendue de leurs seigneuries qu'à défaut par les propriétaires d'avoir fait les plantations dans un an, à compter du jour où les chemins auraient été entièrement tracés et les fossés ouverts.

Un arrêt du conseil du 17 juin 1721 et une ordonnance du Roi du 4 août 1731 défendent formellement, à peine de 500 f. d'amende, de planter aucuns arbres à une moindre distance que celle de 6 pieds du bord extérieur des fossés et berges.

Une ordonnance du bureau des finances de Paris du 29 mars 1754, rendue en vertu de l'arrêt du conseil du 3 mai 1720, porte, article 5 : les propriétaires sont tenus de laisser 30 pieds au plus et 18 pieds au moins de distance d'un arbre à l'autre, et 6 pieds d'intervalle entre les arbres et le bord extérieur des fossés ou berges étant le long des chemins dont l'alignement aura été fixé; de les armer d'épines; de remplacer, avant le 15 janvier de chaque année, ceux qui périront, par d'autres bien droits et de même espèce; de faire labourer tous les ans, à la fin de l'hiver, la terre au moins sur 4 pieds 1 mètre en carré autour du pied des jeunes arbres; de les ébourgeonner et entretenir, et de les faire élaguer dans les temps prescrits par les règlements : à défaut il y sera pourvu par l'administration qui délivrera un exécutoire des frais faits.

La loi du 9 ventôse, an XIII, — 28 février 1805, contient sur les plantations les dispositions suivantes :

« Art. 1.er Les grandes routes du royaume non plantées et susceptibles d'être plantées, le seront en arbres forestiers ou fruitiers suivant les localités, par les propriétaires riverains.

Art. 2. Les plantations seront faites dans l'intérieur de la route et sur le terrein appartenant à l'Etat, avec un contre-fossé qui sera fait et entretenu par l'administration des ponts-et-chaussées. »

« Art. 4. Dans les parties des routes où les propriétaires riverains n'auront point usé, dans le délai de deux années, à compter de l'époque à laquelle l'administration aura désigné les routes qui doivent être plantées, de la faculté qui leur est donnée par l'article précédent, le gouvernement donnera des ordres pour faire exécuter la plantation aux frais des riverains; la propriété des arbres plantés leur appartiendra aux mêmes conditions imposées par l'article précédent. »

« Art. 5. Dans les grandes routes dont la largeur ne permettra pas de planter sur le terrein appartenant à l'Etat, lorsque le particulier riverain voudra planter des arbres sur son propre terrein, à moins de 6 mètres de distance de la route, il sera tenu de demander et d'obtenir l'alignement à suivre, de la préfecture du département; dans ce cas le propriétaire n'aura besoin d'aucune autorisation particulière pour disposer entièrement des arbres qu'il aura plantés. »

Enfin, le décret du 16 décembre 1811 contient les dispositions suivantes :

« Art. 88. Toutes les routes royales non plantées et susceptibles de l'être, sans inconvénient, seront plantées par les particuliers ou communes, propriétaires riverains de ces routes, dans la traversée de leurs propriétés respectives. »

« Art. 90. Les plantations seront faites, au moins à la distance d'un mètre, du bord extérieur des fossés et suivant l'essence des arbres. »

« Art. 91. Dans chaque département, l'ingénieur en chef remettra au préfet, avant le 1.er juillet 1812, un rapport tendant à fixer celles des routes royales du département non plantées, et susceptibles de l'être sans inconvénient, l'alignement des plantations à faire, route par route et commune par commune, et le délai nécessaire pour l'effectuer : il y joindra son avis sur l'essence des arbres qu'il conviendrait de choisir pour chaque localité; pour le tout devenir l'objet d'un arrêté du préfet, qui sera soumis à l'approbation de notre ministre de l'intérieur, par l'intermédiaire de notre directeur général. »

36. Toutes ces dispositions sont communes aux routes départementales (art. 15, n.° 4 du décret du 16 décembre 1811.)

SECTION DEUXIÈME.

De la propriété des arbres qui bordent les routes.

37. Il résulte bien clairement des articles 6 et 7 de l'arrêt du conseil du 3 mai 1720, que les arbres plantés par les riverains, soit sur leur terrain, soit sur celui des routes, leur appartiennent.

Mais, quant à ceux-ci, il faut qu'il fassent la preuve qu'ils les ont plantés. Jusque-là ces arbres sont la propriété de l'État; vainement les riverains allégueraient-ils que cette preuve résulte de l'obligation que leur fait la loi, de planter; car il y a loin de l'obligation de faire une chose à la faire réellement. Au surplus le principe que nous venons d'énoncer est formellement établi par l'art. 555 du code civil portant que toutes plantations exécutées sur le terrein d'autrui sont censées faites aux frais du propriétaire de ce terrein, et lui appartenir, si le contraire n'est prouvé.

Une loi du 15 août 1790 statue sur le droit de planter des arbres sur les chemins publics, rues et places des villages, bourgs ou villes. Il retire ce droit aux seigneurs et leur conserve la propriété des arbres alors existants, sauf les droits des particuliers qui auraient fait les plantations.

L'art. 9 de cette loi porte qu'il sera statué par une loi particulière sur les arbres plantés le long des chemins dits royaux.

Mais une autre loi du 28 août 1792 porte, art. 14, que tous les arbres existant alors sur les chemins publics autres que les grandes routes nationales, et sur les rues des villes, bourgs et villages, sont censés appartenir aux propriétaires riverains, à moins que les communes ne justifient en avoir acquis la propriété par titre ou possession.

Quant aux arbres existant sur les places des villes, bourgs ou villages, ou dans les marais, prés et autres biens dont les communautés ont ou recouvreront la propriété, ils sont censés appartenir aux communautés, sans préjudice des droits que des particuliers non seigneurs pourraient y avoir acquis par titre ou par possession.

L'art. 18 déclare que, jusqu'à ce qu'il ait été prononcé relativement aux arbres plantés sur les grandes routes nationales, nul ne pourra s'approprier lesdits arbres et les abattre; que leurs fruits seulement, les bois morts, appartiendront aux propriétaires riverains; qu'il en sera de même des émondages quand il sera utile d'en faire : ce qui ne pourra avoir lieu que de l'agrément des corps administratifs, à la charge par lesdits riverains d'entretenir lesdits arbres et de remplacer les morts.

La question de propriété des arbres plantés par des particuliers sur le bord des routes resta donc indécise. Mais les dispositions du droit ancien confirmées par le code civil semblaient devoir la faire résoudre en leur faveur. La justice exigeait qu'il en fût ainsi ; néanmoins le législateur en disposa autrement.

Le 28 Floréal an IV, le directoire exécutif décida que les arbres plantés sur les grandes routes appartenaient à l'État ; qu'une plantation aliénée par l'ancien gouvernement, moyennant finance, devait être régie par les décrets rendus sur les domaines engagés ; et qu'en ce cas, les concessionnaires n'avaient droit qu'au remboursement de ce qu'ils avaient payé.

La loi du 9 Ventose an XIII, n'a rien changé à cette législation.

L'art. 3 porte ce qui suit : « les propriétaires riverains auront la propriété des arbres et de leur produit ; ils ne pourront cependant les couper, abattre ou arracher, que sur une autorisation donnée par l'administration préposée à la conservation des routes, et à la charge du remplacement. »

A la vérité, cette disposition est conçue en termes généraux et semblerait au 1.er aspect devoir régir toutes les plantations anciennes ou nouvelles; mais en y réfléchissant, on demeure convaincu qu'elle ne s'applique qu'aux plantations qui ont été faites depuis sa promulgation.

Après cette loi est intervenu le décret du 16 décembre 1811, dont nous avons déjà parlé plusieurs fois.

Ce décret distingue les plantations faites depuis la loi du 9 ventose an XIII, et celles qui se feront à l'avenir, des plantations antérieures à cette même loi.

Les premières appartiennent aux particuliers qui prouvent les avoir faites;

Quant aux secondes, le même décret fait une sous-distinction.

Lorsque les plantations existent sur le terrein des particuliers, elles sont la propriété de ceux-ci.

Mais elles appartiennent au contraire à l'Etat, lorsqu'elles existent sur le terrein même de la route ou en dedans des fossés.

Voici au surplus le texte du décret :

Plantations anciennes.

Art. 86. « Tous les arbres plantés avant la pu-
» blication du présent, sur les routes royales,

» en dedans des fossés et sur le terrein de la » route, sont reconnus appartenir à l'Etat, ex- » cepté ceux qui auront été plantés en vertu de » la loi du 9 Ventôse an XIII. »

Art. 87. « Tous les arbres plantés jusqu'à la » publication du présent décret, le long desdi- » tes routes et sur le terrein des propriétés » communales ou particulières, sont reconnus » appartenir aux communes ou particuliers pro- » priétaires du terrein. »

Plantations nouvelles.

Art. 89. « Les particuliers et les communes « demeureront propriétaires des arbres qu'ils au- » ront plantés. » (Cet article parle des planta- tions faites en exécution de celui qui le précède, c'est-à-dire de celles postérieures au décret.)

56. Ce décret, loin de résoudre toutes les dif- ficultés, a fait naître une question très-impor- tante. C'est celle de savoir si cet acte du gouver- nement qui *n'est pas une loi*, peut priver de leur propriété les particuliers à qui des titres formels attribuent celle des arbres plantés sur les grands chemins.

Le décret ne décide point cette question. Il ne porte pas que l'Etat est propriétaire des ar- bres plantés sur le terrein de la route, *nonobs-*

tant tous titres contraires. Il ne porte pas non plus : *sauf les droits que les particuliers ou les communes pourraient y avoir en vertu de titres valables.*

Il semble donc que la solution de cette question ait été abandonnée aux règles du droit commun établi par le code civil qui, lors de l'émission du décret, existait depuis plusieurs années et qui porte, comme nous l'avons déjà dit, que les plantations faites dans le terrein d'autrui appartiennent à celui qui prouve les avoir faites. Ce principe est conforme à l'équité qui ne permet pas plus à l'Etat qu'à tout autre de s'enrichir aux dépens d'un particulier qu'il dépouille et qui n'a fait les plantations à ses frais que parce qu'il y a été contraint par les ordonnances, ou autorisé par des actes qui lui en garantissaient la propriété.

Un système contraire serait non-seulement la violation du droit sacré de propriété, mais encore la violation de la règle salutaire qui défend de donner aux lois un effet rétroactif. La propriété des arbres était un *droit acquis* aux particuliers qui les ont plantés; décider qu'ils n'en sont pas propriétaires, c'est évidemment faire rétroagir le décret pour commettre une injustice.

Ces vices sont cependant ceux du décret du 16 décembre 1811; c'est du moins ce qu'a décidé le conseil d'Etat qui s'est cru lié par ses termes auxquels nous croyons pourtant, d'après les observations que nous venons de présenter, qu'on aurait pu donner une interprétation moins fiscale.

Voici l'espèce de la décision du conseil d'Etat.

Par arrêt du conseil du 23 janvier 1764, le gouvernement concéda à perpétuité au sieur Vanzeler, maintenant représenté par le sieur Flamen, les droits de planter les chemins royaux de Vimarkart à Armentières, d'Armantières au bac du Crot, etc., à la charge de payer au domaine une redevance annuelle de 100 fr., et d'entretenir les plantations en bon état.

On lui imposa en outre la condition de racheter des propriétaires riverains et des seigneurs voyers, les arbres qu'ils avaient indûment plantés sur partie des routes comprises dans sa concession.

En exécution de cet arrêt, le sieur Vanzeler fit planter les parties des routes qui lui étaient concédées, et sur lesquelles aucun des propriétaires riverains et justiciers ne l'avait encore fait; il traita même avec quelques-uns du rachat de leurs arbres, mais il éprouva une foule de difficultés de la part du plus grand nombre des autres.

Depuis quinze ans il acquittait avec exactitude la redevance de 100 fr., prix de sa concession.

Dans les premiers jours de 1790, et avant qu'aucune loi eût statué sur le sort des plantations faites sur les routes royales et autres, le département du Nord fit défense au sieur Flamen de disposer des arbres par lui plantés en vertu de sa concession.

Le sieur Flamen adressa à son excellence le ministre des finances ses réclamations contre cette défense, et demanda à être maintenu dans l'effet de sa concession.

Cette demande fut ajournée.

La loi du 28 août 1792, interdit à qui que ce fût le droit de s'approprier des arbres plantés sur les routes;

Une loi du 23 Floréal an IV, déclarait que le droit de plantation sur les grandes routes, aliéné moyennant finance par l'ancien gouvernement, devait être régi par les décrets rendus sur les domaines engagés, et qu'en ce cas, les concessionnaires n'avaient droit qu'au remboursement de la finance qu'ils avaient payée.

Le décret du 16 décembre 1811, sur la classification des routes, ayant paru au sieur Flamen établir ce principe, que les plantations faites dans les routes devaient appartenir à l'Etat, il s'est de nouveau adressé à M. le Préfet du département du Nord, pour demander non plus la pleine et entière réintégration dans la concession, ce qui eut semblé contrarier les dispositions du décret, mais seulement à être conservé dans la propriété des arbres qu'il avait plantés ou achetés des propriétaires riverains, aux offres d'acquitter tous les arrérages échus de la redevance de cent fr., dont il était débiteur, pour raison de cette concession, avec les intérêts de cette redevance, à partir de chaque échéance; même de faire le rachat de cette redevance, en remboursant le capital.

Cette demande fut renvoyée au ministre de l'intérieur, qui, le 28 septembre 1812, décida que les dispositions du décret du 16 décembre 1811, contenant règlement sur les routes, ne permettaient pas d'admettre la réclamation du sieur Flamen.

Le S. Flamen s'est pourvu contre cette décision.

Pour moyens, il a dit que les arbres qu'il réclamait étaient plantés sur le bord intérieur des fossés des routes, que les propriétaires riverains n'y avaient aucun droit; que les arbres appartenaient incontestablement à l'Etat, aux droits duquel il se trouvait; qu'on ne pourrait, sans injustice, l'en dépouiller, pour les attribuer, soit aux propriétaires riverains qui n'y ont pas de droit, soit à l'État qui en a fait la propriété particulière de lui Flamen; qu'il jouissait de ce droit en vertu d'un titre légitime et émané de l'autorité souveraine; que c'est en vertu de ce titre, et pour obéir aux obligations qu'il lui imposait, que lui ou ses auteurs ont planté et entretenu à grands frais, ou racheté par d'immenses sacrifices, les arbres dont il réclame aujourd'hui la propriété.

Que la présomption qui attribue au propriétaire du sol les plantations faites sur son terrain, n'était qu'une présomption ordinaire contre laquelle on ne pouvait refuser la preuve contraire, résultant des titres particuliers qui lui en attribuent la propriété.

Sur ce intervint, le 29 mai 1813, une décision ainsi conçue :

« Considérant qu'aux termes de l'art. 86 de » notre décret du 16 décembre 1811, *tous les* » *arbres plantés sur le terrain des routes sont* » *déclarés appartenir à l'Etat, excepté ceux qui* » *auraient été plantés en exécution de la loi du* » 9 *ventose an* 13.

» Notre conseil d'Etat entendu, nous avons » décrété et décrétons ce qui suit :

» Les arbres réclamés par le sieur Flamen, » qui sont plantés sur des routes, sont reconnus » appartenir à l'Etat. »

Comme on le voit, cet arrêt du conseil, ou décret, est positif; malgré ce décret, malgré le respect que nous professons pour le conseil d'État, nous ne pouvons nous rendre à sa décision, et nous n'en persistons pas moins dans notre opinion. Nous ne trouvons d'ailleurs, dans cette décision, aucun motif propre à nous éclairer, puisque le conseil d'Etat s'est borné à une pure pétition de principe, en décidant la question par la question.

Des réclamations sans nombre se sont élevées et s'élèvent journellement contre le décret ainsi interprété, et si le conseil d'Etat persiste à se croire lié par les termes dans lesquels il est conçu, espérons d'un gouvernement aussi juste que celui sous lequel nous avons le bonheur de vivre, la prochaine proposition d'une loi qui, en changeant ses dispositions, rendra à chacun ce qui lui appartient. Dans la session de 1819, la chambre des députés, et M. le directeur général des ponts et chaussées, lui-même, ont reconnu la justice des principes que nous venons d'émettre. A cette époque, ainsi que dans les sessions suivantes, le ministère a promis de proposer une loi pour les consacrer. Dans la session de 1823, M. le directeur général a annoncé qu'elle serait présentée avant la clôture des chambres. Ce n'est qu'à raison des circonstances particulières qui ont accompagné cette cession, que la loi n'a pas été présentée. Mais elle le sera sans doute à la prochaine législature.

CHAPITRE VI.

De la police des Chemins.

39. Autrefois, la police des grands chemins était dans les attributions des trésoriers de France.

On nommait ainsi des magistrats qui tenaient les juridictions, appelées bureaux des finances, lesquelles avaient été établies particulièrement pour connaître des affaires concernant le domaine du Roi, et qui étaient tenues dans les différentes généralités.

Ces magistrats ont été appelés trésoriers, parce qu'au commencement de la monarchie, toute la richesse de nos rois ne consistait que dans leur domaine, qu'on appelait trésor du roi, dont ces officiers avaient la garde et la direction.

40. Les bureaux de finances ont été supprimés par la loi du 27 septembre 1790. Et cette suppression a nécessité de nouvelles mesures pour déterminer les attributions des différentes autorités, en matière de voierie.

Une distinction a été faite entre *le pouvoir d'ordonner* et celui *de punir*. Le premier, appelé *police d'administration*, a été attribué aux administrations de département ; le second, appelé *police de conservation*, l'a été aux Tribunaux. C'est le sens de l'art. 6 de la loi citée : « l'administration, en matière de voirie, appartiendra » aux corps administratifs, et la police de conservation, tant pour les grandes routes que » pour les chemins vicinaux, aux juges de dis» trict. »

Différentes lois postérieures ont changé cette compétence ; mais la distinction de la police des routes en pouvoir *d'ordonner* et pouvoir *de punir*, est fondamentale, et doit être maintenue.

41. Une loi du 31 septembre 1790 a créé une administration centrale des ponts et chaussées, qui est chargée de l'examen de tous les projets généraux de routes, d'ouvrage d'art en dépendant, de ceux de canaux de navigation, construction, entretien et réparation des ports de commerce.

La loi du 6 août 1791 met l'administration centrale des ponts et chaussées dans la main et sous la responsabilité du ministre de l'intérieur, et réorganise l'assemblée centrale, dont le ministre est président.

Elle porte, art. 5 :

Il y aura un ingénieur en chef par département et autant d'ingénieurs ordinaires qu'en demanderont les administrations centrales. »

L'administration des ponts et chaussées a maintenant pour chef un directeur général, pris dans le sein du conseil d'Etat, et créé par un arrêté des consuls du 5 nivôse an 8.

Ceux qui désireront avoir des connaissances plus étendues sur l'organisation du corps royal des ponts et chaussées, pourront consulter, outre les lois que nous venons de citer, le décret du 7 fructidor an 12, celui du 20 février 1812, et l'ordonnance royale du 2 septembre 1815.

42. Le pouvoir d'ordonner qui, par la loi du 7 septembre 1790, a été attribué, en matière de voirie, aux corps administratifs, leur est maintenu par la législation nouvelle; mais celui de punir, qui par la même loi avait été conféré aux tribunaux, a été transféré aux conseils de préfecture, ainsi que nous l'expliquerons ailleurs avec plus de détails.

Il résulte de là, que les préfets peuvent prendre toutes les mesures, faire tous les règlements nécessaires pour l'exécution des lois relatives à la conservation des routes, des arbres et fossés qui les bordent, et généralement pour tout ce qui concerne la police des routes.

43. Un arrêt du conseil du 27 février 1765 porte ce qui suit:

« Les alignements pour construction ou re-
» construction de maisons, édifices ou bâtiments

» généralement quelconques en tout ou en partie
» *étant le long et joignant les routes, soit dans*
» *les traverses des villes, bourgs et villages,*
» *soit en pleine campagne*, ainsi que les per-
» missions pour toute espèce d'ouvrage aux faces
» desdites maisons, édifices et bâtiments, et
» pour établissements d'échoppes ou choses sail-
» lantes le long desdites routes, ne pourront être
» donnés en aucun cas, que par les trésoriers de
» France...... le tout sans frais et en se confor-
» mant par eux aux plans levés et arrêtés par les
» ordres de S. M., qui sont ou seront déposés
» par la suite au greffe du bureau des finances de
» leur généralité.

» Fait S. M. défenses à tous particuliers,
» propriétaires, ou autres, de construire, re-
» construire ou réparer aucuns édifices, poser
» échoppes ou choses saillantes, le long desdites
» routes, sans en avoir obtenu les alignements ou
» permissions desdits trésoriers de France, à
» peine de démolition desdits ouvrages, confis-
» cation des matériaux, et de 300 fr. d'amende,
» et contre les maçons, charpentiers et ouvriers
» de pareille amende, et même de plus grande
» peine encore, en cas de récidive.

» Fait pareillement défenses à tous autres,
» sous quelque prétexte, et à quelque titre que ce
» soit, de donner les alignements et permissions

» à peine de répondre en leur propre et privé » nom, des condamnations prononcées contre » les particuliers, propriétaires, locataires et ou- » vriers qui seront, en cas de contravention, » poursuivis à la requête des procureurs de S. M. » auxdits tribunaux des finances, et punis suivant » l'exigence des cas. »

Comme nous l'avons déjà fait remarquer, les trésoriers de France ont été supprimés, et l'administration, en matière de grande voierie, ayant été par suite transférée aux corps administratifs, par la loi sur l'organisation judiciaire du 24 août 1790, il en résulte que c'est aux préfets à donner les alignements exigés par l'arrêt du conseil ci-devant transcrit.

44. Mais ce que nous venons de dire s'applique-t-il seulement aux routes de l'extérieur des villages, bourgs ou villes, ou s'applique-t-il également aux rues desdits villages, bourgs ou villes qui forment la prolongation des routes ?

Il a été décidé, par une loi du 14 octobre 1790, que l'arrêt du conseil du 27 février 1765, qui d'ailleurs est à cet égard très-positif, s'applique également aux rues de l'intérieur des villages, bourgs ou villes qui forment la continuation des grandes routes.

45. Les travaux d'entretien, de curement et de réparation des fossés des grandes routes, ne

peuvent être exécutés que sur les indications et alignements donnés par les agens des ponts et chaussées. Et s'il est besoin d'alignement pour de simples travaux de réparation et de curement de fossé, il en doit être de même, à plus forte raison, lorsqu'il s'agit de l'établissement même des fossés.

C'est ce qui résulte de l'art. 109 du décret du 16 décembre 1811.

Nous ferons d'ailleurs observer que, s'il survient quelques difficultés entre l'agent des ponts et chaussées et le propriétaire riverain à l'occasion de l'établissement des fossés, ou sur leur entretien et curement, il doit y être statué par le préfet.

46. Il est nécessaire de se munir d'un alignement du préfet, pour pouvoir effectuer des plantations le long des routes, (art. 91 et 92 du susdit décret.)

47. Un simple plâtrage ne peut être exécuté à la façade d'une maison, sans autorisation préalable. Ainsi décidé par arrêt du conseil, du 22 février 1821, n.° 4037.

48. L'alignement n'est pas moins nécessaire, quoique le bâtiment auquel on veut faire des travaux soit situé à la fois et sur une rue dépendante de la grande voirie, et sur une autre rue dépendante de la voirie urbaine.

Ainsi décidé par arrêt du conseil, du 7 mars

1821, qui, entr'autres motifs, porte le suivant :

« Considérant que la maison dont il s'agit, est » située sur le quai de Rouen, qui dépend de la » grande voirie, et que de ce qu'elle est située » à l'angle de la rue de Corneille, qui appartient » à la voirie urbaine, cette circonstance ne peut » avoir pour effet de changer la compétence. »

49. Par conséquent, il en serait de même, si la maison était située en partie sur une grande route et en partie sur un chemin vicinal.

50. En serait-il encore de même dans le cas où le gouvernement ayant ordonné l'élargissement d'une rue formant la continuation d'une route départementale, un particulier ferait des réparations non à la façade de sa maison, donnant sur la route, mais à l'un des côtés donnant sur l'emplacement de la maison voisine, nouvellement démolie, emplacement non encore acheté par l'Etat ?

Voici l'espèce dans laquelle cette question s'est présentée.

En 1808, le gouvernement avait arrêté d'élargir la route qui passe à Saint-Renan, département du Finistère, et déterminé l'alignement à observer lors de la réédification des maisons qui y aboutissaient.

Le sieur Riou possédait sur cette route une maison, qui était saillante de 5 mètres en dehors de cet alignement. Une maison contigüe à la sienne, s'étant écroulée, le propriétaire de celle-ci, en la faisant reconstruire, rentra conformément à l'alignement arrêté et laissa vide une place ou portion de terrein dont l'Etat n'avait pas encore fait l'acquisition, et qui, par conséquent était demeurée la propriété du riverain qui avait fait la nouvelle construction.

La chute de cette maison ayant endommagé le mur latéral de celle du sieur Riou, ainsi que la partie de toîture du même côté, celui-ci fit les réparations nécessaires.

Traduit pour ce fait devant le conseil de préfecture du département du Finistère, la démolition de toute la partie de sa maison qui dépassait l'alignement arrêté, fut ordonnée, ainsi que la confiscation des matériaux.

Chargé de provoquer devant le conseil d'Etat l'annullation de cet arrêté, je disais pour le sieur Riou, que l'arrêt du conseil du 27 février 1765 n'impose aux riverains des routes l'obligation de se pourvoir d'une autorisation administrative que lorsque les réparations qu'ils exécutent, sont faites aux façades des bâtiments le long desdites routes; que dans l'espèce, il n'en avait pas été ainsi que le sieur Riou avait réparé un mur et une partie de toit en retour, donnant sur un terrein particulier; que ce terrein était bien destiné à faire partie de la route; mais qu'il n'y était pas encore ajouté; que l'Etat ne l'avait point encore acheté et payé; que la maison du sieur Riou ne tombant pas de vétusté, étant au contraire en bon état, il devait lui être permis d'y exécuter les légères réparations nécessitées par la chute de la maison voisine. A l'appui de ce raisonnement j'invoquais une circulaire du ministre de l'intérieur, du 13 février 1806, dans laquelle on lit le passage suivant : « La dégradation d'un étage supérieur ne peut être un » motif pour condamner les parties inférieures. » de ce qu'une façade devra être reculée, il n'en » résulte point qu'on ne peut pas entretenir les » parties supérieures; car s'il en était ainsi, du » moment où le nouvel alignement serait arrêté, » on pourrait interdire au propriétaire tout entretien, même de la couverture établie sur » cette façade, et cette doctrine serait attentatoire à la propriété, elle serait contradictoire » avec le principe même qui l'établit; car on » n'ajourne la démolition que pour épargner à » la commune la nécessité de payer le prix de » l'immeuble, et dans la supposition que le propriétaire n'ayant à le démolir que lorsqu'il » tombera de lui-même en ruine, il subira une » petite perte. Mais si l'on hâte cette ruine, en » empêchant le propriétaire de soigner même les

» parties supérieures de la maison, et si parce
» qu'elles sont défectueuses vers le toit, on exige
» qu'il démolisse le tout, on rend illusoire l'a-
» journement accordé pour la démolition, et l'on
» rentre ainsi dans l'obligation, 1.° de faire ju-
» ger par le gouvernement qu'il est nécessaire de
» faire détruire sur-le-champ l'édifice, 2.° d'en
» payer le prix avant d'en commencer la démo-
» lition. »

J'ajoutais en terminant, que l'arrêt attaqué avait commis un excès de pouvoir en prononçant la démolition de la totalité de la partie du bâtiment qui excédait l'alignement de la route, puisque l'arrêt du conseil du 27 février 1765 ne prescrit la démolition que des nouveaux ouvrages.

M. le directeur général des ponts-et-chaussées, consulté sur le pourvoi, a répondu : « qu'un mur
» en retour, faisant parement et vue sur la voie
» publique, était également façade dans le sens
» des lois et règlements ; que la défense faite par
» l'arrêt du conseil de 1765 de réparer ou re-
» construire aucun édifice, était générale, et que
» la réparation d'un mur en saillie sur la voie
» publique, quoiqu'en retour, était évidemment
» comprise dans cette défense. »

M. le directeur-général a d'ailleurs reconnu que la démolition ne devait porter que sur les nouveaux ouvrages, et qu'une grande partie de ces mêmes ouvrages étant dans le cas d'être autorisée, si le sieur Riou avait demandé la permission de les exécuter, il y avait lieu de les laisser subsister, sauf à prononcer une peine quelconque pour sa contravention.

Sur ce, intervint, le 8 mai 1822, un arrêt ainsi conçu :

» Considérant que, nonobstant les avertissements à lui donnés, le sieur Jacques Riou a fait faire, sans en avoir demandé l'autorisation, divers travaux de réparation à la maison qui lui appartient dans la commune de Saint-Renan, au point de jonction des deux routes départementales, n.os 5 et 6, et qu'à raison de cette contravention, il pouvait, aux termes de l'arrêt du conseil, du 25 février 1765, être condamné à la démolition des ouvrages, à la confiscation des matériaux et à 300 fr. d'amende; considérant que le conseil de préfecture, en prononçant la démolition entière de la partie de maison qui est en saillie sur la voie publique, a dépassé les limites de la peine à appliquer; considérant qu'il résulte des renseignements transmis par notre directeur-général des ponts-et-chaussées, et des circonstances de l'affaire, qu'il n'est pas même nécessaire d'ordonner la démolition des ouvrages; considérant néanmoins que le fait de la contravention doit être réprimé, et qu'il y a lieu de modérer l'amende proportionnellement au délit; »

« L'arrêté du conseil de préfecture du département du Finistère est annulé. L'amende encourue par le sieur Riou est modérée à 200 fr. »

51. Les principes sur la nécessité de se munir d'un alignement du préfet avant de faire aucune construction le long des rues qui font partie des routes, s'applique aux routes départementales comme aux routes royales. Si de semblables travaux ont été exécutés sur la seule autorisation du maire, il y a contravention.

Un sieur Enjalbert était propriétaire d'une maison située sur une rue faisant partie de la route départementale de Riberac à Bordeaux.

Enjalbert construisit au-devant de sa maison et le long de la rue, avec l'autorisation formelle du maire, un mur de terrasse.

Traduit pour ce fait devant le conseil de préfecture, il y fut condamné à démolir ses travaux.

Sur le pourvoi au conseil d'Etat, le sieur Enjalbert a prétendu que la décision attaquée violait les règles de compétence, en ce qu'ayant soutenu qu'il n'avait pas empiété sur la voie publique et qu'il avait bâti sur son propre terrain, il était indispensable de laisser préalablement juger la question de propriété par les tribunaux ordinaires;

Qu'il était injuste au fond, parce que le sieur Enjalbert ayant suivi l'alignement qui lui avait été donné par le maire, n'a pu être accusé d'avoir agi illégalement, puisqu'il n'a point empiété sur la voie publique, et qu'au surplus, l'ordre public n'est nullement intéressé à la démolition des ouvrages construits dans l'espèce.

Il a été statué en ces termes le 29 août 1821 :

« Louis, etc., sur le rapport du comité contentieux..... »

« Considérant sur la compétence, que le maire de la Roche-Challais était incompétent pour donner au sieur Enjalbert l'alignement des constructions à faire sur une route départementale, et que ledit sieur Enjalbert a contrevenu aux règlements en faisant lesdites constructions sans avoir obtenu de l'autorité compétente l'alignement dont il avait besoin, et que le conseil de préfecture était compétent pour réprimer cette contravention; »

« Considérant au fond, qu'en ordonnant la démolition, le conseil de préfecture a fait une juste application des lois de la matière, et qu'en ne prononçant ni l'amende, ni la confiscation des matériaux, il a eu égard à la bonne foi du requérant; »

« Notre conseil d'Etat entendu, nous avons ordonné et ordonnons ce qui suit : »

« La requête du sieur Enjalbert est rejetée, et l'arrêté du conseil de préfecture du département de la Dordogne, du 24 août 1819, sera exécuté suivant sa forme et teneur. »

La même décision avait encore été portée par une ordonnance royale du 20 novembre 1815, n.° 1943.

52. Tous les principes contenus dans ce chapitre s'appliquent aux routes départementales, comme aux routes royales; parce que les unes et les autres sont la propriété de l'Etat, et font partie de la grande voirie.

CHAPITRE VII.

Du contentieux en matière de Chemins.

53. La loi du 28 pluviose an VIII, titre 2, art. 4, attribue aux conseils de préfecture le jugement *des difficultés qui s'élèvent en matière de grande voirie.*

Les termes vagues de cette loi devaient faire naître bien des doutes sur son application.

Mais une loi du 29 floréal an X, les a fait disparaître en grande partie, en précisant les cas dans lesquels l'autorité administrative était appelée à prononcer.

Cette loi est ainsi conçue :

« Art. 1.er Les contraventions en matière de » grande voirie, telles qu'anticipations, dépôt » de fumier ou d'autres objets, et toutes espèces » de détériorations commises sur les grandes » routes, sur les arbres qui les bordent, sur les » fossés, ouvrages d'art et matériaux destinés à » leur entretien, sur les canaux, fleuves et ri- » vières navigables, leurs chemins de halage, » francs-bords, fossés et ouvrages d'art, seront » constatées, réprimées et poursuivies par voie » administrative.

» Art. 2. Les contraventions seront constatées » concurremment par les maires ou adjoints, les » ingénieurs des ponts-et-chaussées, leurs con- » ducteurs, les agens de la navigation, les com- » missaires de police et par la gendarmerie ; à cet » effet, ceux des fonctionnaires publics ci-dessus » désignés qui n'ont pas prêté serment en justice, » le prêteront devant le préfet.

» Art. 3. Les procès-verbaux sur les contra- » ventions seront adressés au sous-préfet qui or- » donnera, par provision et sauf le recours au » préfet, ce que de droit pour faire cesser les » dommages.

» Art. 4. Il sera statué définitivement en con-
» seil de préfecture : les arrêtés seront exécutés
» sans visa ni mandement des tribunaux, non-
» obstant et sauf tout recours; et les individus con-
» damnés seront contraints par l'envoi de garni-
» saires et saisie de meubles, en vertu desdits
» arrêtés, qui seront exécutoires, et emporteront
» hypothèque. »

Le décret du 16 décembre 1811 contient sur le même objet plusieurs dispositions qui confirment ou étendent celles de la loi ci-dessus transcrite.

Voici les principales :

Art. 57. » Les préfets, sous-préfets et maires
» sont chargés d'exercer une surveillance spé-
» ciale sur le bon état des routes de leurs dépar-
» tements, arrondissements et communes.

» Art. 70. Les ingénieurs en chef et ordinaires
» sont spécialement chargés de diriger par eux-
» mêmes et par les conducteurs sous leurs or-
» dres, l'exécution de l'emploi des matériaux et
» autres travaux de l'entretien des routes par les
» cantonniers.

» Art. 106. La conservation des plantations
» des routes, est confiée à la surveillance et à
» la garde spéciale [illegible] ntonniers, gardes-
» champêtres, gend[illegible] ents et commissai-
» res de police, et [illegible] aires, chargés par les

» lois de veiller à l'exécution des règlements de
» grande voirie.

» Art. 112. A dater de la publication du pré-
» sent décret, les cantonniers, gendarmes, gardes-
» champêtres, conducteurs des ponts-et-chaus-
» sées et autres agens, appelés à la surveillance de
» la police des routes, pourront affirmer leurs
» procès-verbaux de contravention ou de délit
» devant le maire ou l'adjoint du lieu.

» Art. 113. Ces procès-verbaux seront adres-
» sés au sous-préfet qui ordonnera sur-le-champ,
» aux termes des articles 3 et 4 de la loi du 29
» floréal an x, la réparation des délits par les
» délinquants ou à leur charge, *s'il s'agit de dé-*
» *gradations, dépôts de fumiers, immondices,*
» *ou autres substances et en rendra compte au*
» *préfet, en lui adressant les procès-verbaux.*

» 114. Il sera statué sans délai, par les con-
» seils de préfecture, tant sur les oppositions
» qui auraient été formées par les délinquants,
» que sur les amendes encourues par eux, non-
» obstant la réparation du dommage.

» Seront en outre renvoyés à la connaissance
» des tribunaux les violences, vols de maté-
» riaux, voies de fait, ou réparations de dom-
» mages réclamés par des particuliers. »

54. Le contentieux en matière de chemins se

partage entre l'autorité administrative et les tribunaux. Si la première est appelée à prononcer sur tout ce qui est matière de grande voirie, les tribunaux de leur côté ont conservé le pouvoir de statuer, dans plusieurs cas, qui y sont étrangers. C'est ce que nous allons expliquer.

SECTION PREMIÈRE.

Compétence de l'autorité administrative.

55. Cette compétence se subdivise en deux parties.

1.° Celle du ministre de l'intérieur, du directeur-général des ponts-et-chaussées, des préfets et sous-préfets.

2.° Celle des conseils de préfecture.

Paragraphe I.er

Compétence du ministre de l'intérieur, du directeur-général des ponts-et-chaussées, des préfets et sous-préfets.

56. L'art. 43 du décret du 16 décembre 1811, article 43 porte, que tout défaut d'accomplissement dûment constaté, de la part du can-

tonnier, de l'une des obligations qui lui auront été imposées par le cahier des charges, entraînera la résiliation de son bail.

Suivant l'art. 45, la résiliation doit être prononcée par le préfet et approuvée par le ministre de l'intérieur, sur l'avis du directeur-général des ponts-et-chaussées.

D'après l'art. 46, toutes plaintes ou réclamations contre les adjudicataires ou résiliations des baux de l'entretien des cantons de route, doivent être adressées au directeur des ponts-et-chaussées pour y être prononcées sur son rapport par le ministre de l'intérieur.

C'est au conseil des ponts-et-chaussées, sous la direction du directeur-général et du ministre de l'intérieur, et non aux conseils de préfecture qu'il appartient de décider jusqu'à quel point l'entrepreneur de l'entretien d'une route est, après résiliation de son bail, responsable des dépenses nécessaires pour rétablir la route dans un bon état de viabilité.

L'entrepreneur doit être à l'abri de toute recherche quand ses travaux ont été acceptés et qu'il en a été payé sans réclamation.

Arrêt du conseil du 7 novembre 1814. (Sirey jurisprudence du conseil d'Etat, tome 3, page 36).

57. Lorsque les approvisionnements destinés aux travaux des routes ne sont pas faits à l'époque

indiquée ou sont de mauvaise qualité, le sous-préfet peut ordonner que les travaux seront exécutés aux frais des cantonniers. Mais il doit rendre compte de sa décision au préfet.

58. L'art. 3 de la loi du 29 floréal an x, donne aux sous-préfets le pouvoir de prescrire des mesures provisoires pour faire cesser le dommage commis sur les routes.

Ces termes sont généraux et embrassent indistinctement tous les cas, toutes les contraventions; ils s'appliquent 1.° aux anticipations; 2.° aux dégradations; 3.° au dépôt de fumier ou immondices et autres substances : mais l'article 113 du décret du 16 décembre 1811 n'est-il pas conçu en termes moins généraux? n'apporte-t-il pas quelque limitation à l'article 3 de la loi du 29 floréal an x, ne borne-t-il pas le pouvoir des sous-préfets à prescrire des mesures dans ces deux derniers cas, c'est-à-dire lorsqu'il s'agit de dépôt de fumiers et autres substances, et de dégradations? Nous penchons vers l'affirmative. Il nous semble que la loi a voulu restreindre le pouvoir des sous-préfets, et ne les autoriser à prendre des mesures provisoires que dans les cas où il n'en résulterait pas un dommage irréparable en définitive. Ainsi, un particulier dégrade la route, y fait une excavation, en extrait des terres ou des pierres, ou y fait un dépôt d'objets quelconques qui en diminuent la viabilité, bien certainement le sous-préfet devra ordonner le rétablissement de la route; mais s'il s'agit d'une anticipation que le sous-préfet prétend avoir été faite sur la route par la construction d'une maison, il nous semble qu'il ne pourra ordonner provisoirement la démolition de la maison. En effet, l'article 113, au lieu de renvoyer purement et simplement à la loi de l'an x et d'en ordonner l'exécution, dispose que le sous-préfet ordonnera sur-le-champ, aux termes des articles 3 et 4 de la loi du 29 floréal an x, *la réparation des délits par les delinquants ou à leur charge, s'il s'agit de dégradations, dépôts de fumiers, immondices ou autres substances.*

59. Remarquons d'ailleurs que les délinquants ont le droit d'attaquer devant le préfet la mesure provisoire prescrite par le sous-préfet, mais que la décision du sous-préfet doit s'exécuter sans attendre que le préfet ait statué.

60. Quoique la loi de floréal an x, et le décret du 16 décembre 1811 semblent n'attibuer qu'au sous-préfet le pouvoir de prendre des mesures provisoires, il nous paraît évident que le préfet a, *à fortiori*, le même pouvoir, puisqu'il est administrateur d'un dégré plus élevé et que le sous-préfet ne fait que le remplacer dans les ar-

rondissements. Cela est si vrai que, dans l'arrondissement du chef-lieu de la préfecture, il remplit seul toutes les fonctions administratives et peut, par conséquent, y prendre toutes les mesures de voirie dont nous avons reconnu le pouvoir aux sous-préfets.

61. Il est manifeste qu'on ne pouvait considédérer comme une mesure d'administration le fait de concéder à un particulier une portion de route abandonnée qui en cette qualité est assimilée aux terreins vagues dépendant du domaine de l'Etat, et dont la concession ne peut avoir lieu qu'en vertu d'un acte de l'autorité souveraine revêtu des formalités prescrites par les lois.

Arrêt du conseil du 7 avril 1813, n.° 1451.

62. Le sous-préfet, le préfet, ni le conseil de préfecture ne le pourraient pas davantage dans le cas où l'abandon d'une portion de route aurait pour but d'indemniser un particulier dont la propriété aurait été prise pour la formation d'une nouvelle route, si l'Etat avait acquis, par prescription, la propriété de ce terrein; c'est ce qui a été décidé par l'ordonnance suivante qui a été insérée au bulletin des lois.

Au château des Tuileries, le 27 juillet 1814.

« Louis par la grâce de Dieu, roi de France et de Navarre ; »

« Vu l'arrêté du conseil de préfecture du département de l'Orne du 29 mars 1814, portant que, pour tenir lieu au sieur Jacques Portier de l'indemnité qui lui est due pour le terrein cédé par le sieur Louis Jacques Portier, son père, il y a environ 40 ans, pour la construction de la route aujourd'hui départementale de Verneuil à Granville, il lui est concédé le terrain de l'ancienne route; »

» Considérant que la jouissance non interrompue de l'Etat, depuis l'époque de la construction de la nouvelle route jusqu'à ce jour, constitue une prescription réelle, aux termes de l'article 2262 du code civil; »

« Que les lois des 23 messidor an v, 23 prairial an III, 24 frimaire an VI, et un décret du 25 février 1808, ont prononcé la déchéance des créances de la nature de celle dont le sieur Portier réclame le paiement; »

» Que conséquemment l'arrêté précité est en opposition formelle avec les lois et les principes sur la matière; »

« Sur le rapport de notre ministre de l'intérieur,

« Notre conseil d'Etat entendu, »

« Nous avons ordonné et ordonnons ce qui suit : »

« Art. 1. L'arrêté du conseil de préfecture du

département de l'Orne du 29 mars 1814, est annulé comme contraire aux lois. »

Art. 2. Notre ministre de l'intérieur est chargé de l'exécution de la présente ordonnance qui sera insérée au bulletin des lois.

§ 2. *Compétence des conseils de Préfecture.*

63. La loi du 29 floréal an x, et le décret du 16 décembre 1811 confèrent aux conseils de préfecture le pouvoir de statuer définitivement sur les contraventions en matière de grande voirie; car les arrêtés des préfets et sous-préfets ne constituent que des mesures purement provisoires; ces magistrats ne sont qu'administrateurs, ils ne sont pas juges et ne peuvent par conséquent prononcer aucune amende, aucune peine proprement dite, mais seulement la réparation du dommage et le rétablissement de la route dans son premier état.

63. Ces deux lois ne sont pas les seules qui règlent le pouvoir des conseils de préfecture en matière de grands chemins; et leur compétence n'est pas restreinte aux cas qu'elles spécifient, elle s'étend encore à d'autres objets réglés par l'arrêt du conseil du 27 février 1765, et par la loi du 28 pluviose an VIII.

Ainsi, les lois des 29 floréal an x et 16 décembre 1811, ne parlent que :

Des anticipations,

Des dépôts de fumiers ou d'autres objets,

Et de toutes espèces de détériorations commises sur les grandes routes, sur les arbres qui les bordent, sur les fossés, ouvrages d'art ou matériaux destinés à leur entretien, sur les chemins de halage destinés au service de la navigation.

Mais l'arrêt du conseil du 27 février 1765 prononce une peine contre ceux qui construisent, reconstruisent ou réparent des bâtiments le long des routes, sans avoir préalablement obtenu un alignement ou autorisation. Ainsi la peine est encourue par le seul défaut d'autorisation, et lors même qu'aucune anticipation n'y serait jointe.

64. On pourrait élever la question de savoir si les conseils de préfecture ont le pouvoir de prononcer sur la contravention qui consiste dans la construction ou réparation sans autorisation préalable, puisque la loi du 29 floréal an x ne leur confère point ce pouvoir;

Mais on répondrait que la loi du 28 pluviose an VIII, attribue aux conseils de préfecture la décision des difficultés élevées en matière de grande voirie, sans distinction; qu'autrefois l'application de l'arrêt du conseil du 27 février 1765 appartenait aux trésoriers de France qu'ont remplacés les conseils de préfecture.

65. Cette même loi du 28 pluviose an VIII confère aux conseils de préfecture le pouvoir de prononcer :

Sur les difficultés qui pourraient s'élever entre les entrepreneurs de travaux publics et l'administration, concernant le sens ou l'exécution des clauses de leurs marchés ;

Sur les réclamations des particuliers qui se plaignent de torts et dommages procédant du fait personnel des entrepreneurs et non du fait de l'administration ;

Sur les demandes et contestations concernant les indemnités dues aux particuliers, à raison des terreins pris ou fouillés par les entrepreneurs ou leurs préposés, pour la confection des chemins, canaux et autres ouvrages publics.

Pour procéder avec ordre, nous consacrerons un article au développement de chacune des différentes règles de compétence énoncées dans les n^{os}. précédents.

ART. I.er

Alignements.

66. C'est aux conseils de préfecture et non aux préfets qu'est déféré le pouvoir de prononcer les

peines et amendes en matière de grande voirie. (Arrêt du conseil du 5 septembre 1821, n.° 5152.)

67. Les conseils de préfecture sont compétens pour prononcer l'amende et la démolition des constructions, (peines établies par l'arrêt du conseil du 27 février 1765), contre les particuliers qui, dans ces constructions, ne se sont pas conformés à l'alignement qui leur a été donné par l'autorité. (Arrêt du conseil du 16 août 1811, n.° 1106.)

68. Lorsqu'un particulier a fait, sans en avoir obtenu les alignements, construire, reconstruire ou réparer les édifices, maisons ou bâtiments situés le long des grandes routes ou les joignant, soit dans les traverses des villes, bourgs et villages, soit en pleine campagne, le conseil de préfecture doit ordonner également la démolition des ouvrages, et condamner le contrevenant à l'amende.

69. Exhausser un bâtiment situé sur le bord d'une rue dépendante d'une route départementale, et relever un mur latéral sans autorisation préalable, c'est commettre une contravention de la compétence des conseils de préfecture.

Gondard est propriétaire d'une maison sise à Langeac (Haute-Loire), et donnant sur la rue qui, dans cet endroit, fait partie de la route départementale de Brioude à Langone.

En 1820, il a, sans autorisation, fait reconstruire un mur latéral aboutissant à la voie publique, et s'alignant sur la façade de sa maison, qu'il a en même temps exhaussée de quelques mètres.

Le 24 mai, un procès-verbal a constaté ce fait, et le 2 octobre suivant, un arrêté du conseil de préfecture a ordonné la démolition des travaux, la confiscation des matériaux, et a condamné Gondard à 300 fr. d'amende.

Chargé de demander au conseil d'Etat l'annulation de cet arrêté, je soutins que l'autorisation n'était pas nécessaire; d'abord parce que le mur latéral ne faisait pas face à la route, ensuite parce que l'exhaussement d'une maison n'était pas formellement compris dans la prohibition de l'arrêt du conseil de 1765; que cet exhaussement, loin de consolider le bâtiment, tend à en accélérer la chute par la surcharge qu'il lui fait supporter; qu'il résulte des ordonnances du 10 avril 1783, et 25 août 1784, et du décret du 22 juin 1811, rendu entre Guibert et Combeguilles, qu'on n'est soumis à un alignement qu'autant qu'on touche aux fondations ou au rez-de-chaussée de la façade.

Mais on répliquait que tout ce qui résultait de de la prétention du sieur Gondard, c'est que ses travaux étaient susceptibles d'être autorisés; mais que les règlements n'ayant pas voulu que les particuliers fussent juges de ce fait, Gondard n'était pas dispensé de demander une autorisation; que ce particulier était en contravention, puisque l'arrêt du conseil prononce une peine pour le seul défaut d'autorisation.

Sur ce, intervint, le 18 juillet 1821, un arrêt ainsi conçu :

« Considérant qu'aux termes de l'arrêt du con-
» seil du 27 février 1765, les bâtiments situés
» sur les grandes routes ne peuvent être recons-
» truits, réparés ni exhaussés, sans l'autorisation
» préalable de l'administration; considérant qu'il
» résulte de la lettre de notre directeur général
» des ponts-et-chaussées, que les travaux faits
» par l'exposant, ne sont pas de nature à conso-
» lider la façade de sa maison, que dès-lors, la
» démolition des travaux n'est pas indispensable,
» mais que la contravention doit être punie d'une
» amende; considérant, en ce qui concerne la
» demande en remise de l'amende, que le récla-
» mant est en récidive, et a construit, malgré
» les avertissements et défenses du maire et de
» l'ingénieur, que dès-lors, il n'y a pas lieu de
» modérer l'amende justement prononcée contre
» lui. »

« L'arrêté du conseil de préfecture du département de la Haute-Loire, du 2 octobre 1820, est modifié en ce qu'il ordonne la démolition des ouvrages exécutés sans autorisation par le sieur Gondard, et la confiscation des matériaux; il est confirmé dans les autres dispositions. »

70. Au surplus, l'arrêt du conseil du 27 février 1765, n'est pas applicable aux moulins à vent construits à quelque distance des routes.

Dans les départements où aucun règlement local de police et de sûreté n'a été fait sur cette matière, il n'y a point de contravention commise par le seul fait de changements opérés dans les dimensions d'un moulin à vent, encore qu'il en put résulter des accidents.

Ordonnance du 7 avril 1819, n°. 3581.

Art. II.

Des réclamations des particuliers qui se plaignent des dommages provenant du fait des entrepreneurs de routes, et de celles relatives aux terrains pris ou fouillés pour leur confection.

71. Le code rural de 1791, titre I, section 6, art. 1.er, porte : « les agens de l'administration » ne pourront fouiller dans un champ pour y » chercher des pierres, de la terre ou du sable » nécessaires à l'entretien des grandes routes ou » autres ouvrages publics, qu'au préalable ils » n'ayent averti le propriétaire, et qu'il ne soit » justement indemnisé à l'amiable, ou à dire

» d'experts, conformément à l'article 1.er du » présent décret.

L'art. 55 de la loi du 16 septembre 1807 est ainsi conçu : « Les terreins occupés pour prendre » les matériaux nécessaires aux routes ou aux » constructions publiques, pourront être payés » aux propriétaires, comme s'ils eussent été pris » pour la route même.

» Il n'y aura lieu à faire entrer dans l'estima- » tion la valeur des matériaux à extraire, que » dans les cas où l'on s'emparerait d'une carrière » déjà en exploitation; alors lesdits matériaux » seront évalués d'après leur prix courant, ab- » straction faite de l'existence et des besoins de » la route pour laquelle ils seraient pris, ou des » constructions auxquelles on les destine :

Voyez encore les art. 56 et 57.

Le deuxième projet de code rural contenait aussi les dispositions suivantes :

» Art. 438. Les entrepreneurs des travaux » publics, à la charge de l'Etat, ou à la charge » des communes, ont le droit de prendre et en- » lever de la terre ainsi que des pierres, sables, » graviers et autres matières semblables néces- » saires à la confection des ouvrages, dans les » endroits le plus à portée, et les moins dom- » mageables.

» L'indication des lieux sera préalablement

» faite par les ingénieurs ou conducteurs, ou par » les commissaires-voyers ou les maires, suivant » les cas, après avoir entendu les propriétaires » intéressés, auxquels il sera payé, lorsqu'il ap- » partiendra, une juste et préalable indemnité. »

« Art. 439. Les mêmes entrepreneurs pourront prendre et enlever gratuitement, en vertu d'une simple autorisation du maire, les pierres et les cailloux qu'ils trouveront dans les champs non clos, ni ensemencés, à portée des travaux : les propriétaires ne pourront s'opposer à cet enlèvement, sous peine d'amende depuis 6 fr. jusqu'à 15 fr. inclusivement. A l'égard des terrains clos ou ensemencés, cet enlèvement ne pourra avoir lieu qu'en vertu d'une autorisation du préfet. Les entrepreneurs seront toujours responsables des dommages causés. »

« Art. 440. Ils auront le droit de prendre et enlever de la pierre dans toutes les carrières ouvertes et à ouvrir, qui peuvent se trouver le plus à portée des ouvrages, à la charge néanmoins de payer le droit de carrière aux propriétaires. »

« L'indemnité, pour droit de carrière, sera déterminée, savoir : à l'égard des carrières ouvertes, suivant le prix ordinaire des lieux, ou d'après l'usage, et, à défaut d'usage établi, à raison d'une charretée pour vingt. »

« Quant aux carrières à ouvrir et à rouvrir, ou décombrer, l'indemnité sera fixée à raison d'une charretée pour quarante. »

« Art. 441. Les deniers destinés à la confection des travaux publics ou communaux, ne pourront être saisis pour les dettes des entrepreneurs, excepté celles qui dérivent d'une fourniture de matériaux ou de main-d'œuvre, à raison de l'ouvrage dont il s'agira. »

« Art. 442. La garantie des gros ouvrages, à raison des vices de construction, se prescrit par l'espace de dix ans, à compter du jour de la réception des ouvrages.

72. On a élevé la question de savoir si l'occupation de terreins pour l'extraction de matériaux nécessaires à la confection ou réparation des routes, était soumise aux formalités prescrites en matière d'expropriation pour cause d'utilité publique ?

Les lois de 1807 et 1810 n'exigent l'observation de ces formalités, que lorsque l'Etat devient propriétaire, pour cause d'utilité publique, d'un immeuble appartenant à un particulier.

L'art. 55 de la 1re. lui réserve la faculté d'acheter le terrein qui renferme les matériaux nécessaires à la confection ou réparation des routes; mais il peut n'en pas user et se borner à faire faire par l'entrepreneur l'extraction de ces matériaux.

Dans le dernier cas, la propriété ne change pas de mains, et il n'y aurait lieu à remplir les formalités exigées par la loi de 1810, que s'il usait de la faculté que lui donne l'art. 55 de la loi du 16 septembre 1807.

C'est ce qui a été jugé par un arrêt du conseil du 25 avril 1820, n°. 3735, dans lequel on lit les motifs suivans :

« Considérant que dans l'espèce il ne s'agit pas d'une expropriation forcée, mais d'une action en dommages, à raison d'un terrein fouillé pour l'entretien d'une route départementale, en vertu d'une autorisation administrative ; »

« Considérant que, par l'art. 4 de la loi du 28 pluviose an VIII, les conseils de préfecture sont investis du droit de prononcer sur les demandes et contestations concernant les indemnités dues aux particuliers, à raison des terrains pris ou fouillés pour la confection des chemins, canaux et autres ouvrages publics. »

Le même principe a encore été consacré par un autre arrêt du 24 octobre 1821, dont voici l'espèce.

Quelques dommages occasionnés au mur du jardin du sieur Thomas, par des travaux exécutés sur la route de Castres à Gaillac, ont donné naissance à une contestation qui a été portée devant l'autorité judiciaire.

Le 17 mai 1821, le tribunal de première instance de Gaillac a rendu un jugement portant qu'il serait sursis indéfiniment à toute exécution ultérieure des travaux, jusqu'à ce que les formes voulues par la loi du 8 mars 1810 eussent été remplies. Ce jugement est motivé sur ce que l'administration ayant fait établir un fascinage soutenu par des pieux, sur l'emplacement d'une partie du mur de clôture du jardin du sieur Thomas, tombée subitement, l'avait réellement exproprié de la portion de sa propriété où les pieux avaient été plantés, en ne déterminant pas l'époque à laquelle l'occupation de cette partie du terrain cesserait, et qu'il dépendait d'elle de faire durer aussi long-temps qu'elle le voudrait.

Mais sur le conflit élévé par le préfet, le conseil d'Etat en a jugé autrement; ses motifs sont ainsi conçus : « Considérant qu'il s'agit dans l'espèce d'un mur renversé par l'effet de remblais exécutés sur une grande route; que l'administration ne demande pas le terrein dont il s'agit; qu'elle ne s'oppose pas à la reconstruction dudit mur; qu'elle ne refuse pas au sieur Thomas l'indemnité qui pourrait lui être due pour les dommages qu'il aurait éprouvés; qu'il n'y a pas lieu par conséquent à l'application de la loi du 8 mars 1810, sur les expropriations pour cause d'utilité publique, mais à l'application de l'art. 4 de la loi du 28 pluviose an VIII. »

75. La justice administrative est seule compétente pour statuer sur les réclamations des propriétaires qui se plaindraient des torts et dommages procédant du fait personnel des entrepreneurs de travaux publics.

Ainsi décidé par arrêt du conseil du 30 mars 1812, rendu dans l'espèce suivante :

Des entrepreneurs de route autorisés par l'administration, à prendre du sable dans une rivière, ayant fait opérer cette extraction par leurs ouvriers, un propriétaire riverain prétendit que son héritage avait été endommagé par cette opération.

Ces ouvriers assignés à la requête du riverain devant le juge de paix, y furent condamnés à 50 fr. de dommages-intérêts, et à se désister de leurs travaux dans le jour de la signification du jugement; mais le préfet ayant élevé le conflit, il intervint au conseil d'Etat un arrêt qui l'approuve et renvoie l'affaire au conseil de préfecture.

La même décision a encore été rendue dans l'espèce suivante.

Gilbert, employé aux approvisionnements de la route de Paris à Bayonne, a été poursuivi devant le tribunal de police du canton de Barbezieux, à raison des dégâts commis par lui et ses enfants, dans la propriété du sieur Tillard Pongaudin, en y ramassant et enlevant des cailloux destinés aux réparations de la route.

Malgré le déclinatoire opposé par Gilbert, le juge de paix l'a condamné à 3 fr. de dommages-intérêts, et aux dépens.

Mais le préfet ayant élevé le conflit, le conseil d'Etat a renvoyé la connaissance de l'affaire au conseil de préfecture, par arrêt du 6 septembre 1813, fondé sur les motifs suivants:

« Considérant qu'il résulte des dispositions de l'art. 4 de la loi du 28 pluviose an VIII, et des règlements relatifs à la grande voierie, que les conseils de préfecture sont exclusivement compétents pour connaître des contestations qui s'élèvent à l'occasion des terreins pris ou fouillés pour les chemins ou travaux publics, et des torts et dommages causés par le fait personnel des entrepreneurs desdits ouvrages; que l'objet de la contestation entre Gilbert et Tillard Pongaudin est évidemment compris dans les attributions du conseil de préfecture, puisqu'il s'agit de dégats causés dans une propriété privée par un particulier chargé de travaux relatifs à l'entretien d'une grande route, et qu'ainsi le juge de paix de Barbezieux jugeant en tribunal de police, a excédé les limites de sa compétence, en retenant la connaissance de cette affaire. »

Dans une autre affaire, un nommé Pierre de

Ritz, cultivateur, s'est plaint de voies de fait, commises sur sa propriété par Vermeulen, autre cultivateur. Ces voies de fait consistaient en ce que celui-ci s'était permis, sans le consentement du propriétaire et sans aucun acte préalable, de faire une coupure sur le terrein de Ritz et d'enlever une partie considérable de terre.

Traduit devant le juge de paix, Vermeulen y fut condamné à rétablir les choses dans leur premier état, à 600 fr. de dommages-intérêts et aux dépens, quoiqu'il ait soutenu n'avoir agi que par ordre de l'entrepreneur de la route et qu'il ait même requis son renvoi.

Mais le préfet ayant élevé le conflit, il intervint, le 19 août 1813, un arrêt du conseil qui renvoie l'affaire à l'autorité administrative par le motif qu'aux termes de l'article 4, de la loi du 28 pluviose an VIII, les contestations relatives aux torts et dommages que les particuliers prétendent avoir éprouvés de la part des entrepreneurs de travaux publics, sont du ressort de l'autorité administrative. »

Voici un autre arrêt rendu le 16 octobre 1813.

Le sieur Reullan, entrepreneur et adjudicataire des travaux à faire pour les réparations de la grande route, dans le canton de Nozai, département de la Loire-inférieure, employait à la confection des travaux, dont il était chargé, la veuve

Besnier et le sieur Gabillard : ceux-ci firent passer, pendant plusieurs jours, des voitures chargées de pierres, sur une pièce de lande, appartenant au sieur Barbier de la Place, et servant de pâturage à ses bestiaux.

Le sieur Barbier de la Place, ayant traduit la veuve Besnier et Gabillard devant le juge de paix, ils y furent condamnés à des dommages-intérêts, avec défense de passer désormais sur la lande dont il s'agit, malgré leur prétention de n'avoir agi que par les ordres de l'entrepreneur de la route.

Mais le préfet ayant élevé le conflit, il intervint, le 16 octobre 1813, un arrêt qui renvoie l'affaire au conseil de préfecture, en se fondant sur les motifs suivans :

« Considérant qu'aux termes de l'article 4, de la loi du 28 pluviose an VIII, les conseils de préfecture sont seuls compétents pour prononcer sur les réclamations des particuliers qui se plaignent des torts et dommages, provenant du fait des entrepreneurs ;

« Qu'ainsi, il devait être statué administrativement, sur la plainte du sieur Barbier et sur le dédommagement du tort qu'il prétend avoir éprouvé, par le transport sur son terrein, des matériaux nécessaires aux travaux des ponts et chaussées. » (Voyez autre arrêt du 23 juin 1819.)

Nous avons rapporté ces différents arrêts, pour

établir que la compétence des conseils de préfecture n'est pas restreinte au seul cas où il s'agit de fixer la valeur des matériaux extraits d'un champ, pour être employés aux travaux des routes; qu'elle s'étend encore aux dommages de toute nature, causés aux propriétés, sans qu'il y ait eu une pareille extraction. C'est ce qui résulte du dernier arrêt, par lequel il a été jugé que les dommages-intérêts, pour dégâts faits à une lande, en la traversant avec une charette chargée de pierres destinées à l'entretien d'une route, devaient être appréciés et prononcés par l'autorité administrative.

74. Il faut d'ailleurs remarquer que, pour établir la compétence de cette autorité, deux conditions sont indispensablement requises : La première, que les dégradations ou extractions soient du fait d'un entrepreneur de travaux publics ou de ses préposés;

La seconde, qu'elles aient eu lieu à l'occasion de travaux publics.

Ainsi, il est manifeste que si, dans l'espèce du dernier arrêt, l'entrepreneur au lieu d'employer les matériaux transportés, au service de la grande route, les avaient destinés à une entreprise particulière, la réclamation du propriétaire de la lande aurait été de la compétence des tribunaux.

75. Nous devons examiner une question, qui

n'est pas sans importance. Les entrepreneurs des travaux publics, peuvent-ils prendre des matériaux où bon leur semble? n'ont-ils à cet égard d'autre régulateur que leur volonté? ne faut-il pas au contraire, qu'ils se fassent préalablement autoriser par l'administration qui fixe, et la quantité de matériaux à extraire, et les lieux où l'extraction doit s'opérer? et la compétence des conseils de préfecture, à raison des dommages-intérêts réclamés par les particuliers, ne doit-elle pas être restreinte au cas où l'entrepreneur serait porteur d'une autorisation administrative?

La justice et le respect du aux propriétés exigeraient qu'il en fût ainsi; l'on a peine à comprendre en effet qu'un entrepreneur puisse, de sa seule autorité, bouleverser sans aucun frein le domaine d'autrui, parce qu'il dit agir dans l'intérêt public, qui souvent n'est qu'un prétexte pour satisfaire sa passion ou son intérêt particulier.

C'est ce qu'ont senti les rédacteurs du deuxième projet du code rural qui exige (art. 438), que la désignation des lieux où les matériaux doivent être pris, soit préalablement faite par les ingénieurs ou conducteurs, ou par les commissaires voyers ou les maires, suivant les cas, après avoir entendu les propriétaires intéressés, et qui veut en outre que le paiement d'une juste indemnité soit préalablement effectué.

Mais cette sage et équitable disposition n'est encore qu'un projet qu'on devrait suivre, ce dont on se dispense parce que la législation en vigueur n'y assujettit pas, comme si l'observation de ce qui est bon et juste n'était pas toujours une obligation pour une administration, sous le gouvernement du Roi légitime.

Nous disons que cette disposition n'est encore qu'un projet et que la législation actuelle n'en contient pas de semblable ; et en effet, le code rural de 1791 oblige seulement l'entrepreneur à prévenir le propriétaire du champ qu'il va y faire des fouilles, en extraire les matériaux qui lui sont nécessaires, et à l'indemniser préalablement.

La loi du 16 septembre 1807 n'assujettit l'entrepreneur à aucune formalité, et très-souvent il se dispense même de prévenir le propriétaire et de lui payer une indemnité préalable, sous prétexte que les lois de 1807 et 1810 et le code civil n'exigent ce paiement préalable que pour les expropriations pour cause d'utilité publique, et qu'encore dans ce cas, le paiement peut être suspendu pendant trois ans, lorsque des circonstances particulières le commandent ainsi.

Au surplus, cette conduite des entrepreneurs est justifiée par la jurisprudence du conseil d'Etat.

Au nombre des arrêts que nous venons de citer, on en trouve deux rendus dans des espèces où l'entrepreneur n'avait ni obtenu d'autorisation administrative d'extraire, ni indemnisé préalablement le propriétaire du terrain.

76. On a élevé la question de savoir si la loi du 28 pluviose an VIII s'applique au cas où un entrepreneur a employé des matériaux rassemblés par des individus non propriétaires de terrains.

Ainsi, des nommés Hulot et Lubineau, journaliers, avaient ramassé des cailloux pour les vendre à leur profit.

L'entrepreneur des travaux de route disposa des cailloux sans convenir de prix et sans en offrir la valeur aux propriétaires Hulot et Lubineau.

Le conseil d'État a décidé que cette contestation était de la compétence du conseil de préfecture :

» Considérant que les difficultés élevées entre les sieurs Hulot et Lubineau, et l'entrepreneur Fauconnet, ont pour cause l'indemnité réclamée pour torts et dommages faits à ces deux particuliers par l'entrepreneur, qui s'est emparé de leurs matériaux sans en payer le prix, et pour les employer à la réparation de la grande route ;

» Considérant que, par les dispositions de la loi du 28 pluviose an VIII, la connaissance des contestations de cette espèce est exclusivement attribuée aux conseils de préfecture, »

77. Mais s'il y avait contestation sur la question de savoir si les pierres sont la propriété de ceux qui les révendiquent, cette question de propriété devrait être soumise aux tribunaux, sauf à renvoyer devant le conseil de préfecture pour la fixation de la valeur des matériaux.

78. L'affaire serait de la compétence du conseil de préfecture, si celui qui a éprouvé le dommage, soutenait que les matériaux extraits ne sont pas destinés à l'entretien de la route, ou que celui qui les a extraits, n'est ni l'entrepreneur ni le préposé de l'entrepreneur de la route. Car il appartient au conseil de préfecture de décider ces questions, sauf à se pourvoir devant les tribunaux si l'administration décide négativement.

(Arrêt du conseil du 17 janvier 1814.)

79. Tous ces principes s'appliquent également au cas où le dommage et l'extraction des matériaux ont été faits sur une propriété communale.

(Arrêt du conseil du 13 novembre 1810.)

80. Il n'est pas inutile de bien expliquer ici ce qu'on doit entendre par travaux publics, afin de préciser la compétence de l'administration, en cette matière. Pour y parvenir plus sûrement, nous allons rapporter plusieurs arrêts du conseil d'Etat.

Le 6 juillet 1809, le sieur Vernier obtint,

au prix de 3525 fr., l'adjudication de la reconstruction d'une fontaine, dans la commune de Thiennans, département de la Haute-Saône, à charge de se conformer au plan dressé à cet effet.

Les fouilles faites pour l'exécution des travaux de reconstruction de la fontaine, ayant été faites trop près du terrein de la veuve et des héritiers Bertrand, ceux-ci se plaignirent au juge de paix qui condamna l'entrepreneur.

Mais sur le conflit élevé par le préfet, le conseil d'Etat renvoya l'affaire au conseil de préfecture, en se fondant sur ce qu'il s'agissait de dommages faits à l'occasion de travaux publics.

81. Mais la décision de cet arrêt n'est-elle pas une erreur? Est-il donc vrai qu'on doive considérer comme travaux publics, dans le sens de la loi de l'an VIII, ceux qui sont entrepris dans l'intérêt d'une commune et payés par elle?

Nous ne le croyons pas, et il nous semble que cette opinion est confirmée par plusieurs arrêts du conseil, assez récents, qui ont changé le système consacré par celui que nous venons de rapporter.

La ville de Poitiers avait été autorisée par une ordonnance royale à construire une salle de spectacle. Les travaux arrêtés par l'architecte de la ville avaient été adjugés au sieur Mathé. Les travaux exécutés, cet entrepreneur a prétendu que la main-d'œuvre et les fournitures avaient outrepassé les quantités portées au devis. En conséquence, il a demandé qu'il lui fût tenu compte de cet excédent.

La contestation a été portée devant le conseil de préfecture, qui a ordonné une expertise pour la vérification de l'excédent.

Mais sur le pourvoi au conseil d'Etat, il est intervenu, le 29 août 1821, un arrêt par lequel :

« Considérant que dans l'espèce il ne s'agissait pas de travaux publics, mais d'un marché d'ouvrages entre une commune et un entrepreneur ; considérant que les contestations auxquelles ledit marché peut donner lieu, ne peuvent être jugées que par les tribunaux ordinaires, d'après les règles du droit commun. »

« L'arrêté du conseil de préfecture est annulé pour cause d'incompétence. »

82. La même chose a encore été décidée par un arrêt du conseil du 17 avril 1822, dans une espèce où il s'agissait de la construction d'une Eglise et d'un temple protestant.

83. Du reste, il faut indubitablement ranger dans la classe des travaux publics, ceux exécutés sur une route départementale, lors même qu'une commune en paye la plus forte partie. Ainsi décidé par deux arrêts du conseil des 25 avril 1820 ci-dessus rapportés, et 16 janvier 1822.

Art III.

De l'anticipation des Chemins.

84. L'anticipation d'un chemin se confond le plus ordinairement avec la dégradation; ainsi le riverain qui élargit le fossé qui borde la route aux dépens du terrain qui la constitue; celui qui, à défaut de fossé, prolonge ses labours jusque sur une partie de cette route, commet tout à la fois une usurpation et une dégradation; mais s'il arrive qu'un riverain, après avoir obtenu un alignement pour construire sur le bord d'une route, outrepasse, dans sa construction, l'alignement qui lui a été donné, dans ce cas, il y a anticipation sans dégradation: au surplus, toutes ces distinctions sont superflues, puisque dans tous les cas, l'affaire est de la compétence du conseil de préfecture, même lorsque l'anticipation porte sur une rue ou place de l'intérieur d'un village, bourg ou ville, faisant partie d'une route royale ou départementale. (Arrêt du conseil du 22 février 1822.)

Art. IV.

Des dépôts de fumiers et autres objets.

85. Un particulier laisse-t-il sur un chemin des fumiers, des terres, des boues, des pierres, une

charrette, des arbres ou autres objets quelconques? c'est au conseil de préfecture qu'il appartient de prononcer les peines applicables à cette contravention.

86. Mais ne faut-il pas faire une distinction entre les routes de l'extérieur des villages, bourgs ou villes, et les rues qui, dans la traverse de ces villages, bourgs ou villes, font la continuation desdites routes?

Nous avons vu que ces rues faisaient partie de la grande voirie, que la loi du 14 octobre 1790 porte en effet que *l'administration*, en matière de grande voirie, attribuée aux corps administratifs par l'art. 6 du titre 14 du décret sur l'organisation judiciaire, comprend, dans toute l'étendue du royaume, l'alignement des rues des villes, bourgs et villages qui servent de grandes routes; qu'ainsi aucune maison bordant une rue de cette espèce, ne pouvait être construite ou réparée sans la permission du préfet.

Les contraventions pour dépôts de fumiers et autres objets dans les rues et places, faisant suite ou dépendance d'une route royale ou départementale, sont-elles, par suite de ce principe, de la compétence exclusive des conseils de préfecture?

Une explication devient ici nécessaire.

Remarquons d'abord que la loi précitée ne

concerne que *l'administration*, et non la répression, en matière de voirie, et ne parle *que de l'alignement* des rues des villes, bourgs et villages qui servent de grandes routes.

Et en suite que, d'après l'art. 1er, titre 11, de la loi du 24 août 1790, les corps municipaux doivent veiller et tenir la main, dans l'étendue de chaque municipalité, à l'exécution des lois et des règlements de police, et qu'ils connaissent du contentieux auquel cette exécution peut donner lieu.

Suivant l'art. 3, les objets de police, confiés à la vigilance et à l'autorité des corps municipaux, sont :

1°. Tout ce qui intéresse la sûreté et la commodité du passage dans les rues, quais, places et voies publiques ; ce qui comprend le nettoiement, l'illumination, l'enlèvement des encombrements, la démolition ou la réparation des bâtiments menaçant ruine, l'interdiction de rien exposer aux fenêtres ou autres parties des bâtiments, qui puisse nuire par sa chute, et de rien jeter qui puisse blesser ou endommager les passants ou causer des exhalaisons nuisibles.

Il semble résulter delà que les conseils de préfecture n'ont pas une compétence exclusive pour la répression des dépôts de fumiers, et autres objets dans les rues et places, faisant continuation des grandes routes; que les tribunaux de police peuvent aussi en connaître; que ces contraventions peuvent être indistinctement portées devant les conseils de préfecture, ou devant les tribunaux de police; c'est aussi ce qu'a jugé la Cour de cassation dans l'espèce suivante:

Charles-François Richard, prévenu d'avoir contrevenu à une ordonnance de police, en laissant exposé, au-devant de sa maison, située sur une rue de la commune de Saint-Just, route de Paris à Amiens, un amas de fumiers et d'autres immondices, avait été traduit devant le tribunal de police du canton.

Le 19 mars 1811, jugement par lequel ce tribunal considérant que la rue dont il s'agit, fait partie de la grande route, et n'a pas la largeur nécessaire pour cette destination,

Vu la loi du 29 floréal an x,

Se déclare incompétent.

Mais par arrêt du 13 juin suivant, ce jugement fut cassé.

On lit, entre autres motifs, dans l'arrêt de la cour suprême, les suivants:

« Que tout ce qui résulte de ce que le même
» terrein sert à la fois de rue et de grande route,
» c'est que les contraventions aux règlements de
» police qui s'y réfèrent, peuvent être poursuivies
» concurremment par l'autorité administrative,

» d'après la loi du 29 floréal an x, et par le tribunal de simple police, conformément à la loi du 24 août 1790, et le code du 3 brumaire an iv; que par cela seul qu'une maison ou un autre édifice se trouve situé dans l'intérieur d'une ville, d'un bourg ou d'un village (lors même que la rue sert de grande route, et quelle que soit sa largeur), les propriétaires ou locataires, sont sujets aux lois et aux règlements de police, ainsi qu'à la juridiction des tribunaux chargés par les lois générales de prononcer sur les contraventions à ces règlements ou à ces lois. »

87. Quant aux contraventions spécifiées dans les lois du 24 août 1790, 22 juillet 1791, art. 15, 3 brumaire an iv, art. 605; et dans le code pénal, articles 471 et suivants, et non comprises dans la nomenclature, soit de la loi du 29 floréal, soit du décret du 16 décembre 1811, elles ne sont en aucun cas de la compétence des conseils de préfecture.

C'est ce qu'observe très-judicieusement M. le président Henrion de Pansey, dans son ouvrage si estimé de la *Compétence des juges de paix*.

« Ainsi, dit-il, page 216, les dispositions de la loi du 29 floréal an x, relatives aux grandes routes, sont applicables aux rues qui en forment la continuation. Lorsqu'il s'y commet une contravention *prévue et spécifiée* par cette loi, ce n'est donc ni aux juges de paix ni aux tribunaux correctionnels, mais au conseil de préfecture que la répression en appartient.

» Nous disons une contravention *prévue et spécifiée* par la loi du 29 floréal an x, parce que les conseils de préfecture, appartenant à la classe des tribunaux d'exception, leur juridiction n'embrasse que les objets dont la loi leur délègue la compétence par une disposition spéciale et formelle. »

Or, dans la nomenclature des contraventions que renferme la loi du 29 floréal an x, il n'est question que d'anticipations, de dépôts de fumiers ou autres objets et de détériorations. Ces contraventions sont donc les seules qui soient soumises au conseil de préfecture; et toutes les autres infractions aux règlements de police, lors même qu'elles sont commises dans les rues assimilées aux grandes routes, sont dans les attributions soit des juges de paix, soit des tribunaux correctionnels, suivant leur nature et la gravité de la peine.

Ce sera donc au tribunal de simple police qu'il appartiendra d'appliquer les peines infligées par les articles 471 et 475 du liv. 4 du code pénal, à ceux qui, en contravention aux lois et règlements, auront négligé d'éclairer les matériaux par eux entreposés, ou les excavations par eux faites dans les rues et places publiques; à ceux qui auront fait ou laissé courir des chevaux, des bêtes de trait, de charge ou de monture dans les rues, ou violé les règlements concernant la rapidité des voitures; à ceux qui auront jeté des pierres ou d'autres corps durs, ou des immondices contre les maisons, édifices ou clôtures d'autrui, ou dans les jardins ou enclos; et à ceux qui auraient volontairement jeté des corps durs sur quelqu'un; enfin, à ceux qui se seraient rendus coupables d'infractions aux différents articles du même code, relatifs à la simple police, non prévus par la loi du 29 floréal an x.

Art. V.

Des détériorations.

88. La loi du 29 floréal an x soumet à la décision des conseils de préfecture les détériorations commises sur

Les grandes routes,

Les arbres qui les bordent,

Les fossés,

Les ouvrages d'art et matériaux destinés à leur entretien.

89. Nous avons déjà dit que les dégradations des grandes routes doivent être réprimées par les conseils de préfecture; nous ajouterons que cette

attribution comprend les détériorations commises dans les rues qui font suite aux grandes routes ; qu'aucune loi ne les attribue aux tribunaux ordinaires. A la vérité, la loi du 22 juillet 1791, relative à l'organisation d'une police municipale et correctionnelle, porte, art. 15, que ceux qui embarrasseront *ou dégraderont les voies publiques*, seront condamnés à une amende de 2 à 50 fr., outre la détention de police municipale.

Le code du 3 brumaire an IV, art. 605, porte aussi que ceux qui embarrasseront ou *dégraderont les voies publiques*, seront punis des peines de simple police.

Mais la loi du 29 floréal a dérogé à cette législation; elle confère aux conseils de préfecture la répression *de toutes espèces de détériorations*, et le code pénal de 1810, art. 471 et suivants, n'attribue aux tribunaux de simple police que la répression *des embarras de la voie publique*. Il ne leur confère pas le pouvoir de punir *les dégradations*; c'est donc aux conseils de préfecture que ce pouvoir appartient; c'est ce qu'a jugé le conseil d'État par l'arrêt du 22 février 1822 déjà cité.

90. Quant aux arbres, trois cas peuvent se présenter :

1°. On peut les avoir abattus,

2°. Les avoir écorcés,

3°. Ou les avoir élagués.

L'arrêt du conseil du 3 mai 1720, art. 8, contient une disposition générale par laquelle il est défendu à toutes personnes de rompre, couper ou abattre les arbres plantés le long des routes, à peine de 60 fr. d'amende pour la première fois, et du fouet en cas de récidive.

Mais d'après la loi du 9 ventose an XIII, et le décret du 16 décembre 1811, il faut distinguer si la plantation existe sur *le terrein même de la route* ou sur *le terrein du riverain.*

Dans ce dernier cas, il est propriétaire des arbres, à quelque époque qu'ils aient été plantés.

Mais a-t-il le droit de les abattre sans autorition ?

La loi du 9 ventose an XIII décidait l'affirmative; mais sa disposition a été changée par l'article 101 du décret du 16 décembre 1811, ainsi conçu : « tout propriétaire qui sera reconnu avoir » coupé, sans autorisation, arraché ou fait périr » les arbres plantés *sur son terrein*, sera con- » damné à une amende égale à une triple valeur » de l'arbre détruit. »

Si les arbres sont plantés sur *le terrein de la route*, ou ils l'ont été par les riverains depuis la loi du 9 ventose an XIII, ou ils l'avaient été précédemment. Dans le premier cas, ils appartiennent aux riverains; dans le second, à L'Etat.

Le décret du 16 décembre 1811 interdit formellement d'abattre ou arracher les arbres *appartenant à l'Etat;* mais il ne prononce aucune peine pour la contravention à cette disposition et pourquoi?

C'est parce que le code pénal contient à cet égard des dispositions formelles dans les articles 445 et 448, dont voici les termes : « Quiconque aura abattu un ou plusieurs arbres qu'il savait appartenir à autrui, sera puni d'un emprisonnement qui ne sera pas au-dessous de six jours, ni au-dessus de six mois, à raison de chaque arbre, sans que la totalité puisse excéder cinq ans....... Le *minimum* de la peine sera de vingt jours d'emprisonnement dans le cas prévu par l'art. 445, si les arbres étaient plantés sur les places, routes, chemins, rues ou voies publiques ou vicinales, ou de traverse. »

Le code pénal explique donc le silence du décret du 16 décembre, sur les peines appliquées aux délits qui ont pour objet les arbres plantés sur le terrein de la route, et appartenant à l'Etat, et sa disposition expresse pour ceux plantés sur le terrein même des riverains. Le premier délit était formellement prévu par le code pénal, le second ne l'était par aucune loi. Au contraire, la loi du 9 ventose an XIII voulait que le propriétaire en pût disposer à sa volonté. Il fallait donc une disposition formelle pour abolir celle de la loi du 9 ventose.

91. Mais les articles 445 et 448 du code pénal s'appliquent-ils indistinctement, et aux propriétaires riverains de la route, et à ceux qui n'ont aucun héritage qui la joigne? Il nous semble que la généralité des termes de ces articles, résout cette question affirmativement.

92. Une autre question qui n'est résolue ni par le décret de 1811, ni par le code pénal, est celle de savoir quelle peine on appliquera à celui qui, ayant planté des arbres sur le terrein de la route, en vertu de la loi du 9 ventose an XIII, les abattrait sans autorisation. Les articles 445 et 448 du code pénal ne statuent qu'à l'égard de celui qui abat des arbres qu'il *sait appartenir à autrui*; or d'un côté, les lois et décrets attribuent aux riverains la propriété des arbres par eux plantés sur les routes; et d'un autre côté, la raison indique assez que la peine doit être plus forte dans le premier cas que dans le second.

Mais quelle peine prononcera-t-on, puisque le décret de 1811 n'en établit aucune? il y a même cela de remarquable, qu'il ne défend pas aux riverains d'abattre les arbres par *eux plantés sur les routes*.

Ce n'est pas dans la loi de l'an XIII qu'il faut aller chercher la solution de cette question; car elle se borne à consacrer la prohibition d'abattre, sans la sanctionner par aucune peine.

Mais il faut se reporter au code rural de 1791, dont l'article 43, titre 2, est ainsi conçu : « *Quiconque aura coupé ou détérioré des arbres plantés sur les routes*, sera condamné à une amende triple de la valeur des arbres, et à une détention qui ne pourra excéder six mois. »

Comme on le voit, cet article établit une juste proportion dans la répartition des peines avec les autres dispositions législatives. Ainsi un propriétaire abat des arbres plantés sur son terrein, il doit être condamné à une amende égale à la triple valeur de ces arbres.

S'ils étaient plantés par lui sur le terrain de la route, il serait en outre condamné à une détention d'un jour à six mois.

Enfin, si les arbres appartenaient à l'État, le *minimum* de l'emprisonnement serait de vingt jours par chaque arbre abattu, et le *maximum* de cinq ans pour la totalité des arbres.

93. Ces dispositions s'appliquent aux arbres plantés sur les boulevards de Paris.

(Arrêt du conseil du 14 septembre 1814.)

94. Lorsqu'une grande route traverse une forêt, qu'ainsi ce n'est pas une plantation particulière qui borde la route, mais bien des arbres faisant corps avec la forêt même, y a-t-il lieu à appli-

quer l'article 448? La loi ne parle que d'arbres plantés sur le terrain même de la route à quelque distance du bord des fossés. Or, les arbres, dans le cas proposé, sont sur le terrain de la forêt, et non sur celui de la route. Cette distinction nous conduit à l'examen d'une autre question....

95. L'article 448 a-t-il aboli les dispositions de l'ordonnance de 1669 sur les eaux et forêts? en telle sorte que la destruction ou mutilation des arbres faisant corps avec la forêt, sur le bord de la route, doive être punie des peines prononcées par l'arti cle

Cette question est importante; car l'ordonnance de 1669 ne prononce que des amendes et peines pécuniaires, pour le fait dont il s'agit, tandis que l'article précité prononce la peine de l'emprisonnement.

A ne consulter que le discours de l'orateur du gouvernement chargé de présenter les motifs du projet de loi, la question devrait être résolue affirmativement. « Je ne m'arrêterai point, disait-il, aux dispositions qui prononcent des peines de police correctionnelle contre ceux qui détruisent des productions de la terre nécessaires aux besoins de la vie, ou des instruments utiles à l'agriculture, ou qui font périr des animaux dont ils privent, sans aucune nécessité, le maître auquel ils appartiennent. La plupart de ces délits étaient prévus par les anciennes lois, mais plusieurs n'étaient pas assez punis : par exemple, l'ordonnance de 1669 ne prononçait point l'emprisonnement *dans le cas d'arbres abattus ou mutilés, de manière à les faire périr;* l'amende qu'elle prononçait était insuffisante. »

Mais ce motif n'est qu'une erreur échappée à cet orateur. En effet, le code pénal contient bien quelques dispositions applicables aux forêts :

Ainsi, l'article 458 punit d'une amende de 50 fr. à 500 fr. l'incendie des propriétés mobilières ou immobilières d'autrui qui aura été causé....... par des feux allumés dans les champs à moins de 100 mètres des maisons, édifices, *forêts, bruyères, bois, vergers*, plantation, etc. Voilà bien un objet de police forestière, que l'ordonnance de 1669 n'avait pas prévu; car cette ordonnance ne s'occupait, titre 32, article 27, que des incendies causés dans les forêts par des feux allumés dans les forêts elles-mêmes; elle était muette sur les incendies causés dans les forêts, par des feux allumés au dehors.

Ainsi, l'article 462 porte que « Si les délits de police correctionnelle, dont il est parlé au présent chapitre, ont été commis par des gardes champêtres ou forestiers, ou des officiers de police, à quelque titre que ce soit, la peine d'emprisonnement sera d'un mois au moins, et d'un tiers au plus, en sus de la peine la plus forte qui serait appliquée à un autre coupable du même délit. »

Ce que disait M. Faure, doit donc s'entendre des deux articles précédents.

Et ce qui confirme cette interprétation, c'est ce qu'a dit M. le conseiller d'Etat Réal, lorsqu'il a présenté au corps législatif l'article dernier du code pénal, portant « que, dans toutes les matières qui n'ont pas été réglées par le présent code, et qui sont régies par des lois et règlements particuliers, les cours et tribunaux continueront de les observer. » Cette disposition, (a-t-il dit, de l'ordre exprès du conseil d'Etat qui en avait fait l'objet d'une délibération positive) maintient les lois et règlements actuellement en vigueur, relatifs aux dispositions du code rural, qui ne sont pas entrées dans ce code.... à la chasse, *aux bois, aux forêts*. »

Ce qui met le sceau à cette démonstration, c'est que le décret du 8 novembre 1810, après avoir ordonné que le code pénal sera publié dans le département des Bouches-du-Rhin, dans celui des Bouches-de-l'Escaut, et dans l'arrondissement de Breda, et qu'il y sera exécutoire à compter du 1.er janvier 1811, ordonne expressément la même chose pour les articles 1, 2, 3, 4, 5, 7, 8, 9, 10, 12, 14, 25 et 26 du titre 32 de l'ordonnance de 1669; c'est que l'on trouve les mêmes dispositions dans le décret du 6 janvier 1811, pour les départements de la Hollande, réunis à l'empire par le décret du 9 juillet précédent, et dans le décret du 9 novembre de la même année, pour les départements de Rome et du Trasimène.

Enfin, ces principes ont été consacrés par un arrêt de la cour de cassation du 9 mai 1812, dans lequel on lit les motifs suivants :

« Attendu que l'ordonnance des eaux et forêts est une loi spéciale, qui régissant une matière que le code pénal n'a pas entendu régler, doit, aux termes de l'art. 484 dudit code pénal, continuer d'être observée par les tribunaux toutes les fois qu'il s'agit de prononcer sur les délits forestiers commis dans les bois de l'État, et même sur ceux de ces délits commis dans les bois des particuliers et communautés, qui n'ont pas été prévus et punis par des lois spéciales; d'où il suit, 1.° que les articles 445, 446 et 448 du code pénal de 1810, n'étaient point applicables à l'espèce, et ne peuvent être appliqués que lorsque les arbres abattus ou mutilés sont plantés, *soit sur des fonds ruraux autres que les bois et forêts, soit sur des places ou autres lieux désignés par l'art. 448 dudit code pénal*; 2.° que la condamnation, tant sous le rapport de l'amende, que pour restitution et dommages-intérêts, ayant été prononcée par le jugement attaqué dans les proportions voulues par les articles 5, 8 et 9 du tit. 32 de l'ordonnance de 1669, et par l'art. 10 de la loi du 20 messidor an III, ce jugement n'a violé aucune loi. »

96. De tout ce que nous venons de dire, il résulte une distinction fondée sur la nature des choses, c'est que bien que la loi du 29 floréal an x, confère aux conseils de préfecture *la répression des contraventions commises sur les grandes routes et les arbres qui les bordent*, etc., leur pouvoir est limité *aux condamnations pécuniaires*, mais ne peut s'étendre aux *peines corporelles et d'emprisonnement.*

C'est ce qu'enseigne M. le président Henrion de Pansey, dans son *Traité de la Compétence des juges-de-paix*, *chap.* 28.

« Mais à l'égard de celui qui coupe les arbres bordant une grande route, et qui n'est propriétaire d'aucuns héritages riverains, il était inutile que le décret (celui du 16 décembre 1811) s'en occupât, puisque le code pénal avait prévu son délit, en avait déterminé la peine, et conféré l'application aux tribunaux correctionnels. Tout ce qui résulte du silence que le législateur a gardé sur ce point, c'est donc qu'il n'a pas entendu innover, et que son intention a été que celui qui a coupé les arbres plantés sur une grande route, et qu'il savait ne pas lui appartenir, demeurât soumis à un emprisonnement de vingt jours à six mois, ou même à deux ans, et que les tribunaux correctionnels continuassent de statuer sur ces sortes de délits. D'un autre côté, comment supposer que le législateur ait voulu donner le droit de prononcer des peines aussi graves à des tribunaux tels que les conseils de préfecture, où tout se fait si sommairement, où il n'y a ni prétoire ni officiers ministériels, ni ministère public ? »

97. Ainsi le code pénal établit des peines corporelles et des peines pécuniaires contre ceux qui détruisent ou mutilent les arbres bordant les grandes routes.

L'auteur de ce délit sera passible de la peine d'emprisonnement, puis sera condamné à rétablir la plantation, à des dommages-intérêts et à une amende. (Art. 448 et 455.)

La première condamnation ne pourra être prononcée que par les tribunaux correctionnels ; la seconde le sera par les conseils de préfecture.

Cette distinction est bien clairement marquée dans le décret de 1811.

« L'art. 114 porte : seront renvoyés à la connaissance des tribunaux, les violences, vols de matériaux, voies de fait, ou réparations de dommages réclamés par des particuliers. »

Au surplus, cette disposition n'est pas nouvelle, elle était clairement établie par une décision de S. Exc. le ministre de la justice, en date du 28 vendémiaire an XI. Elle est contenue dans une lettre écrite par S. Exc. au directeur général des ponts-et-chaussées, qui est ainsi conçue :

« J'ai reçu, citoyen conseiller d'Etat, votre lettre du 6 de ce mois, par laquelle vous me proposez diverses questions sur l'exécution de la loi du 29 floréal dernier, relative aux contraventions en matière de grande voirie. Je suis entièrement de votre avis sur la première et la troisième de ces questions, mais je ne partage pas votre opinion sur la deuxième. »

« Vous aviez effectivement, comme vous me l'observez, déjà consulté le ministre de la justice sur cette question, par une lettre du 25 thermidor dernier ; vous avez dû recevoir la réponse qui vous a été faite le 23 fructidor suivant. »

« Dans cette réponse, il vous disait que la loi du 29 floréal dernier, en attribuant au conseil de préfecture le pouvoir de statuer *définitivement* sur les contraventions en matière de grande voirie, et en statuant que les arrêtés seraient exécutés sans *visa* ni mandement des tribunaux, seraient exécutoires et emporteraient hypothèque, avait *entièrement* dépouillé l'autorité judiciaire de la connaissance de ces sortes de contraventions; et qu'en conséquence le conseil de préfecture pouvait et devait prononcer sur les amendes encourues par les contrevenants, comme sur les indemnités, restitutions et réparations auxquelles les contraventions pourraient donner lieu. Je suis aussi de cet avis : je pense que le recours à l'autorité judiciaire est non-seulement inutile, mais encore interdit. Ce n'est pas seulement, en effet, la *poursuite*, la *réparation* des contraventions en matière de grande voirie qui sont confiées à l'autorité administrative, c'est encore la *répression* même; cela résulte des termes formels de l'article 1er. de la loi du 29 floréal, qui porte que ces sortes de contraventions seront *constatées*, *réprimées* et *poursuivies*. Le pouvoir de répression, qui appartient en toutes autres matières aux tribunaux, se trouve, par ces dispositions, attribué, en matière de grande voirie, à l'autorité administrative. L'intention du législateur se manifeste encore à cet égard, par les dispositions de l'article 4, qui statue que les arrêtés de l'autorité administrative seraient exécutés sans *visa* ni mandement des tribunaux, et détermine les voies de contrainte qui pourront être employées pour l'exécution de ces arrêtés : il est clair qu'on a voulu donner à l'autorité administrative tous les moyens d'assurer la répression des contraventions en matière de grande voirie, sans subordonner l'exécution de ces mesures à l'autorité judiciaire. »

« C'est aussi ce qui a été exprimé dans les motifs qui ont accompagné la proposition de la loi. »

« Je ne pense cependant pas que l'autorité administrative puisse prononcer des peines corporelles; elle doit se borner à appliquer les peines pécuniaires qui sont établies par les lois. L'application des peines corporelles est trop essentiellement du ressort des tribunaux de répression, pour qu'on puisse admettre que l'autorité administrative a le pouvoir de la faire. »

« Mais, dans le cas où les contraventions de voirie constituent un délit soumis à la peine de l'emprisonnement, comme dans le cas prévu par l'article 43, titre 2 de la loi du 28 septembre 1791, ce n'est pas une raison qui empêche l'autorité administrative de connaître de la contravention; elle ne doit pas moins prononcer alors les dispositions qui sont de sa compétence, sauf à renvoyer le contrevenant devant le tribunal correctionnel, pour l'application de la peine corporelle. »

« La loi du 29 floréal ne s'étant point expliquée

sur les peines, il est nécessaire de se conformer aux lois antérieures.

J'ai l'honneur de vous saluer.

Signé REGNIER.

Voici la circulaire écrite par le conseiller d'Etat, directeur général des ponts-et-chaussées aux préfets des départements.

Paris, 13 frimaire an XI.

« Citoyen, j'ai été consulté sur la manière dont devait être entendue et exécutée la loi du 29 floréal an X, relative aux contraventions en matière de grande voirie, qui se compose de toutes les routes faites et entretenues par la république, des canaux, fleuves et rivières navigables, ainsi que des rues des communes qui font partie des grandes routes, à la charge du gouvernement.

« Je me suis adressé au grand-juge et ministre de la justice, en lui proposant diverses questions sur l'exécution de cette loi. »

« Je vous transmets copie de la lettre qu'il m'a écrite le 28 vendémiaire, par laquelle il me donne la solution de ces questions. »

« Je vais les établir résolues dans l'ordre où elles ont été présentées, afin de lever les obstacles que vous pourriez rencontrer dans l'exécution de cette loi. »

« 1.° C'est au sous-préfet à ordonner par provision, la répression des contraventions en matière de grande voirie, sur le vu des procès-verbaux, sauf le recours au préfet. »

« 2.° En cas de réclamations, c'est au sous-préfet à statuer en conseil de préfecture. »

« 3.° Les conseils de préfecture jugent définitivement : ils décident s'il y a eu contravention ; ils prennent les mesures nécessaires pour la poursuite des contrevenants, qui peuvent se pourvoir devant l'autorité supérieure, après s'être conformés à la décision du conseil de préfecture. »

« 4.° Les arrêtés du conseil de préfecture, sont, dans ce cas, exécutoires à la poursuite et diligence des préfets et des sous-préfets, par tous les moyens indiqués par l'article 4 de la loi du 29 floréal an x. Les ingénieurs des ponts-et-chaussées ne doivent que surveiller et constater les délits ou contraventions, suivant l'article 11. »

« 5.° L'autorité administrative doit, en vertu de la même loi, seule et sans le concours de l'autorité judiciaire, statuer, ainsi qu'il est dit ci-dessus, sur les contraventions en matière de grande voirie, et prononcer même sur les amendes qu'entraînent les contraventions, sans préjudice de l'indemnité qui pourra être due pour détérioration, conformément aux anciens règlements sur la grande voirie. »

« Ainsi la police de conservation des routes, qui consiste dans l'application des peines, n'appartient plus aux tribunaux; la répression des contraventions en matière de grande voirie, est attribuée aujourd'hui à l'autorité administrative, qui était chargée seulement par les lois des 14 et 22 décembre 1789, et 11 septembre 1790, de constater les délits, et d'en poursuivre la punition devant les tribunaux. »

« Le conseil de préfecture doit appliquer les peines pécuniaires, en prononçant sur les amendes encourues par les contrevenants, comme sur les indemnités, restitutions et réparations auxquelles les contraventions peuvent donner lieu. »

« Dans le cas où les contraventions de voirie constituent un délit soumis à la peine corporelle et d'emprisonnement, comme dans les cas prévus par les articles 43 et 44 de la loi du 28 septembre 1791, concernant les biens et usages ruraux et la police rurale, ce n'est pas une raison qui empêche l'autorité administrative de connaître de la contravention; elle ne doit pas moins prononcer alors les dispositions qui sont de sa compétence, c'est-à-dire, en ce qui concerne la peine pécuniaire, sauf à renvoyer les contrevenants ou délinquants devant le tribunal correctionnel, pour l'application de la peine corporelle. »

« La loi du 29 floréal ne s'étant expliquée sur les peines, on doit se conformer aux lois antérieures. »

« Je vous invite, citoyen préfet, à faire exécuter la loi du 29 floréal an x, d'après les principes établis par la lettre ci-jointe du grand-juge et ministre de la justice, et sur lesquels j'ai cru devoir entrer avec vous dans quelques développements instructifs, afin de dissiper des doutes nuisibles au service des ponts-et-chaussées, et indiquer la ligne de démarcation entre les autorités judiciaire et administrative, sur le fait de la grande voirie. »

« Je vous salue. »

Signé CRETET.

Ces principes ont été proclamés par un arrêt du conseil d'Etat du 21 mars 1807, sur un conflit négatif d'attributions, élevé entre le conseil de préfecture du département de la Côte-d'Or et un tribunal de première instance de ce département, au sujet d'un délit de ce genre, dont était prévenu le sieur Pavillon. Voyez *Répertoire de Jurisprudence*, au mot *Chemin*, n.° 14. Les mêmes principes ont encore été consacrés par un autre arrêt du conseil du 2 février 1808.

98. Le décret du 16 décembre 1811, contient sur l'élagage des arbres, les dispositions suivantes: « Art. 102 : l'élagage de tous les arbres plantés

» sur les routes, conformément aux dispositions » du présent titre, sera exécuté toutes les fois » qu'il en sera besoin, sous la direction des in» génieurs des ponts-et-chaussées, en vertu d'un » arrêté du préfet qui sera pris sur le rapport de » l'ingénieur en chef, et qui contiendra les ins» tructions nécessaires sur la manière dont l'éla» gage devra être fait.

» Les ingénieurs et conducteurs des ponts-et» chaussées sont chargés de surveiller et d'assu» rer l'exécution desdites instructions.

» Art. 105. Les particuliers ne pourront pro» céder à l'élagage des arbres qui leur appar» tiennent sur les grandes routes qu'aux époques » et suivant les indications contenues dans l'ar» rêté du préfet, et toujours sur la surveillance » des agents des ponts-et-chaussées, sous peine » d'être poursuivis comme coupables de dom» mages causés aux plantations des routes. »

99. Ces dispositions ne parlant pas de l'élagage des arbres plantés sur le terrain des riverains, ceux-ci peuvent y procéder sans entraves et sans être assujettis à se pourvoir d'une autorisation préalable.

100. Une ordonnance du bureau des finances de Paris du 28 novembre 1783, fait défenses à tous particuliers de quelque état, qualité et condition qu'ils soient de fendre, déchirer, peler ou écor-

cer, sous quelque prétexte que ce puisse être, aucun orme, ou autres arbres plantés le long des routes, chaussées et grands chemins, à peine de 300 f. d'amende pour la première contravention, et en outre de condamnation aux galères en cas de récidive.

Le code rural de 1791 a changé cette disposition par l'article 43 du titre deux, qui inflige la même peine à ceux qui *coupent* qu'à ceux qui *dégradent* les arbres plantés sur les routes.

Et, l'art. 446 du code pénal punit ceux qui *écorcent* les arbres plantés sur les routes de manière à les faire périr, comme ceux qui les abattent.

101. Les dégradations des ouvrages d'art qui bordent les routes se commettent d'une infinité de manières qui ne peuvent être ici ni prévues, ni détaillées.

102. Quand aux fossés qui bordent les routes, deux cas peuvent se présenter :

Ou on les comble,

Ou on en coupe une partie.

Dans ces deux cas, il y a lieu à l'application de la peine prononcée par le code rural, et par le code pénal.

Code rural, article 17, titre 2.

« Il est défendu à toute personne de recombler » les fossés, *de dégrader les clôtures*, de couper

» des branches de haies vives, d'enlever les bois
» secs des haies, sous peine d'une amende de la
» valeur de trois journées de travail. Le dédom-
» magement sera payé au propriétaire, et suivant
» la gravité des circonstances, la détention pourra
» avoir lieu, mais au plus pour un mois.

Code pénal, article 456 : » Quiconque aura
» en tout ou en partie, comblé des fossés, détruit
» des clôtures, de quelques matériaux qu'elles
» soient faites, coupé ou arraché des haies vives
» ou sèches; quiconque aura déplacé ou supprimé
» des bornes ou pieds-corniers ou autres arbres
» plantés, ou reconnus pour établir les limites
» entre différents héritages, sera puni d'un em-
» prisonnement qui ne pourra être au-dessous
» d'un mois ni excéder une année, et d'une
» amende égale au quart des restitutions et des
» dommages-intérêts qui, dans aucun cas ne
» pourra être au-dessous de 50 fr. »

SECTION DEUXIÈME.

Compétence des tribunaux.

103. En parlant des attributions des conseils de préfecture, nous avons déjà expliqué une partie de la compétence des tribunaux. Il ne nous res-

tera donc que peu de choses à dire pour compléter la théorie de la législation à cet égard.

104. Les lois dont nous avons rapporté les dispositions ne confèrent aux conseils de préfecture que la répression des délits ou contraventions de grande voirie, et par conséquent la décision des débats qui s'élèvent à ce sujet.

105. Mais toute question de propriété est essentiellement du ressort des tribunaux. Les conseils de préfecture ne sont que des juridictions d'exception, qui ne peuvent connaître que des contestations qui leur sont spécialement dévolues par une loi, et nous avons vu, dans la section précédente, qu'aucune loi ne place dans leurs attributions le jugement des questions de propriété.

Ainsi donc, si l'administration prétend qu'un particulier, en construisant une maison ou de toute autre manière, a anticipé sur la route, ou si elle prétend que ce particulier l'a dégradée et qu'il soutienne que la partie de route qu'on l'accuse d'avoir usurpée ou dégradée lui appartient, cette question de propriété sera du ressort des tribunaux, sauf les mesures provisoires que les sous-préfets et les préfets peuvent prendre dans l'intérêt public, comme nous l'avons déjà expliqué.

106. La question de savoir si un chemin forme une grande route ou un chemin vicinal n'est pas

dans les attributions des tribunaux et doit être décidée par le préfet, sauf recours au ministre et ensuite au conseil d'Etat.

107. Les anticipations, dépôts de fumiers et immondices, et les détériorations relatives aux chemins de halage sont bien de la compétence des conseils de préfecture lorsque la répression en est poursuivie dans l'intérêt de la navigation, par l'autorité administrative, mais, c'est à l'autorité judiciaire à prononcer lorsque les poursuites sont faites à la requête du propriétaire du sol sur lequel est établi le chemin de halage, parce qu'alors il agit dans son intérêt privé pour repousser les atteintes portées à sa propriété.

108. Il en est de même, c'est encore aux tribunaux à prononcer, lorsqu'il s'agit de savoir à qui de deux particuliers appartient le sol sur lequel est établi le chemin de halage, ou s'il forme une propriété privée ou publique.

109. Il en est encore de même, si l'on prétend sur le chemin de halage un droit de servitude particulière indépendante de celle établie pour le service de la navigation.

Nous avons déjà cité, chapitre II, plusieurs arrêts du conseil qui l'ont ainsi décidé ; nous ajouterons celui rendu le 13 juin 1821, dans lequel on lit le motif suivant :

« Considérant qu'en admettant même que la

» portion de pré, sur laquelle Courtillier et Ro-
» cheron prétendent un droit de passage, fasse
» partie du chemin de halage, ce droit n'étant
» réclamé que pour une exploitation particulière
» et non pour le service de la navigation, ne
» constitue dans l'espèce qu'une question de
» servitude qui est de la compétence des tribu-
» naux. »

110. Mais la question de savoir si le propriétaire riverain doit le chemin de halage, si le halage existe, s'il est nécessaire, est une question purement administrative. Elle dépend, en effet, de la question de savoir si la rivière est ou n'est pas navigable ou flottable. Or, c'est ce que l'administration seule peut déclarer. La déclaration de ce fait appartient aux préfets et non aux conseils de préfecture. C'est donc aux préfets à reconnaître préalablement la navigabilité de la rivière, à déclarer la nécessité du chemin de halage et à ordonner les mesures nécessaires pour son exécution, sauf le recours des parties qui se prétendraient lésées, au ministre de l'intérieur.

111. C'est aux tribunaux et non aux conseils de préfecture qu'il appartient de prononcer sur la question de savoir, si un terrein en oseraie, situé entre un chemin de halage et une rivière navigable, et revendiqué comme propriété privée, est ou non une dépendance du domaine public.

Arrêt du conseil du 1.er novembre 1820, ainsi conçu :

Louis, — sur le rapport du comité du contentieux ; » Vu le rapport de notre ministre secrétaire d'Etat de l'intérieur, enregistré au » secrétariat général de notre conseil d'Etat, le » 14 décembre 1819, et tendant à ce qu'il nous » plaise annuler un arrêté du conseil de préfecture du département de la Seine-Inférieure du » 20 novembre 1818, qui a ordonné d'arracher » une oseraie plantée par l'ingénieur des ponts-» et-chaussées, sur des portions de prairies si-» tuées entre le chemin de halage et le bord de » la Seine, et que la dame de Saint-Gervais re-» vendique comme sa propriété ; Vu, etc.....

» Considérant qu'il s'agit de savoir si le ter-» rain en litige est une dépendance du domaine » public ou appartient à la dame de Saint-Ger-» vais, et que le conseil de préfecture a excédé » sa compétence en statuant sur cette question » préalable qui est du ressort des tribunaux ; »

« Notre conseil d'Etat entendu,

« Nous avons ordonné et ordonnons ce qui suit :

« L'arrêté du conseil de préfecture du dépar-» tement de la Seine-Inférieure du 20 novembre » 1818, est annulé pour cause d'incompétence. »

112. Lorsqu'un particulier a détruit un puisard existant dans sa propriété pour le service de la

grande route et qu'il prétend n'être point obligé de conserver comme servitude envers l'Etat, le préfet peut ordonner le rétablissement du puisard pour cause d'utilité publique.

Cette décision n'empêche pas le particulier de faire statuer, par les tribunaux, sur la question de servitude, pour obtenir une indemnité.

(Arrêt du conseil du 27 mai 1816, n.° 2565.)

113. Les contestations sur la propriété des arbres plantés le long des routes doivent être portées devant les tribunaux.

Cependant, si la question de propriété s'élevait à l'occasion d'arbres coupés, ou d'un élagage fait sans l'autorisation de l'administration, les conseils de préfecture, en renvoyant la question de propriété aux tribunaux, n'en prononceraient pas moins sur la contravention.

114. Comme nous l'avons dit dans le chapitre précédent, l'empiètement, l'usurpation, le creusement des fossés, les plantations de haies ou constructions de murs et autres entreprises le long des routes, sont du ressort des conseils de préfecture, sauf toutefois les questions de propriété qui regardent les tribunaux; mais si l'œuvre qui fait naître la question nuisait à la circulation ou exposait la sûreté publique, l'autorité administrative aurait le pouvoir de faire remettre les choses dans le premier état, provisoire-

ment et même définitivement, mais à la charge d'indemnité, si la question de propriété était résolue en faveur du particulier.

Il y aurait dans tous les cas, de la part de ce particulier, contravention pour avoir fait œuvre sur la grande route, sans avoir demandé la permission, et sous ce rapport, la compétence des conseils de préfecture aurait son effet.

115. Nous rappelons que les violences, vols de matériaux destinés à l'entretien de routes, voies de fait ou réparations, de dommages réclamés par des particuliers sont exclusivement de la compétence des tribunaux.

Art. 114 du décret du 16 décembre 1811.

CHAPITRE VIII.

De la police du Roulage et des Messageries.

116. Le bon état et la conservation des routes dépendent en grande partie de l'exécution des lois et règlements sur la police du roulage et des messageries. Il est évident, en effet, que l'excès de chargement d'une voiture garnie de roues

qui, loin d'avoir la largeur suffisante, sont construites dans une forme tranchante, doit contribuer à la dégradation et au défoncement des routes.

Aussi cette partie de la grande voirie avait-elle été, avant la révolution, l'objet de la constante sollicitude de nos rois.

Pour lui donner les développements qu'elle mérite, nous diviserons ce chapitre en deux sections. Dans la première, nous parlerons du poids de chargement des voitures, de la forme et largeur des roues;

Dans la seconde, du mode de constater et de réprimer les contraventions et de la compétence des autorités appelées à les juger.

SECTION PREMIERE.

Du poids de chargement des voitures, de la forme et largeur des roues.

117. Différents arrêts de règlements et ordonnances, et notamment une déclaration du 14 novembre 1724, enregistrée au parlement le 27 janvier 1725, avaient défendu aux rouliers ou voituriers, marchands forains, marchands de Paris et à tous autres sans exception, soit qu'ils voiturent pour leur compte particulier ou pour d'autres, de mettre aux voitures à deux roues

plus de trois chevaux, depuis le premier avril jusqu'au premier octobre, ni plus de quatre chevaux, depuis le premier octobre jusqu'au premier avril, sous peine de confiscation des voitures, chevaux et harnais et de 300 fr. d'amende contre les contrevenants. Ces dispositions ont été renouvelées par un arrêt du conseil du 27 avril 1772.

Le roi ayant ensuite été informé que les rouliers et voituriers négligeaient d'exécuter ces règlements, et que les charges énormes qu'ils mettaient sur leurs voitures dégradaient les chemins et augmentaient les dépenses d'entretien, Sa Majesté jugea nécessaire d'ajouter aux anciennes lois des dispositions qui lui parurent plus propres à en assurer l'exécution, sans porter préjudice à la facilité des transports. En conséquence, elle rendit en son conseil, le 20 avril 1783, un arrêt qui régla le nombre des chevaux, mulets et bœufs qu'il serait permis d'atteler aux voitures, et prescrivit différentes formalités pour la conservation des routes.

Enfin, toutes les dispositions relatives à cet objet furent refondues et réunies dans un arrêt du conseil du 28 décembre 1783, qui continua de régir cette matière jusqu'à la révolution.

Mais dans ce temps d'anarchie et de licence, où trop de gens se croyaient affranchis de toutes les règles, imaginant n'avoir d'autre régulateur que leurs volontés ou leurs intérêts, ces lois et règlements ont été constamment violés.

« Pendant long-temps la police des grandes routes a été totalement négligée; les précautions sages que l'expérience avait fait établir pour leur conservation ont été oubliées; le sol même consacré à la voie publique n'a point été respecté; et souvent on a vu des particuliers, profitant du silence momentané des lois, s'y permettre les anticipations les plus répréhensibles.

» Partout également les lois relatives aux alignements sont restées sans vigueur et sans exécution, et il en est résulté des inconvéniens d'autant plus graves, que les effets en sont plus durables.

» Partout enfin les règlements qui fixaient le poids des voitures, sont tombés dans la désuétude la plus absolue; et c'est à cet oubli funeste que l'on peut attribuer la cause principale de la détérioration des routes. »

(Extrait de la circulaire de M. le directeur-général des ponts-et-chaussées à MM. les préfets, en date du 30 messidor an x.)

118. La première loi qui ait été rendue sur cette matière depuis la révolution est celle du 29 floréal an x.

Elle est ainsi conçue :

« Art. 1er. A compter de l'époque qui sera déterminée par le gouvernement dans la forme usitée par les règlements d'administration publique, le poids des voitures employées au roulage et messageries dans l'étendue de la république, ne pourra excéder, en comprenant le poids de la voiture et celui du chargement, les proportions suivantes :

» Pendant cinq mois, à compter du 15 brumaire au 15 germinal :

	myriagrammes.
Voitures ou chariots à quatre roues.	450.
Voitures ou charettes à deux roues.	250.
Voitures ou chariots à quatre roues, avec jantes de vingt-cinq centimètres de largeur.	550.
Voitures ou charettes à deux roues, avec jantes de vingt-cinq centimètres de largeur	350.

» Pendant sept mois, à compter du 15 germinal au 15 brumaire :

Voitures ou chariots à quatre roues.	550.
Voitures ou charettes à deux roues.	375.
Voitures ou chariots à quatre roues, avec jantes de vingt-cinq centimètres de largeur.	650.
Voitures ou charettes à deux roues, avec jantes de vingt-cinq centimètres de largeur.	475.

» Art. 2. Les objets non divisibles, et d'un poids supérieur au précédent tarif, pourront être néanmoins transportés par le roulage, sans donner ouverture à contravention.

» Art. 3. Le poids des voitures sera constaté, au moyen de ponts à bascule établis sur les routes, dans les lieux que fixera le gouvernement.

» Jusqu'à l'établissement des ponts à bascule, la contravention sera constatée par la vérification des lettres de voiture.

» Art. 4. Les contraventions à la présente loi seront décidées par voie administrative, et les contrevenants seront condamnés à payer les dommages réglés par le tarif suivant.

» L'excès de chargement de vingt myriagrammes et au-dessous, sera considéré comme tolérance, et n'entraînera aucune condamnation;

de 20 . à . 60 myriagrammes. .	25 fr.
de 60 . à . 120.	50.
de 120 . à . 180.	75.
de 180 . à . 240.	100.
de 240 . à . 300.	150.
et au-dessus de 300.	300.

» Art. 5. Tout voiturier ou conducteur pris en contravention, ne pourra continuer sa route qu'après avoir réalisé le paiement des dommages, et déchargé sa voiture de l'excédant de poids qui aura été constaté; jusque-là, ses chevaux seront tenus en fourrière, à ses frais, à moins qu'il ne fournisse une caution suffisante.

» Art. 6. Le roulage pourra être momentanément suspendu pendant les jours de dégel, sur les chaussées pavées, d'après l'ordonnance des préfets de département. »

Comme on le remarque, cette loi est spécialement destinée à régler le poids du chargement des voitures publiques. Elle parle bien aussi de la largeur des roues; mais sans faire une obligation de n'employer que les roues à larges jantes; elle accordait seulement à ceux qui les emploieraient, une prime en les autorisant à augmenter le poids du chargement.

Une seconde loi eut pour but de remplir cette lacune.

« La principale disposition qu'il contient, (disait M. le conseiller d'Etat Miot, en présentant le projet de loi au corps-législatif, dans la séance du 30 pluviose an XII) fixe le *minimum* de la largeur des jantes, tant pour les voitures à deux roues que pour celles à quatre roues, en raison du nombre de chevaux attelés à la voiture. On ne s'est pas dissimulé que cette base pouvait n'être pas toujours juste, et que quelquefois, suivant les localités et la force des chevaux, le poids du chargement variait dans une proportion différente du nombre des chevaux employés à la traîner : mais, d'une part, il était difficile d'en trouver une plus convenable; et de l'autre, en faisant dépendre la largeur des roues de cet élément, on tend évidemment à améliorer la race des chevaux employés au roulage, puisque les facilités que peut obtenir le voiturier, dépendent de la force des chevaux qu'il emploie. Enfin on a considéré que le plus grand inconvénient qui pouvait résulter de ce mode de fixation, étant d'obliger à se servir, dans certaines circonstances, de roues plus larges que celles qu'il serait peut-être rigoureusement nécessaire d'exiger en raison du poids du chargement, on allait encore plus directement vers le but de la loi, qui est d'amener l'usage habituel de celles de la plus grande dimension. Ces motifs, joints à la promptitude et la facilité de l'application de la loi qui se fera beaucoup plus commodément, d'après le nombre de chevaux, qu'elle ne pourrait avoir lieu seulement d'après le chargement, ont déterminé à adopter ce mode, et il serait, je le pense, impossible de lui en substituer un autre. »

» Les voitures publiques, telles que les diligences, messageries et autres, marchant au trot, lorsqu'elles excéderont le poids de deux cent vingt-deux myriagrammes, ont dû, comme les voitures de roulage, être assujetties aux mêmes règles; et cette disposition était de toute justice, parce qu'au-delà de ce poids le dégât qu'elles occasionnent est de même nature que celui qu'à charge égale occasionnerait une voiture de roulage, et s'augmente encore par la rapidité de la marche. »

Cette seconde loi qui a pour date le 7 ventose an XII, contient les dispositions suivantes :

» Art. 1. A compter du 1er. messidor an XIV, les roues des voitures employées au roulage, dans toute l'étendue de la république, et attelées de plus d'un cheval, seront construites avec des jantes dont la largeur est déterminée par la présente loi.

» La circulation des voitures qui, à cette époque, ne seront pas dans les termes de la loi, est irrévocablement prohibée.

» Art. 2. Le *minimum* de la largeur des jantes de voitures de roulage est fixé par le tarif suivant :

		environ	
Voitures à deux ou à quatre roues, attelées de 2 chevaux. .	11 cent.	4 pouc.	1 lig.
Les mêmes voitures attelées de trois chevaux	14.	5.	2.
Les voitures à deux roues, attelées de quatre chevaux. .	17.	6.	4.
Celles à quatre roues, attelées de 4, 5, ou 6 chevaux.	17.	6.	4.

	c.	p.	l.
Les voitures à deux roues, attelées de plus de 4 chevaux.	25.	9.	3.
Les chariots attelés de plus de six chevaux	22.	8.	2.

» Art. 3. Les contraventions à la présente loi seront constatées par les préposés à la perception de la taxe d'entretien, et décidées par voie administrative, conformément à la loi du 29 floréal an x. Les contrevenants seront condamnés à payer 50 fr. à titre de dommages : la moitié de cette somme appartiendra au saisissant. Ils devront en outre substituer aux roues de leurs voitures, d'autres roues dont les jantes aient la largeur déterminée par le tarif.

» Art. 4. Au 1.er messidor an xiv, toute voiture de roulage, dont la circulation est interdite par la présente loi, sera arrêtée à la première barrière où la contravention sera constatée.

Si cette barrière est aux portes ou dans l'intérieur d'une ville, la voiture et ses roues seront brisées, d'après un arrêté pris à cet effet par le sous-préfet de l'arrondissement; et le voiturier paiera les dommages stipulés dans l'article 3 de cette loi.

Dans le cas où cette barrière serait isolée, le voiturier pris en contravention pourra consigner les dommages entre les mains du préposé saisissant, et continuer sa route, mais seulement jusqu'à la ville la plus voisine, qui lui sera désignée par un passavant délivré par ledit préposé. Dans cette ville, ses roues seront brisées, conformément à ce qui a été dit ci-dessus.

» Art. 5. Les voitures à jantes étroites conserveront la facilité de circuler jusqu'au 1.er messidor an XIV : néanmoins elles pourront être assujetties par le gouvernement à payer le double de la taxe, et ce, à compter du 1.er messidor an XIII jusqu'au 1.er messidor an XIV, époque à laquelle elles sont définitivement prohibées par la présente loi (1).

» Art. 6. A compter du 1.er messidor an XII, toute diligence, messagerie, ou autre voiture voyageant au trot, dont le poids excéderait 220 myriagrammes, sera considérée comme voiture de roulage, et assujettie aux dispositions de la présente loi, quant à la largeur des jantes.

» Art. 7. Le gouvernement modifiera le tarif du poids des voitures et de leurs chargements, porté dans la loi du 29 floréal an X, d'après les expériences faites sur les roues à larges jantes, ordonnées par la présente loi.

Il réglera la largeur des jantes et le poids des diligences, messageries et autres voitures publiques.

---

(1) Ce délai a été prorogé au 1.er messidor an XIV, par décret du 4 prairial an XIII.

La faculté d'augmenter le poids des chargemens, dans des proportions à déterminer par le gouvernement, sera accordée aux voitures dont les jantes excéderont les largeurs énoncées au tarif ci-dessus.

Le gouvernement fixera la longueur des essieux, la forme des bandes, et celle des clous qui fixent les jantes des voitures de roulage.

» Art. 8. Sont exceptées des dispositions de la présente loi, les voitures employées à la culture des terres, au transport des récoltes, et à l'exploitation des fermes; mais le gouvernement réglera le poids du chargement de ces voitures, pour le cas où elles emprunteront les grandes routes.

» Art. 9. Le gouvernement prendra les mesures nécessaires pour faire verser au Trésor public les produits du doublement de taxe prescrit par l'article 5 de la présente loi; ils seront employés à la réparation des routes, de la même manière que le principal de la taxe.

» Art. 10. Les dispositions de la loi du 29 floréal an x contraires à la présente loi, sont rapportées. »

119. Comme on vient de le voir, l'article 7 de cette loi avoit laissé au gouvernement le soin de modifier, d'après les expériences faites sur les roues à jantes larges, le tarif du poids des

voitures et de leur chargement, porté dans la loi du 29 floréal an x; de régler la largeur des jantes et le poids des diligences, messageries et autres voitures publiques; d'augmenter, au besoin, le poids des chargements des voitures dont les jantes excéderaient les largeurs déterminées; de fixer la longueur des essieux, la forme des bandes et celles des clous qui fixent ces bandes pour les voitures de roulage : un décret du 23 juin 1806 a réglé toutes ces choses et prescrit toutes les mesures nécessaires à leur exécution. Il a, en outre, déterminé les amendes dont seraient punies les contraventions à ce règlement, ordonné l'établissement d'une plaque de métal portant, en caractères apparents, le nom et le domicile du propriétaire des voitures de roulage, laquelle plaque doit être clouée en avant de la roue et au côté de la voiture.

120. L'article 8 de cette même loi exceptait de l'application de ses dispositions les voitures employées à la culture des terres, au transport des récoltes et à l'exploitation des fermes, et réservait au gouvernement le droit de régler le poids du chargement de ces voitures pour le cas où elles emprunteraient les grandes routes. Ce règlement a eu lieu par l'article 8 du décret du 23 juin 1806, ainsi conçu : « Le poids des voitures » employées à la culture des terres, au trans-

» port des récoltes, à l'exploitation des fermes » et qui, par l'article 8 de la loi du 7 ventose » an XII, sont exceptées de l'obligation d'avoir » des roues à jantes larges, ne pourra, lors- » qu'elles fréquenteront les grandes routes, ex- » céder dans aucun cas 4000 kilogrammes, » chargement compris. »

Ainsi les voitures employées à la culture des terres, au transport des récoltes et à l'exploitation des fermes, sont dispensées de la rigueur des règlements quand elles *empruntent* les grandes routes. Cette disposition s'applique au cas seulement où les voitures sont obligées de prendre la grande route, pour les transports du manoir aux champs et *vice versâ*; mais l'exception cesse pour les transports du manoir ou des champs à la ville, ou de la ville au manoir ou aux champs; ainsi les voitures sont soumises aux règlements sur la police du roulage, si elles transportent des grains, des pailles, des foins aux marchés ou chez des particuliers; ou si elles conduisent des fumiers recueillis dans la ville; elles font en cela office de voitures de roulage; la tolérance étendue jusque-là rendrait l'objet des règlements illusoire.

C'est ce qui résulte d'un arrêt du conseil du 18 avril 1821 dans lequel on lit les motifs suivants : » Considérant qu'il résulte des lois et

» décrets ci-dessus visés, que l'exception faite
» par l'article 8 de la loi du 7 ventose an XII,
» n'est applicable qu'aux transports qui se font
» d'un point à l'autre d'une ferme et de ses dé-
» pendances ; considérant que, dans l'espèce, le
» sieur Yves-Leden avait pour but de livrer le
» chargement de sa voiture à la consommation
» ou au commerce ; que l'exception relative aux
» roues à jantes larges, prononcée par l'article
» 8 de la loi du 7 ventose an XII, n'est point ap-
» plicable à ce cas. » Voyez autre arrêt du 20 octobre 1819.

121. Il faut d'ailleurs remarquer que les dispositions de la loi du 7 ventose an XII qui proportionnaient à la largeur des jantes le nombre de chevaux qu'il était permis d'atteler à une voiture de roulage, ont été abrogées par le décret du 23 janvier 1806. Ainsi donc il est permis aujourd'hui d'atteler à une voiture tel nombre de chevaux qu'on veut ; la largeur des jantes n'est plus proportionnée qu'au poids du chargement.

(Arrêt du conseil du 7 mars 1821.)

122. Les propriétaires de voitures, ou rouliers sont obligés de déclarer, avant de commencer leurs voyages et en arrivant devant le pont à bascule, s'ils veulent faire peser leur voiture ;

Les préposés aux ponts à bascule ne sont pas tenus de les avertir dans le cas où ils ne font pas cette déclaration. S'ils ne la font pas et que les préposés reconnaissent une surcharge, il y a contravention, sans qu'il soit besoin de constater si elle a plus ou moins dégradé la route, et encore que la voiture n'ait pas abandonné le pavé de la ville.

Arrêt du conseil du 17 avril 1822 dans lequel on lit les motifs suivants : « Considérant que c'est » aux propriétaires de voitures et aux rouliers à » déclarer s'ils veulent user de la faculté qui » leur est réservée par l'article XII du décret du » 25 juin 1806 de faire peser leur voiture, avant » de commencer un voyage; que les préposés » n'ont point été assujettis à les avertir des pré- » cautions qu'ils doivent prendre en ce cas; et » qu'en effet quand une voiture passe devant un » pont à bascule, le préposé ignore si c'est le com- » mencement ou la continuation d'un voyage;

» Considérant que les amendes fixées par ledit » décret sont encourues par le seul fait de la » surcharge sans qu'il soit nécessaire de faire » constater si cette surcharge a plus ou moins » dégradé la route; qu'aux termes dudit décret, » il est expressément question d'amendes et non » de réparations de dommages; considérant que » le pavé des villes, dans le prolongement des » routes, fait essentiellement partie desdites » routes et est compris au budget des ponts-et-

» chaussées; qu'ainsi, l'on ne peut pas dire » qu'une route commence au pont à bascule qui » serait placé à la barrière d'une ville; que d'ail- » leurs, beaucoup de villes n'ont pas même de » pont à bascule. »

123. Remarquons en passant que l'article 34 du décret du 23 juin 1806, relatif aux plaques exigées pour les voituriers de roulage, n'est pas applicable aux voitures légères, traînées par un seul cheval et chargées d'un poids de 4,000 kilogrammes.

(Arrêt du 21 mars 1821.)

SECTION DEUXIÈME.

Du mode de constater et de réprimer les contraventions et de la compétence des autorités appelées à les juger.

124. L'art. 4 de la loi du 29 floréal an X portait que les contraventions à cette loi qui n'avait pour objet que le poids des voitures, seraient jugées par voie administrative.

L'art. 5 de la loi du 7 ventose an XII voulait que les contraventions à cette loi qui avait pour objet l'emploi des jantes larges, fussent constatées par les préposés à la perception de la taxe d'entretien, et décidées par voie administrative, conformément à la loi du 29 floréal an x.

L'art. 38 du décret du 23 juin 1806, porte : les contestations qui pourraient s'élever sur l'exécution du présent règlement, et notamment sur le poids des voitures, sur l'amende et sa quotité seront portées devant le maire de la commune et par lui jugées sommairement sans frais et sans formalités : ces décisions seront exécutées provisoirement sauf le recours au conseil de préfecture, comme pour les matières de voirie, selon la loi de floréal an x.

Enfin, un décret du 18 août 1810, a étendu aux préposés aux droits réunis et aux octrois, le nombre des fonctionnaires appelés à constater les contraventions en matière de grande voirie, de poids des voitures et de police sur le roulage; et a ordonné que tous lesdits fonctionnaires seront tenus d'affirmer, devant les juges de paix, les procès-verbaux qu'ils seront dans le cas de rédiger, lesquels ne pourront autrement faire foi et motiver une condamnation.

125. Il résulte de ce que nous avons dit que toutes les contraventions aux lois relatives aux voitures sont poursuivies comme les délits de grande voirie devant le conseil de préfecture, à cette exception près, que la première décision

(celle provisoire) est rendue par le maire, au lieu de l'être par le sous-préfet.

126. Cependant à Paris, le préfet de police remplit, en cette partie, les fonctions attribuées aux maires.

127. Mais c'est aux tribunaux de police municipale et non aux préfets, ni aux conseils de préfecture qu'appartient la connaissance des contraventions aux règlements de police locale, relatifs aux plaques.

(Arrêt du conseil du 21 mars 1821.)

128. Les procès-verbaux de contravention, en matière de police de roulage, peuvent être affirmés devant les adjoints de maire.

Ainsi décidé par arrêt du conseil du 30 mai 1821, dans lequel on lit les motifs suivants :

« Considérant que, par l'article 38 du décret » du 23 juin 1806, les maires ont été chargés *de* » *prononcer provisoirement*, et sauf recours aux » conseils de préfecture sur le fait des contra- » ventions à la police du roulage; considérant » que par le décret du 18 août 1810, les procès- » verbaux, en matière de police de roulage, doi- » vent être affirmés devant le juge de paix, mais » que d'après le décret du 16 décembre 1811, » relatif aux routes en général, ces procès-ver- » baux peuvent être affirmés devant les maires » ou leurs adjoints; qu'il convient surtout d'user

» de cette faculté lorsqu'il s'agit de contraventions sur lesquelles les maires ont à prononcer » provisoirement ; et qu'ainsi, dans le cas particulier, ces procès-verbaux ont été valablement » affirmés devant l'adjoint du maire de Nancy. »

129. Les contraventions aux règlements relatifs à l'établissement des barrières de dégel doivent être reconnues, et l'application des amendes encourues doit être faite par le conseil de préfecture, sauf à poursuivre ultérieurement le contrevenant devant le tribunal de simple police, conformément à l'article 476 du code pénal.

Arrêt du 30 mai 1821, fondé sur les motifs suivants :

« Vu les articles 4 et 5 de la loi du 29 floréal an x, sur les contraventions en matière de grande voirie, et les articles 6, 7 et 8 de notre ordonnance du 23 décembre 1816, relative à l'établissement des barrières de dégel ; »

« Considérant qu'il s'agissait d'une contravention à l'article 6 de ladite ordonnance, relatif au poids des voitures pendant la fermeture des barrières de dégel, et que d'après l'article 7 et les dispositions de la loi du 29 floréal an x, auxquelles cet article se réfère, la contravention pour dommage causé à la grande route, pendant le dégel, et l'application de l'amende encourue devaient être préalablement prononcées par le conseil de préfecture, sauf, ainsi que le prescrit le même article 7, à poursuivre ultérieurement le contrevenant devant le tribunal de simple police, conformément à l'article 476. »

130. Les procès-verbaux qui constatent des contraventions aux lois sur la police du roulage, sont dispensés du timbre et de l'enregistrement.

Le conseil d'Etat l'a jugé dans l'espèce suivante :

Un arrêté du conseil de préfecture du département de la Seine-Inférieure du 2 juillet 1819, avait déclaré nul et non avenu un procès-verbal du 1.er mai de la même année, par lequel le préposé au pont à bascule établi à Rouen, avait constaté qu'une charette attelée de deux chevaux avait été arrêtée sur la grande route avec deux roues à jantes étroites, en contravention aux règlements sur la grande voirie.

Ce procès-verbal affirmé le lendemain de sa date n'avait été ni visé pour timbre, ni enregistré et le défaut de la formalité de l'enregistrement avait servi de base à la décision du conseil de préfecture, lequel a appliqué la loi du 19 décembre 1790, § 1., 2.e section, 5.e classe du Tarif.

Cet arrêté a été dénoncé par le préfet de la Seine-Inférieure, au ministre de l'intérieur qui lui-même l'a déféré au conseil d'Etat, et le 29 août

1821, il est intervenu une ordonnance ainsi conçue :

« Louis, etc., sur le rapport du comité du contentieux, vu le rapport de notre ministre de l'intérieur, vu les lois des 19 décembre 1790 et 2 frimaire an VII; vu l'article 38 du décret du 23 juin 1806 qui porte, que les procès-verbaux en matière de police de roulage seront portés devant le maire de la commune, pour être par lui jugés sommairement, sans frais et sans formalités; vu le décret du 18 août 1810 qui n'astreint les préposés aux ponts à bascules qu'à l'affirmation de leurs procès-verbaux; vu l'article 77 de la loi du 28 avril 1816, qui maintient les dispositions des lois, décrets et ordonnances auxquels il n'est pas dérogé ; »

« Considérant que la disposition de la loi du 19 décembre 1790, sur laquelle se fonde le conseil de préfecture, a été abrogée par les lois et décrets postérieurs, et notamment par le décret du 23 juin 1806 qui n'a pas assujetti au droit de timbre et enregistrement, les procès-verbaux relatifs à l'exécution des lois des 29 floréal an X et 7 ventose an XII; considérant qu'il résulte des documents transmis par notre directeur-général des domaines et de l'enregistrement, que ce décret a été ainsi entendu et exécuté;

« Nous avons ordonné et ordonnons ce qui suit :

L'arrêté du conseil de préfecture du département de la Seine-Inférieure du 2 juillet 1819, est annulé. »

La question a encore été décidée dans le même sens par une ordonnance royale du 31 octobre 1821; elle l'avait déjà été antérieurement par ordonnance du 18 juillet 1816.

CHAPITRE IX.

Des peines pour contraventions commises sur les chemins.

131. Cette partie de la législation sur les grands chemins n'est pas la moins embarrassante, parce que nous manquons en général, à cet égard, de dispositions bien précises, ce qui fait naître très-souvent de grandes difficultés sur la question de savoir si tel fait peut être réprimé comme constituant une contravention, et quelle peine on doit infliger au contrevenant.

Il faut même remarquer que la loi du 29 floréal an x, quoique contenant une assez grande énumération des faits qui peuvent constituer des contraventions, n'établit aucune peine; elle dispose bien que le conseil de préfecture statuera définitivement sur les contraventions, et que les individus condamnés seront contraints par l'envoi de garnisaires et saisie de meubles, mais elle ne dit pas à quoi ils peuvent être condamnés, et ne déclare pas s'en référer pour l'application des peines à la législation antérieure.

Mais puisque cette loi est muette sur les peines, il faut, pour les déterminer, se reporter aux dispositions des lois et règlements antérieurs, car les contraventions ne doivent pas rester impunies, les dernières lois ne dérogent aux précédentes que dans les dispositions qui y sont contraires, et il est impossible d'admettre que le législateur, en donnant aux conseils de préfecture le droit de prononcer sur les contraventions, ne leur ait pas en même temps conféré le pouvoir, sans lequel leur compétence deviendrait illusoire, d'appliquer les peines qu'entraînent ces mêmes contraventions.

C'est ainsi que s'en sont expliqué le ministre de la justice et le directeur des ponts-et-chaussées dans leurs lettres transcrites ci-dessus, pages 156 et suivantes desquelles il résulte que la loi du 29 floréal an x gardant le silence sur les peines, on doit, à cet égard, se conformer aux lois antérieures.

Nous allons donc rappeler les dispositions des lois antérieures à celle du 29 floréal an x, ainsi que celles des lois postérieures qui ont apporté quelques changements à la précédente législation.

132. L'arrêt du conseil du 27 février 1765, prononce une amende de 300 fr., la démolition des ouvrages et la confiscation des matériaux, contre ceux qui construisent, reconstruisent ou réparent des édifices, posent des échoppes ou choses saillantes le long des routes, soit dans les traverses des villes, bourgs ou villages, soit en pleine campagne, sans avoir préalablement obtenu les alignements ou permissions nécessaires des trésoriers de France, que représentent aujourd'hui les préfets.

Le même arrêt fait défenses à tous autres, sous quelque prétexte, et à quelque titre que ce soit, de donner lesdits alignements et permissions, à peine de répondre en leur propre et privé nom, des condamnations prononcées contre les particuliers, propriétaires, locataires et ouvriers qui seront, en cas de contravention, poursuivis à la requête des procureurs de S. M., auxdits bureaux des finances, et punis suivant l'exigence des cas.

Nous devons placer ici une observation importante. La peine de 300 fr. d'amende, avec démolition des nouveaux ouvrages et confiscation des matériaux qui les constituent, serait beaucoup trop sévère dans une foule de cas. Ainsi par exemple, il y a de la différence entre le fait d'un riverain qui, en construisant, sans autorisation, une maison le long d'une grande route, aura anticipé sur le terrein de cette route, et le fait de celui qui ayant déjà au bord de la route une maison, dont un ouragan aura détruit la toiture, en tout ou en partie, l'aura fait réparer pour n'être pas exposé à toutes les injures du temps.

Aussi il arrive très-fréquemment que les conseils de préfecture, et surtout le conseil d'Etat, usent d'indulgence; qu'appréciant les circonstances, et le plus ou moins de bonne foi des contrevenants, ils ne prononcent que l'amende sans démolition; que, quelquefois même ils modèrent l'amende prononcée par la loi.

Toutefois, cette indulgence n'est pas une raison pour se dispenser d'obtenir les alignements et permissions nécessaires qui sont exigés dans tous les cas.

133. L'art. 1er. de la 1.re loi du 29 floréal an x, contient, comme nous l'avons déjà dit, une nomenclature des faits qui constituent des contraventions.

Ce sont :

1.° Les dépôts de fumiers ou d'autres objets,

2°. Les anticipations,

3°. Toutes espèces de détériorations commises sur :

Les grandes routes,

Les arbres qui les bordent,

Les fossés,

Les ouvrages d'art et matériaux destinés à leur entretien,

Les chemins de halage,

Les francs bords, fossés et ouvrages d'art.

134. Ceux qui embarrassent ou encombrent *la voie publique* par des dépôts de fumiers ou d'autres objets, sont passibles d'une amende de 1 fr. à 5 fr., aux termes de l'art. 471, n°. 4, du code pénal; cette disposition s'applique par la généralité de ses expressions aux chemins de halage, comme aux autres grandes routes.

135. Les *anticipations* et les *détériorations* commises sur les grandes routes sont prévues et punies par la loi du 6 octobre 1791. L'art. 40., titre 2, est ainsi conçu :

« Les cultivateurs ou tous autres qui auront *dégradé* ou *détérioré*, de quelque manière que ce soit, des *chemins publics*, *ou usurpé sur leur largeur, seront condamnés à la réparation ou à la restitution*, *et à une amende qui ne pourra être moindre de 3 fr., ni excéder 24 fr.*

On objectera peut-être que la loi ne parle pas des anticipations ou détériorations *des routes*, et que les termes *chemins publics* ne peuvent s'entendre que des *chemins vicinaux*.

Mais nous répondrons que si la loi ne désigne pas nominativement les *grandes routes*, elle n'employe pas non plus les termes *chemins vicinaux*, ce qu'elle aurait fait, si son intention avait été de restreindre sa disposition à cette espèce de chemins; que si elle s'applique aux chemins vicinaux, elle doit comprendre, à plus forte raison, les grands chemins, puisque ceux-ci sont d'une utilité plus générale que ceux-là; qu'autrement les dégradations et usurpations des grands chemins resteraient impunies, aucune autre loi n'établissant de peines applicables à ces délits, lorsque celles commises sur les chemins vicinaux seraient réprimées; que les termes chemins publics sont généraux, et comprennent les grands chemins comme les chemins vicinaux, les uns et les autres étant publics, les premiers l'étant encore plus que ceux-ci; que lorsque cette loi fut publiée, on entendait même plus particulièrement, d'après le droit Romain, par chemins publics, les grandes routes de quelque classe qu'elles fussent; ce qui le démontre c'est la circulaire du conseiller d'Etat, directeur des ponts-et-chaussées, en date du 13 frimaire an XI, (4 décembre 1802), dans laquelle on remarque le passage suivant : « Dans » le cas où les contraventions de voirie consti- » tuent un délit soumis à la peine corporelle et » d'emprisonnement, comme dans les cas prévus

» par *les art.* 43 *et* 44 de la loi du 6 octobre 1791,
» concernant les biens et usages ruraux et la
» police rurale, ce n'est pas une raison qui empê-
» che l'autorité administrative de connaître de la
» contravention; elle ne doit pas moins, etc. »

Or, l'art. 44 est ainsi conçu : « les gazons, les
» terres ou les pierres *des chemins publics*, ne
» pourront être enlevés en aucun cas, sans l'au-
» torisation du directoire du département.

» Celui qui commettra ce délit sera, en outre
» de la réparation du dommage, condamné, sui-
» vant la gravité des circonstances, à une amende
» qui ne pourra excéder 24 fr., ni être moindre
» de 3 fr.; il pourra de plus être condamné à la
» détention de police municipale. »

Comme on le voit, cet article ne parle que des *chemins publics*, et cependant la voie de fait qui consiste à en extraire les gazons, les terres ou pierres, est considérée comme une contravention de grande voirie. Ces principes ont été solennellement reconnus par un arrêté du Gouvernement du 24 vendémiaire an XI (16 octobre 1802), dont nous parlerons avec plus d'étendue, en traitant des chemins vicinaux, et dans lequel on lit le passage suivant :

« Vu la loi du 1er. décembre 1790, sur la légis-
» lation domaniale, portant, art. 5 : *les chemins*
» *publics, les rues et places des villes*, les fleuves

» et rivières navigables, les rivages, lais et relais
» de la mer, les havres, les rades, etc., et en
» général toutes les portions du territoire natio-
» nal qui ne sont pas susceptibles d'une propriété
» privée, sont considérées comme des dépen-
» dances du domaine publi ; »

« Considérant que cette loi n'est relative qu'aux biens qui composaient et doivent continuer à composer le domaine national ; que les *chemins publics* dont elle parle, sont les *routes faites et entretenues aux frais de la nation;* que celle-ci n'a jamais entendu s'emparer des chemins vicinaux, composés de terrains achetés ou échangés par les communes, ou fournis gratuitement par les propriétaires pour le service particulier des communes; que les lois des 6 octobre 1791, XVI frimaire an II, et XI frimaire an VII, qui ont laissé l'entretien de ces chemins à la charge des communes, sauf le cas où ils deviendraient nécessaires au service public, ne donnent point à croire qu'ils soient des propriétés nationales ; »

136. Tout ce que nous venons de dire, nous paraît devoir s'appliquer aux chemins de halage, qui par leur destination forment aussi des chemins publics que la loi du 29 floréal an XIII place sur la même ligne que les grandes routes.

137. Quant aux peines applicables à ceux qui commettent des contraventions ou délits sur les

arbres qui bordent les routes, nous nous en sommes suffisamment expliqué au chap. VII. Nous y renvoyons pour éviter des répétitions inutiles.

138. Relativement aux fossés, il faut distinguer :

Ou il s'agit de travaux d'entretien, de curement et de réparation.

Ou il s'agit de détériorations et anticipations commises sur ces fossés.

Dans le premier cas, il n'y a lieu à aucune peine, à aucune amende contre le riverain qui *néglige* d'entretenir, de curer ou réparer le fossé, lors même que, par suite de cette *négligence*, le fossé se trouverait comblé ou dégradé, en tout ou en partie.

En effet, l'art. 110 du décret du 16 décembre 1811, se borne à établir que les travaux de curement ou d'entretien des fossés qui n'auraient pas été exécutés par les propriétaires ou locataires riverains aux époques indiquées, le seront à leurs frais, par les soins des agents des ponts-et-chaussées, et payés sur des états approuvés et rendus exécutoires par les préfets.

Une autre preuve que la loi ne prononce aucune amende, c'est que l'art 111 du décret précité porte *que toute contestation* qui s'élèverait entre les ingénieurs et les particuliers sur l'exécution des deux articles précédents, sera jugée par le préfet. Or, jamais un préfet ne peut prononcer de peine, d'amende; il ne peut que prescrire des mesures administratives.

Dans le second cas, c'est-à-dire, s'il s'agit d'*anticipations ou détériorations* de fossés, ce n'est plus une omission, c'est un fait qu'on impute aux riverains, et l'article 17, titre 2 de la loi du 6 octobre 1791, prononce une amende de la valeur de 3 journées de travail, indépendamment de la réparation du dommage et de la détention de police municipale, qui peut être appliquée suivant les circonstances.

Mais le code pénal de 1810 a augmenté la peine que doivent subir ceux qui *anticipent* les fossés; nous disons ceux qui *anticipent*, car c'est bien les anticiper que de les combler.

L'art. 456 de ce code prononce pour ce cas un emprisonnement qui ne peut être au-dessous d'un mois, ni excéder une année, et une amende égale au quart des restitutions et des dommages-intérêts qui, dans aucun cas, ne peut être au-dessous de 50 fr.

Au surplus, la loi du 6 octobre 1791 reste toujours en vigueur contre ceux qui *dégradent* les fossés. Cette loi emploie les expressions : *dégradation de clôture;* et il nous semble qu'un fossé est une véritable clôture.

139. Les ouvrages d'art existant sur les routes sont considérés comme une dépendance de ces mêmes routes, et tout ce que nous avons dit des dégradations, détériorations ou anticipations qui peuvent s'y commettre, s'applique également à celles des ouvrages d'art qui y existent.

140. Il en est différemment des matériaux destinés à l'entretien des routes, et la législation fait, à cet égard, une distinction puisée dans la nature des choses. S'agit-il de simples dégradations? les conseils de préfecture seuls compétents pour les réprimer doivent prononcer l'amende de 11 à 15 fr. établie par l'art. 79, n°. 1er. du code pénal. S'agit-il au contraire du vol de ces matériaux? Les conseils de préfecture sont sans pouvoir pour réprimer ce fait qui est de la compétence des tribunaux criminels. Il ne faut pas confondre la dégradation et le vol des matériaux destinés à l'entretien des chemins, avec l'enlèvement des terres, des pierres ou des gazons qui en font partie, ces matériaux ne pouvant être considérés comme partie intégrante de ces mêmes routes, avec lesquelles ils ne sont pas encore unis; c'est ce qu'on peut induire de l'art. 532 du code civil, portant que les matériaux provenant de la démolition d'un édifice, et ceux assemblés pour en construire un nouveau, sont *meubles* jusqu'à ce qu'ils soient employés par l'ouvrier dans une construction.

141. Les amendes pour contraventions aux règlements sur le poids des voitures et la police du roulage, sont réglées par le titre 7 du décret du 23 juin 1806.

En voici les dispositions :

Art. 27. Les contraventions relatives aux poids des voitures pour excès de chargement, au-delà des quantités réglées par le présent décret, seront punies des amendes prononcées par la loi du 29 floréal an x, art. 4, ainsi qu'il suit :

Pour excès de chargement.

« De 20 à 60 myriagrammes . .	25 fr.
» De 60 à 120	50
» De 120 à 180	75
» De 180 à 240	100
» De 240 à 300	150
» Et au-dessus de 300	300

« Art. 28. Les contraventions à la largeur des essieux, seront punies de l'amende de 15 fr., conformément à ce qui est ordonné par le règlement du 4 mai 1624. »

« Art. 29. Les contraventions sur le fait des clous des bandes seront punies de l'amende de 15 fr., conformément à l'art. 7 de l'arrêté du conseil d'Etat du 28 décembre 1783. »

« Art. 30. L'époque fixée par la loi pour le paiement du double droit de taxe des routes, est prorogé jusqu'au 22 septembre prochain. »

« Art. 31. Attendu que la loi du 24 avril dernier a supprimé les barrières et la perception de la taxe d'entretien des routes, à compter du 22 septembre prochain, la peine de la double taxe mentionnée en l'article précédent, sera, à partir dudit jour, 22 septembre, remplacée par une amende de 30 fr. pour chaque contravention constatée par procès-verbaux rédigés, soit au passage sur les ponts à bascules, soit sur tout autre point des grandes routes parcourues par les rouliers, en fraude. »

« L'amende sera encourue et répétée toutes les fois que la contravention aura été constatée, pourvu qu'il se soit écoulé 4 jours entre le précédent procès-verbal et le suivant. »

Enfin l'art. 34, au titre 8 intitulé : *police*, prononce la peine de 25 fr. d'amende contre tout propriétaire dont la voiture ne portera pas la plaque de métal prescrite par ce même article; et ordonne de doubler l'amende, si la plaque porte soit un nom, soit un domicile faux ou supposé.

142. L'ordonnance royale du 23 décembre 1816 relative à l'établissement des barrières de dégel, contient sur les peines et amendes applicables en cas de contravention à ladite ordonnance, les dispositions suivantes :

Art. 4 : » Toute voiture prise en contravention

» aux dispositions de la présente ordonnance sera » arrêtée et les chevaux mis en fourrière dans » l'auberge la plus prochaine; le tout sans pré- » judice de l'amende qui pourra être prononcée, » conformément à l'article 7.

» Art. 7 : Les contraventions pour excès de » chargement en temps de dégel, dans la cir- » conscription marquée par les barrières, entraî- » nant la dégradation des routes, donneront » lieu à l'amende, à titre de dommage en vertu » des articles 4 et 5 de la loi du 29 floréal an x;

» Conformément à ladite loi, elle sera pro- » noncée administrativement, par le conseil de » préfecture.

» Art. 8. Indépendamment de ladite amende » infligée à titre de dommage, le contrevenant » sera traduit devant le tribunal de simple police » pour y être puni, s'il y a lieu, conformément » à l'article 476 du code pénal. »

DEUXIÈME PARTIE.

DES CHEMINS VICINAUX.

Observations préliminaires.

143. Pour engager le lecteur à s'armer de courage, nous le prévenons que quelque soient les difficultés de la matière que nous avons expliquée dans la première partie, le sujet de celle-ci en entraînera de beaucoup plus graves, et de plus multipliées. C'est principalement sur les chemins vicinaux, que nous avons à déplorer l'absence de dispositions législatives; et ce qui augmente encore nos regrets à cet égard c'est la mobilité de la jurisprudence qui, dans bien des cas, aggrave les difficultés au lieu de les applanir. Aussi, malgré nos efforts et notre zèle pour tâcher d'offrir à nos concitoyens un ouvrage utile, nous n'avons pas la prétention de dissiper tous les doutes, mais nous croyons pouvoir établir des règles qui aideront à en résoudre un grand nombre. Pour parvenir à ce but, nous serons forcés d'entrer dans beaucoup de détails;

nous réclamons donc l'attention et l'indulgence de nos lecteurs ; nous leur donnons l'assurance que nous n'en abuserons pas et que nous ne nous livrerons qu'aux développements indispensables à l'explication des principes de la matière.

CHAPITRE PREMIER.

De la définition des Chemins vicinaux.

144. Les chemins vicinaux sont tous ceux qui, d'après leur destination, ont été classés par l'autorité administrative compétente, au nombre des chemins vicinaux d'une commune.

145. Il résulte de là, que tant que les chemins n'ont pas été déclarés vicinaux dans la forme prescrite, ils doivent être considérés non comme propriété consacrée à un usage public; mais comme une propriété ordinaire appartenant à une commune ou à des particuliers.

Comme on le voit, la difficulté n'est pas dans la définition des chemins vicinaux; elle réside toute entière dans la question de savoir quels sont les chemins que l'autorité administrative doit déclarer tels et à quels caractères elle doit les reconnaître.

La difficulté est d'autant plus grande qu'aucune loi ne nous donne, ni règle ni idée précise à cet égard. C'est ce qui a porté les conseils généraux de presque tous les départements à demander une loi qui statue sur la définition des chemins vicinaux. (Voyez l'analyse de leurs procès-verbaux pour la session de 1817, présentée au roi par le ministre de l'intérieur. — *Moniteur* des 12, 13 et 14 novembre 1817.) Nous allons essayer de suppléer au silence de la législation.

Les termes *chemin vicinal* emportent avec eux l'idée d'une voie qui conduit dans le voisinage.

Le plus communément et en adoptant un sens restrictif, on entend par chemins vicinaux ceux qui conduisent d'un village à un autre, *quæ in vicos ducunt.* Toute fois l'expression *vicus* ne signifie pas seulement *village*; elle sert encore à désigner une *maison*, une *rue;* et en la prenant dans l'acception la plus étendue, on peut dire qu'un chemin vicinal est celui qui conduit non-seulement d'un village à un autre, mais encore à un hameau, à une place publique, à une rue, à une fontaine, même à une maison publique, dépendant du même village; ce qui paraît fondé en raison. Car si nous supposons qu'il n'existe qu'une fontaine pour tous les habitants d'une commune, bien certainement le chemin pour y arriver lui sera indispensable, et elle sera obligée de l'entretenir.

Basnage sur la coutume de Normandie, page 506, tome 2, semble partager cette opinion : » Pour les chemins vicinaux, dit-il, la largeur » en est différente; *et c'est particulièrement à » cette espèce de chemin que nous pouvons ap- » pliquer la distinction du droit romain* entre » *iter, actum et viam.* Nous appelons sentier, » le chemin pour passer à pied, et il suffit qu'il » soit large de deux pieds et demi; *iter est » jus eundi, ambulandi hominis;* mais ces sen- » tiers, lorsqu'ils dépendent de la convention des » parties, peuvent être plus ou moins larges, » selon qu'il est permis de passer à pied et à » cheval; c'est pourquoi ces sentiers peuvent » comprendre et *iter* et *actum,* qui est *jus agendi » jumentum,* et pour cela il suffit de quatre pieds. » *La voie vicinale sert ordinairement pour passer » chevaux et charrettes : Via est jus aut eundi » et agendi, et ambulandi;* et ce chemin vicinal » peut être plus ou moins large suivant la con- » cession. »

Ainsi, d'après cet auteur, bien que la voie vicinale soit *ordinairement* celle qui sert pour passer chevaux et charrettes, on peut néanmoins considérer comme vicinaux, les chemins qui ne servent qu'aux gens de pied, ou aux bêtes de somme quoiqu'ils n'aient que deux pieds et demi de largeur.

La loi du 6 octobre 1791, titre 1er, section 4.e, contient sur les chemins vicinaux, les dispositions suivantes :

Art. 2 : « Les chemins reconnus par le directoire de district pour être nécessaires *à la communication des paroisses(des communes)*, sont rendus praticables et entretenus aux dépens des communes sur le territoire desquels ils sont établis ; il pourra y avoir à cet effet, une imposition au marc la livre de la contribution foncière.

» Art. 3. Sur la réclamation d'une des communautés ou sur celle des particuliers, le directoire du département après avoir pris l'avis de celui du district, ordonnera l'amélioration d'un mauvais chemin, afin que la communication ne soit interrompue dans aucune saison *et il en déterminera la largeur*.

Cette loi semble, au premier aspect, ne considérer comme vicinaux que les chemins qui conduisent d'une commune à une autre ; mais si l'on réfléchit que la loi n'a pas eu pour but de donner une définition des chemins vicinaux ; que son unique objet a été d'en mettre l'entretien à la charge des communes ; que d'ailleurs elle est conçue en termes énonciatifs et non limitatifs ; qu'elle ne parle que des chemins qui sont le plus ordinairement considérés comme vicinaux, on demeurera convaincu qu'elle n'a aucune influence sur la question que nous examinons.

La loi du 9 ventose an XIII, dans son aricle 6, qui sera plus bas l'objet d'une explication particulière, charge l'administration de rechercher et de reconnaître les anciennes limites des chemins vicinaux, ainsi que de fixer d'après cette recherche leur direction et leur largeur, sans pouvoir toutefois la porter au-delà de 6 mètres, lorsqu'il sera nécessaire de l'augmenter. Cette loi n'ayant tracé aucune règle propre à fixer les idées sur ce que l'on doit entendre par chemins vicinaux, n'ayant pas non plus déterminé le *minimum* de la largeur qu'ils devront avoir pour être réputés tels, nous semble par-là même avoir entièrement abandonné à l'administration le soin de juger, *d'après les localités*, quels sont les chemins qui doivent être portés sur le tableau des chemins vicinaux de la commune, quelqu'en soit la largeur, de quelle manière qu'ils soient fréquentés, à pied, à cheval ou en voiture, soit qu'ils servent de communication entre des communes différentes, ou entre des hameaux d'une même commune, ou entre une commune ou quelques-uns de ses hameaux, et une fontaine publique, etc. Ce qui fortifie encore notre opinion à cet égard, c'est l'article 381 du second projet du code rural, conçu en ces termes :

« Sont considérés *comme chemins vicinaux*
» *tous ceux qui, autres que les routes royales et*
» *départementales, servent à communiquer d'un*
» *lieu public à un autre, soit chef-lieu de com-*
» *mune, village, ou hameau composé de trois*
» *habitations au moins, soit grande route, mar-*
» *ché, église, édifice ou bien communal, soit fon-*
» *taine publique, port, bac, rivière ou ruisseau,*
» *d'un usage commun ou qui servent à communi-*
» *quer d'un chemin vicinal à un autre.* »

Ce sera donc à l'administration à examiner avec soin si tel chemin est d'une assez grande utilité, d'un usage assez fréquent pour être porté sur le tableau des chemins vicinaux, mais elle ne devra user de ce pouvoir discrétionnaire qu'avec ménagement et de manière à concilier l'intérêt public et privé

146. Nous avons vu, dans la première partie de cet ouvrage, que les rues et places des villes, bourgs ou villages qui sont la suite et la prolongation des grandes routes forment partie de ces routes, et sont régies par les mêmes règles que cette nature de propriété publique. La conséquence naturelle de ce principe est que les rues et places

qui ne sont point grandes routes, forment la prolongation et sont des embranchements des chemins vicinaux; qu'elles en font partie, et sont régies par les règles qui les gouvernent, à quelques exceptions près que nous aurons soin d'indiquer. (Voyez le *Traité de la Compétence des juges de paix*, par M. le président Henrion de Pansey, chapitre 22). Ces principes ont été confirmés par un arrêt du conseil du 18 novembre 1818, qu'on trouvera aux archives du conseil d'Etat sous le nº. 3144.

CHAPITRE II.

A qui appartient-il de déclarer la vicinalité d'un chemin, d'en fixer la largeur, l'emplacement et la direction?

147. Voici le texte même de l'art. 6 de la loi du 9 ventose an XIII : « *L'administration publique* » fera rechercher et reconnaître les anciennes » limites des chemins vicinaux, et fixera, d'après » cette reconnaissance, leur largeur, suivant les » localités, sans pouvoir cependant, lorsqu'il » sera nécessaire de l'augmenter, la porter au-» delà de 6 mètres, ni faire aucun changement

» aux chemins vicinaux qui excèdent actuelle-
» ment cette dimension. »

Une instruction du ministre de l'intérieur, en date du 7 prairial an XIII, relative à l'exécution de la loi du 9 ventose précédent, porte entre autres choses ce qui suit :

« Pour l'exécution de ces dispositions, il pa-
» raît convenable que vous chargiez chaque maire
» de former l'état des chemins vicinaux de sa
» commune ; cet état devra en indiquer la direc-
» tion, les différentes largeurs. S'il existe quelques
» titres qui fassent connaître ces particularités,
» ou qui constatent simplement que ces chemins
» sont une propriété communale ou publique, il
» en sera fait mention sur cet état, le maire y
» joindra des observations sur les élargissements
» qu'il serait utile de leur donner, soit en géné-
» ral, soit partiellement.

» L'état ainsi disposé devra être publié dans
» la commune ; les habitants seront invités à en
» prendre connaissance et à adresser au maire,
» dans un délai de quinze jours les réclamations
» qu'ils pourraient avoir à faire soit sur la largeur,
» soit sur la direction ou la propriété desdits che-
» mins.

» Le tout sera ensuite, ainsi que l'état dressé
» par le maire, soumis au conseil municipal, qui
» devra vérifier les faits énoncés par le maire, et

» délibérer tant sur les dispositions proposées » par celui-ci, que sur les difficultés ou réclamations élevées par les habitants. Il donnera son » avis sur les élargissements à faire, et il établira, » d'après le vu ou l'absence des titres, s'ils doivent s'opérer à titre gratuit sur les propriétés » contigües, ou si la commune doit payer la valeur des terrains à acquérir. »

. . . .

. . . .

. . . .

« La délibération du conseil municipal sera » soumise au sous-préfet : ce fonctionnaire discutera les points contentieux, il vous donnera » un avis motivé, d'après lequel *le conseil de* » *préfecture approuvera ou modifiera les vues du* » *conseil municipal, en fixant irrévocablement* » *les largeurs des différents chemins*, et en soumettant la commune à payer, à dire d'experts, » les terrains nouveaux dont elle aura besoin. »

Comme on le voit, le ministre de l'intérieur pensait que l'exécution de l'article 6 de la loi du 9 ventose an XIII appartenait aux conseils de préfecture, et ce qui pouvait donner lieu à cette interprétation de la loi, c'est le vague des termes dans lesquels elle est conçue. En disant que « *l'administration publique fera rechercher*, etc., » le législateur laissait à décider s'il avait entendu désigner par ces termes les préfets ou les conseils de préfecture.

Le conseil d'Etat n'a point partagé l'opinion du ministre; il lui a semblé que la reconnaissance et la classification des chemins vicinaux, constituant des actes administratifs, étaient exclusivement dans les attributions des préfets, qui sont en outre les répartiteurs des charges municipales, parmi lesquelles sont placés la réparation et l'entretien des chemins vicinaux; il a posé le principe de cette compétence dans un arrêt du 25 mars 1807, rendu entre le sieur Bottu de la Barmondière et les communes d'Anse et de Pommières, rapporté par M. Sirey, *Jurisprudence du conseil d'Etat*, *t.* 1, *p.* 65.

Ce principe a été reconnu plus formellement encore dans une affaire du sieur Bonnet Dumolard.

Un conseil de préfecture, se fondant sur l'instruction ministérielle du 7 prairial an XIII, avait fixé la largeur d'un chemin vicinal; mais sur le pourvoi au conseil d'Etat, il y intervint, le 16 octobre 1813, une décision qui annula l'arrêté du conseil de préfecture par les motifs suivants :

« Considérant qu'aux termes de l'article 6 de » la loi du 9 ventose an XIII, le droit de fixer la » largeur des chemins vicinaux n'appartient qu'à » *l'administration publique*, *c'est - à - dire aux*

» *préfets*, sauf le recours à notre ministre de l'in-
» térieur et ensuite à notre conseil d'Etat.

» Considérant que le conseil de préfecture du département de l'Isère a excédé les bornes de sa compétence en fixant lui-même la largeur du chemin qui fait l'objet de la contestation. »

Le conseil d'Etat a encore jugé de même dans plusieurs autres espèces, dont nous rapporterons les plus récentes.

Un arrêté du conseil de préfecture du département de l'Isère avait déclaré entre autres dispositions que le sieur Ferrand, propriétaire dans le canton de Sassenage, serait tenu de combler un fossé bordant sa propriété, de restituer l'emplacement d'un tertre prétendu usurpé par lui sur la voie publique, d'enlever une haie vive plantée autour dudit tertre, et les arbres qui s'y trouvaient.

Le sieur Ferrand a demandé devant le conseil d'Etat l'annullation de cette décision, par le motif que le chemin n'avait pas été déclaré vicinal avant la décision attaquée, et qu'il n'appartenait pas au conseil de préfecture de faire une telle déclaration.

18 avril 1821, arrêt du conseil, qui annulle par les motifs suivants :

» Considérant qu'il n'est pas justifié par les

» maires des communes de Fontaine et de Sas-
» senage, que le préfet ait statué sur la qualifi-
» cation et le classement des chemins en litige;

» Considérant qu'aux termes de l'article 6 de
» la loi du 9 ventose an XIII, c'est à l'adminis-
» tion publique, c'est-à-dire *aux préfets*, *à*
» *faire rechercher et reconnaître les anciennes*
» *limites des chemins vicinaux et à fixer leur*
» *largeur*;

» Considérant que, dans l'espèce, cette re-
» connaissance aurait dû précéder l'examen de
» la contestation portée au conseil de préfecture
» de l'Isère, sur la question des anticipations
» et empiétements reprochés au sieur Ferrand,
» *et qu'il n'appartenait pas audit conseil de re-*
» *connaître et fixer la largeur du chemin en*
» *litige.* »

Deux chemins vicinaux conduisaient de Princé à Vitré, dans le département d'Ile-et-Vilaine. Ils avaient une direction différente : l'un était ancien et abandonné; l'autre traversait une lande appartenant au sieur Chatelain, dans la commune de Balazé.

Celui-ci soutenait qu'il devait être enjoint à la commune de réparer et rendre viable à ses frais l'ancien chemin et d'abandonner le nouveau, qui n'existait que par pure tolérance.

De son côté, la commune de Balazé prétendait

que l'ancien chemin devait être maintenu tel que par le passé.

Le conseil de préfecture, saisi du litige, a statué ainsi qu'il suit :

« Le conseil de préfecture du département » d'Ile-et-Vilaine arrête : que la commune de Ba» lazé fera rétablir et rendra praticable le chemin » vicinal dans la partie qui avoisine la lande de » la Coësserie, dans le délai de six mois, à » compter du jour de la notification du présent, » pendant lequel délai, et une année après » la confection du chemin, le passage conti» nuera d'être exercé sur ladite lande de la » Coësserie, afin de laisser consolider les répa» rations exécutées d'après l'offre qu'en a faite » M. Chatelain dans son mémoire, en date du » 31 mars 1818, lequel, aux termes d'icelui, » disposera de son territoire à volonté.

La commune a formé recours au conseil d'Etat contre cet arrêté ; elle a posé en principe que toutes les questions relatives à la *vicinalité*, à l'*établissement*, au *rétablissement*, au *remplacement des chemins vicinaux*, à la fixation de leur emplacement, direction, largeur et limites sont de pure administration, hors des attributions des conseils de préfecture et appartiennent exclusivement au pouvoir des préfets.

Le 1.er mai 1822, il est intervenu un arrêt qui

annule l'arrêté du conseil de préfecture par les motifs suivants :

« Considérant qu'aux termes de la loi du 9
» ventôse an XIII, le préfet était seul compétent
» pour faire reconnaître et rétablir l'ancien che-
» min vicinal; et qu'en statuant sur ces deux
» points le conseil de préfecture a excédé les
» bornes de sa compétence; *que s'il y a motif de*
» *remplacer ledit chemin par un chemin passant*
» *sur le terrain dit de la Coëfferie, c'est encore*
» *au préfet qu'il appartient de déclarer l'utilité*
» *communale*, sauf l'indemnité préalable, s'il y
» a lieu. »

Un arrêté du conseil de préfecture de la Charente-Inférieure a condamné M. Boutet à rétablir une raise ou sentier situé dans ladite commune, et à le rendre viable.

M. Boutet a demandé au conseil d'Etat l'annullation de cette décision, pour cause d'incompétence fondée sur ce que le sentier n'était point un chemin vicinal, et n'étoit comme tel porté sur aucun tableau.

Le 12 juin 1822, le conseil d'Etat a prononcé l'annullation sollicitée, par les motifs suivants :

» Considérant qu'aux termes de ladite loi, il
» appartient aux préfets seuls de reconnaître et
» rétablir les anciens chemins vicinaux, et de dé-
» clarer à cet égard le fait d'utilité communale,

» sauf les droits des tiers à une indemnité; con-
» sidérant, dans l'espèce, que cette reconnais-
» sance ou déclaration préalable par le préfet
» n'a pas eu lieu; que dès lors le conseil de
» préfecture a excédé les limites de sa compé-
» tence, soit en nommant des commissaires pour
» vérifier l'existence de ladite raise, soit en or-
» donnant qu'elle fut rendue viable par le sieur
» Boutet qui en est en possession et s'en prétend
» propriétaire. »

Ces principes ont encore été consacrés par arrêts ou ordonnances royales des 18 novembre, 12 et 24 décembre 1818, 23 juin, 11 août et 1.er septembre 1819, 15 août et 24 octobre 1821 dont il est inutile de rapporter les espèces et les motifs, parce qu'ils sont identiques avec les précédents.

148. Nous devons examiner maintenant quelles règles les préfets doivent suivre pour parvenir à rechercher et à reconnaître l'existence et les anciennes limites des chemins vicinaux. La loi, ne leur en traçant aucune à cet égard, a par-là même abandonné à leur prudence le choix des moyens qu'ils croient propres à découvrir la vérité.

Le plus ordinairement l'état actuel des choses n'est pas un moyen efficace pour y parvenir; car, à raison des anticipations qu'ont pu commettre les riverains, l'état présent diffère presque toujours de l'état ancien et véritable qu'il s'agit de constater et de rétablir.

Il nous semble que le préfet pourra ordonner une visite des lieux, une enquête administrative pour éclairer sa religion ou se déterminer d'après des plans, des papiers, registres, délibérations de la commune, même d'après des titres de propriété, soit de la commune, soit des particuliers riverains; tels que les contrats d'acquisition par lesquels il serait dit que les objets achetés sont bornés par un chemin public dont ils sont séparés par un mur ou par une haie.

149. Toutefois nous devons faire observer ici, pour éviter toute méprise, que tout en se décidant par les titres de propriété et en fixant, d'après leurs termes, l'emplacement et la largeur des chemins vicinaux, les préfets ne prennent qu'une mesure d'administration, de laquelle il résulte seulement que le passage est nécessaire au service public, et qu'il doit avoir telle direction et telle largeur; mais que la question de propriété de tout ou partie du terrain, qui forme le chemin, demeure entière; qu'elle doit être soumise aux tribunaux par les riverains, non pas pour être réintégrés dans la propriété qui serait jugée leur appartenir, mais pour obtenir une indemnité, comme dans les cas d'expropriation pour cause d'utilité publique.

150. De ce que les préfets ont le pouvoir de statuer sur la vicinalité, et de fixer la largeur des chemins, résulte-t-il qu'ils soient compétents pour décider si un chemin prétendu vicinal est grande route, *aut vice versâ ?*

L'affirmative paraît ne devoir pas souffrir de difficulté.

C'est à l'administration qu'il appartient de déterminer les caractères auxquels on doit reconnaître la propriété publique; c'est en nous fondant sur ces principes que nous avons établi dans notre régime des eaux, et qu'il a été plusieurs fois décidé par le conseil d'Etat, que les préfets sont compétents pour déclarer si telle rivière est ou n'est pas navigable ou flottable; par une conséquence toute naturelle, ils doivent avoir le même pouvoir pour les chemins.

151. Mais les préfets peuvent-ils déclarer si tel chemin est un chemin vicinal ou un simple sentier privé, servant à la desserte d'un ou plusieurs héritages?

Nous dirons encore sur cette question comme sur la précédente, que l'affirmative nous paraît sans difficulté.

Et en effet, nous avons vu que les lois qui nous régissent, loin de tracer aucune règle propre à déterminer ce que nous devons entendre par chemins vicinaux, abandonnent entièrement à la conscience et aux lumières des préfets, la décision de ce point important; que, dans l'ancienne jurisprudence, un simple sentier, quelque fût sa largeur, pouvait être ou non rangé au nombre des chemins vicinaux, suivant les circonstances et les besoins des localités. Il résulte bien delà que les administrateurs ont, par voie de conséquence, le pouvoir de décider si tel chemin est public ou s'il ne forme qu'un simple sentier particulier. Ce pouvoir résulte encore du droit qu'ils ont de déclarer le fait d'utilité communale, d'ordonner l'établissement d'un chemin, quoiqu'il n'en existât point antérieurement, et de décider que tel chemin, quoique reconnu pour former une propriété particulière, sera érigé en chemin vicinal, à la charge par la commune, comme nous l'avons dejà dit, d'en payer la valeur au propriétaire.

Ces principes ont été consacrés par ordonnances royales ou arrêts du conseil des 4, 24 mars, 2 juin 1819, 19 mars et 11 février 1820, et 18 juillet 1821.

Nous nous bornerons à rapporter l'espèce des deux dernières décisions.

1.re Espèce : L'hospice de Joinville était en contestation avec sa commune sur la nature d'un chemin que celle-ci pretendait être vicinal, et que l'hospice soutenait au contraire n'être qu'un simple sentier à lui appartenant, dit *le sentier de misère.* Le conseil de préfecture avait décidé que ce chemin était vicinal; mais sur l'appel au conseil d'Etat, il y intervint le 11 février 1820, un arrêt qui renvoie devant le *préfet seul compétent pour déterminer la nature du chemin, sa largeur, sa direction, et, s'il y a lieu, son abornement.*

2.e Espèce : En 1817, une contestation s'est élevée entre le sieur Delafond et la commune d'Etinchem, département de la Somme, au sujet d'un chemin traversant la propriété de ce particulier. La commune prétendait qu'il était vicinal, le sieur Delafond soutenait que c'était un simple sentier à lui appartenant.

Le 18 février 1819, la cour d'Amiens saisie de l'appel d'un jugement qui avait donné gain de cause à la commune, a renvoyé les parties devant l'autorité administrative pour s'y faire régler *sur l'existence, état et usage* du chemin en question, se reservant la décision du fond.

A cet effet les parties se sont adressées au préfet du département qui, le 2 décembre 1819, a déclaré que ce chemin n'était point vicinal et que la connaissance des contestations y relatives était exclusivement dévolue aux tribunaux.

La commune a cru voir dans ce double renvoi de l'autorité judiciaire à l'autorité administrative et réciproquement, un conflit négatif d'attributions ; en conséquence, elle s'est pourvue au conseil d'Etat pour demander qu'il fût vidé.

Le 18 juillet 1821, il a été décidé ainsi qu'il suit :

» Considérant que la cour royale d'Amiens
» s'est réservée le jugement du fond et a renvoyé
» préalablement les parties devant l'autorité ad-
» ministrative pour y faire décider, par ladite
» autorité, *si le chemin en litige était un chemin*
» *vicinal ou un simple sentier*; que par suite
» dudit arrêt, le préfet a déclaré que le chemin
» dont il s'agit *n'est point vicinal*; que dans cet
» état, il n'existait point de conflit négatif; que
» par conséquent les parties étaient et demeu-
» raient libres de se retirer devant ladite cour
» pour y suivre le jugement du litige, *d'après*
» *la déclaration précitée de l'autorité adminis-*
» *trative.* »

Il faut donc regarder comme une règle aujourd'hui incontestable que les préfets peuvent déclarer si tel chemin est vicinal ou ne forme qu'un sentier particulier.

Nous disons que cette règle *est aujourd'hui* incontestable; car dans le commencement de l'institution du comité contentieux, le principe contraire avait prévalu. Nous en faisons ici l'observation afin d'éviter les méprises. On trouvera, dans les recueils de jurisprudence et notamment dans la jurisprudence du conseil d'Etat de M. Sirey, une foule d'arrêts de ce conseil qui ont renvoyé à l'autorité judiciaire, la décision de la question de savoir si un chemin était vicinal ou ne formait qu'un simple sentier de desserte d'un ou de plusieurs héritages. *Voyez* arrêt du 25 mars 1807, tom. 1, pag. 65; arrêt du 7 février 1809, tom. 1, pag. 255; arrêt du 10 mars 1809, tom. 1, pag. 247, 18 octobre 1809, tom 1, pag. 446; arrêt du 18 mars 1813, (tom. 2, pag. 286.)

152. Par une suite de ce que nous venons de dire, il faut nécessairement admettre que la question de propriété élevée par un particulier n'empêchera pas le préfet de classer au nombre des chemins vicinaux un terrain que ce particulier prétendra lui appartenir.

Ainsi par exemple, supposons que par suite de la publication par affiche qui doit être faite pendant 15 jours dans chaque commune, du tableau de ses chemins vicinaux, un de ses habitants se prétende propriétaire de tout ou partie d'un chemin, cette prétention, quelque fondée qu'elle puisse être, n'empêchera pas le préfet de déclarer que ce chemin est vicinal.

153. Mais si le préfet a ce pouvoir, la prudence et la justice n'exigent-elles pas qu'il en sus-

pende l'exercice jusqu'après la décision des tribunaux sur la question de propriété?

Pour soutenir l'affirmative, on peut dire qu'il arrive souvent qu'un chemin a plus que la largeur légale, qui est de six mètres, ou n'a pas même besoin de cette largeur; que la loi du 9 ventose an XIII prescrivant de conserver les chemins vicinaux dans toute leur largeur, le préfet ne l'aura fixée à six mètres ou au-delà, que parce qu'il aura pensé que la commune était propriétaire; que si un riverain se fait juger, par les tribunaux, propriétaire d'une partie de cette largeur, la commune sera obligée de payer à raison de cela, une indemnité pour un terrain qui ne sera qu'un luxe inutile; que l'intention du préfet n'a pas été de l'assujettir à cette indemnité et que s'il eût pu prévoir, s'il eût pu se douter que la commune n'était pas propriétaire de la totalité du chemin, il en aurait fixé la largeur à un taux moins considérable.

Mais il est facile de répondre à ces objections. D'abord la commune *n'étant liée ni à l'égard du public ni à l'égard du riverain par la décision du préfet dont elle peut toujours demander la réformation à l'autorité supérieure*, il est manifeste que si, après la décision les tribunaux sur la question de propriété, elle ne jége pas à propos de conserver le terrain dont ce riverain a été reconnu propriétaire, elle peut le lui abandonner et par-là s'affranchir du paiement d'une indemnité qui ne serait plus en rapport avec l'utilité qu'elle en attendait.

Nous disons que la commune n'est pas liée par la décision du préfet et que le particulier ne pourrait la contraindre à conserver sa propriété et à la lui payer. Et en effet, elle ne pourrait l'être qu'autant qu'elle serait assujettie à suivre les formes exigées par la loi du 8 mars 1810, en matière d'expropriation pour cause d'utilité publique, question importante et que nous discuterons ailleurs, et qu'autant qu'il serait intervenu un jugement d'envoi en possession, émané des tribunaux. (1)

---

(1) Nous devons placer ici une discussion importante à laquelle s'est livré un savant magistrat, M. le baron Favard de Langlade, dans son utile ouvrage intitulé : *Supplément au Code civil*, sur l'art. 13 de la loi du 8 mars 1810.

« Il faut remarquer que le jugement d'envoi en possession une fois rendu, *le préfet est investi de la propriété*, » et qu'il ne s'agit dès lors que d'en faire l'évaluation » dans les formes prescrites. Il résulte de ce principe » que si, par des circonstances ultérieures, la propriété » ne devenait plus nécessaire, le préfet ne pourrait y renoncer que du consentement du propriétaire. Le jugement d'envoi en possession n'est pas moins obligatoire pour l'administration que pour le particulier ex-

Nous ajoutons ensuite qu'il arrive souvent qu'un chemin loin d'avoir beaucoup de largeur n'a pas même celle qui est rigoureusement néces-

---

» proprié. Il représente pour l'un et pour l'autre le contrat de vente qui a lieu lorsque l'administration est » d'accord avec le propriétaire.

» En effet, si l'administration pouvait prétendre qu'elle » n'est liée que par un contrat passé entre elle et le propriétaire, ce dernier, de son côté, ne serait-il pas fondé » à élever la même prétention? Ne dirait-il pas que la loi » doit être la même et pour l'autorité qui exproprie et » pour le propriétaire qui est exproprié? qu'ainsi le jugement, n'étant pas exécutoire pour l'un, ne saurait » l'être pour l'autre.

» Par le résultat de ce système, le but de la loi serait » totalement manqué : il n'y aurait jamais d'expropriation forcée, parce que tout propriétaire qui voudrait » conserver sa propriété, se refuserait à passer un contrat » de vente.

» La loi a voulu le contraire: elle a voulu que, pour » cause d'utilité publique, tout propriétaire fût obligé » de céder sa propriété moyennant une juste indemnité; mais elle a voulu aussi que l'autorité administrative qui a poursuivi l'expropriation d'une propriété, » ne fût pas admise à la refuser après le jugement d'envoi » en possession. Dès ce moment, le propriétaire a pu la » remplacer, ou faire d'autres arrangements qui le léseraient s'il était obligé de reprendre sa propriété. Il serait injuste de le rendre victime de sa soumission. Si

saire, et que dans ce cas, il est indispensable, pour l'utilité publique de la commune que la vicinalité et la largeur du chemin soient sur-le-champ fixées.

Toutefois nous devons faire observer que, tout en reconnaissant aux préfets le pouvoir de statuer dans tous les cas sur la vicinalité d'un chemin, malgré la prétention de propriété élevée par un particulier, nous croyons aussi qu'ils doivent s'abstenir d'en user, à moins de nécessité réelle, en distinguant dans cette prétention ce qui serait dicté par le seul désir de conserver une usurpation probable de ce qui aurait l'apparence de fondement, pour éviter le reproche d'envahissement qu'on est souvent fondé à adresser à l'administration, et pour laisser une liberté entière à l'action des tribunaux, sur lesquels il ne faut pas se dissimuler que la décision préalable de l'administration produit toujours une influence funeste aux particuliers.

154. De ce que les préfets ont, comme nous l'a-

» des motifs d'intérêt public ont pu déterminer le législateur à disposer de la propriété d'autrui, il n'a pas entendu sans doute que l'administration pût se jouer du » propriétaire en refusant sa propriété, après en avoir » provoqué et obtenu l'expropriation. »

vons dit, le pouvoir de déclarer, dans tous les cas et nonobstant toutes prétentions, la vicinalité d'un chemin, d'en fixer la largeur et la direction, il ne faut pas néanmoins conclure que l'exercice de ce pouvoir ne soit subordonné à aucune règle, et qu'il soit illimité ou souverain.

Quoique les préfets ne prennent qu'une mesure administrative et ne soient juges que de la nécessité du chemin, les parties, c'est-à-dire, tant la commune que les particuliers riverains n'en sont pas moins admis à discuter devant lui sur l'existence du chemin, ses anciennes limites, sa nécessité et son emplacement.

Il importe quelquefois qu'un chemin n'existe pas ou qu'il n'ait qu'une moindre largeur, ou qu'il ait telle direction plutôt que telle autre.

La commune a intérêt à ce que tel chemin n'existe pas, parce que l'entretien de ce chemin augmente ses charges, ou sans utilité, ou sans que l'utilité qu'elle en retire soit en proportion des charges auxquelles il l'assujettit. Elle a intérêt à ce qu'il ait moins de largeur ou à ce qu'il ne suive pas telle direction, afin de ne pas payer l'indemnité due à raison du terrain pris, des arbres abattus et des bâtiments reculés.

Les particuliers ont aussi un intérêt et cet intérêt est fondé sur l'avantage de conserver leur propriété, presque toujours préférable à l'indemnité qui leur est accordée. Ils peuvent donc soutenir que les convenances et l'utilité de la commune ne réclament pas l'établissement d'un chemin, parce qu'il en existe un autre suffisant, plus court et plus commode, ou que s'il est nécessaire d'en établir un nouveau, on doit lui donner telle direction et telle largeur; qu'enfin, si l'on veut conserver l'ancien, il ne doit avoir qu'une largeur inférieure à celle qu'on entend lui donner.

Les particuliers et les communes doivent donc être mis à portée de se défendre. Aussi est-ce pour qu'ils puissent faire leurs réclamations que l'instruction ministérielle du 7 prairial an XIII, prescrit différentes formalités dont nous avons parlé au commencement de ce chapitre.

Les communes comme les particuliers peuvent en outre attaquer devant le ministre de l'intérieur l'arrêté du préfet qui statue sur la vicinalité, direction et largeur des chemins. On ne pourrait pas même opposer à ceux-ci de fin de non recevoir tirée de leur silence, soit pendant le délai de la publication du tableau, soit devant le préfet, ou de l'expiration du délai de trois mois, à partir de la signification de l'arrêté de ce magistrat; car il n'y a pas de délai fatal pour attaquer devant le ministre la décision des préfets, celui fixé par le règlement du 22 juillet 1806 ne s'appliquant qu'aux appels portés devant le conseil d'Etat. Il est même douteux qu'on pût opposer de fin de non recevoir contre l'appel, parce qu'il y aurait eu acquiescement à l'arrêté du préfet; ou au moins il faudrait que cet acquiescement fût bien exprès, comme s'il y avait quelque acte écrit par lequel le riverain se serait soumis à l'exécution de cet arrêté; mais hors ce cas, nous ne voyons d'autre fin de non recevoir que celle qui résulterait de l'expiration du temps requis pour constituer la prescription, et ce temps est de trente années.

155. Néanmoins si le préfet avait excédé les limites de sa compétence, on pourrait se pourvoir directement au conseil d'Etat par le ministère d'un avocat près ce conseil, contre la décision qu'il aurait rendue; mais alors le pourvoi devrait être formé dans le délai de trois mois à partir de sa signification, aux termes du règlement du 22 juillet 1806.

156. Lorsqu'on attaque d'abord devant le ministre de l'intérieur la décision du préfet, on peut ensuite se pourvoir devant le conseil d'Etat contre la décision de son Excellence; et ce pourvoi doit être indubitablement formé dans le délai de trois mois à partir de la signification de la décision ministérielle.

CHAPITRE III.

De la propriété des chemins vicinaux.

157. A qui appartiennent maintenant les chemins vicinaux?

Sont-ils la propriété de l'Etat,

Ou des communes,

Ou des riverains?

158. Autrefois, les chemins vicinaux appartenaient aux seigneurs; maîtres d'une étendue de terrains considérables qu'ils ne pouvaient mettre en valeur par eux-mêmes, ils cherchèrent à en faire des concessions; et pour attirer chez eux des colons, ils abandonnèrent pour la nourriture des bestiaux, des portions de terre qu'on connaît aujourd'hui sous le nom de communes; ils multiplièrent les chemins pour la commodité de leurs vassaux, pour faciliter les communications avec les voisins et introduire le commerce dans les villages qui se formaient.

La féodalité et les justices des seigneurs ayant été abolies, les chemins vicinaux devaient tout naturellement former la propriété des communes pour l'usage desquelles ils avaient été établis ainsi que nous venons de le voir.

La loi du 15 août 1790 porte, article 1.er : « Le » régime féodal et la justice seigneuriale étant » abolis, nul ne peut à l'un ou l'autre de ces » titres, *prétendre aucun droit de propriété ni de* » *voirie sur les chemins publics, rues et places* » *des communes.* »

A la vérité, cette loi se contentait de déclarer que les seigneurs ne pourraient prétendre en cette qualité à la propriété des chemins vicinaux; mais elle ne disait pas à qui cette propriété appartiendrait à l'avenir.

La loi du 6 octobre 1791 mettait à la charge des communes l'entretien des chemins vicinaux, ce qui pouvait faire supposer qu'elle les considérait comme propriétaires; mais elle ne le disait pas formellement, et l'on pouvait élever des doutes sur leur propriété en objectant que l'entretien était seulement une charge de la jouissance.

L'art. 5 section 1re de la loi du 10 juin 1793 portant que « les places, promenades, voies pu» bliques et édifices à l'usage des communes, » sont exceptés du partage des biens commu» naux, » suppose bien que ces différents objets doivent être considérés comme appartenant aux communes puisqu'il est dans la nécessité de les excepter formellement du partage; cependant nous dirons encore qu'aucune disposition de cette loi ne le déclare positivement.

Ajoutons que les doutes étaient augmentés par les termes de l'article 3 de la loi du 1.er décembre 1790, portant : « Les chemins publics, » les *rues et places des villes*, les fleuves et ri- » vières *navigables*, les rivages, lais et relais » de la mer, les hâvres, les rades, etc., et en » général toutes les portions du territoire natio- » nal qui ne sont pas susceptibles d'une pro- » priété privée, sont considérées comme des dé- » pendances du domaine public. »

D'après cette loi, disait-on, les chemins vicinaux appartiennent à l'Etat; car ils sont désignés par les termes *chemins publics*; et la preuve que cette interprétation est la seule qui puisse être admise, c'est que les *rues et places des villes* qui ont toujours été assimilées aux chemins vicinaux sont déclarées faire partie du domaine public.

Cette opinion avait même été embrassée par le ministre des finances dans une circulaire du 4 germinal an VII, portant que, « d'après la loi du » 1.er décembre 1790, les chemins vicinaux for- » ment une dépendance du domaine national et » que ceux que l'on supprimera doivent être » vendus au profit du gouvernement. »

Mais on pouvait répondre que cette loi n'entendait parler que des grands chemins entretenus par l'Etat, qui sont *les véritables chemins publics;* que les rues et places des villes dont elle fait mention sont seulement celles qui forment la continuation de ces chemins, et qui, comme telles sont assujetties au même régime par la loi du 14 octobre 1790.

Aussi, un arrêté du gouvernement du 24 vendémiaire an XI (16 octobre 1802) a proscrit le système du ministre des finances, et décidé que les chemins vicinaux forment une propriété communale.

Voici les termes de cet arrêté :

« Vu l'arrêté du 7 pluviose an VIII, par lequel l'administration centrale du département du Rhône, sur l'avis de l'administration municipale du canton de Saint-Genis, provoquée par le citoyen Clavel, propriétaire à Sainte-Foi-lez-Lyon, a supprimé un chemin vicinal de ladite commune, bordé par les propriétés dudit Clavel et par celles d'autres particuliers, et donné le terrain dudit chemin audit Clavel, à titre de dédommagement du terrain pris sur ses propriétés pour la confection de la route de Lyon à St.-Étienne, avec la faculté d'arracher les haies vives qui bordaient ce chemin vicinal, et de le clore aux deux extrémités, sur sa propriété;

« Vu....

« Vu l'avis du préfet, appuyé sur une lettre du ministre des finances du 4 germinal an VII, portant, etc.;

« Vu enfin ladite loi du 1.er décembre 1790, sur la législation domaniale, portant, art. 5 : les chemins publics, les rues et places des villes, les fleuves et rivières navigables, les rivages, lais et relais de la mer, les havres, les rades, etc., et en général toutes les portions du territoire national qui ne sont pas susceptibles d'une propriété privée, sont considérées comme dépendances du domaine public;

« Considérant que cette loi n'est relative qu'aux biens qui composaient et doivent continuer à composer le domaine national; que les chemins publics dont elle parle, sont les routes faites et entretenues aux frais de la nation; que celle-ci n'a jamais entendu s'emparer des chemins vicinaux composés de terrains achetés ou échangés par les communes, ou fournis gratuitement par les propriétaires pour le service particulier des communes; que les lois des 6 octobre 1791, 16 frimaire an II, et 11 frimaire an VII, qui ont laissé l'entretien des chemins à la charge des communes, sauf le cas où ils deviendraient nécessaires au service public, ne donnent point à croire qu'ils soient des propriétés nationales;

« Considérant qu'un chemin vicinal appartient à la commune ; que si des particuliers ou la commune de Sainte-Foi croient avoir droit de réclamer, c'est devant le préfet qu'ils doivent se pourvoir, sauf à lui à renvoyer devant les tribunaux, s'il y a des questions de propriété entre particuliers à décider ;

« Que si l'arrêté du 7 pluviose an VIII, concède le terrain de l'ancien chemin vicinal comme domaine national, quoiqu'il soit domaine communal par sa nature : cette erreur ne vicie pas le fond de la décision, qui produit les mêmes résultats. »

« Le conseil d'Etat entendu, arrête, etc. »

Le code civil a confirmé ces principes. C'est ce qui résulte de la combinaison des articles 538 et 542, ainsi conçus :

« Art. 538. Les chemins, routes et rues, *à la* » *charge de l'Etat*, les fleuves et rivières na- » vigables ou flottables, les rivages, lais et re- » lais de la mer, etc., sont considérés comme » des dépendances du domaine public.

» Art. 542. Les biens communaux sont ceux à » la propriété ou au produit desquels les habitants » d'une ou plusieurs communes ont un *droit* » *acquis*. »

Si, d'après le premier de ces articles, l'Etat n'est propriétaire que des chemins et des rues qu'il entretenait à l'époque de sa promulgation, il est manifeste qu'il n'a aucun droit de propriété sur les chemins vicinaux et sur les rues et places des villes qui en forment la continuation, la prolongation, puisque, comme nous l'avons déjà dit, et comme nous l'établirons plus amplement dans un autre chapitre, ces chemins et ces rues étaient et sont encore entretenus aux frais des communes.

A la vérité, le code civil ne dit pas formellement que ces chemins appartiennent aux communes, mais il ne devait pas le dire; il lui suffisait de déclarer qu'ils ne font pas partie du *domaine public*. Il devait s'arrêter là, parce que les communes sont soumises pour leurs propriétés aux règles ordinaires, et que des particuliers peuvent leur opposer qu'elles n'ont aucun *droit acquis* au chemin vicinal en prétendant qu'il leur appartient, ce qui n'empêche pas que la commune ne soit réputée de plein droit, propriétaire du chemin, jusqu'à preuve contraire, par la raison que son existence, l'usage qu'en font les habitants de la commune, en y passant et en l'entretenant, constitue en sa faveur une possession, en vertu de laquelle elle est réputée propriétaire jusqu'à la preuve contraire.

Ces principes ont été reconnus dans la discussion qui eut lieu au conseil d'Etat, sur la rédaction de l'article 538 du code civil.

Voici ce que nous lisons dans le procès-verbal: (lecture faite de l'article 22 du projet, portant: « *les chemins publics*, les rues et places publiques sont considérés comme dépendances du domaine public. »)

« M. Regnault (de Saint-Jean d'Angely) observe que cet article doit être réformé, en ce » qu'il comprend indistinctement dans le domaine public, *les chemins publics*, *les rues et* » *places publiques*. Il faut remarquer que les lois » distinguent entre les grandes routes et les chemins vicinaux; *ceux-ci sont la propriété des* » *communes et entretenus par elles*. Ce principe » est dans la jurisprudence du conseil. Chaque » jour, des arrêtés mettent l'entretien des chemins vicinaux à la charge des communes; quant » aux rues et places publiques, elles sont aussi la » propriété des communes, aux termes de la loi » du 11 frimaire an VII, de divers arrêtés du » gouvernement, notamment de celui rendu pour » la commune de Paris, relativement au percement d'une rue. Il n'y a d'exception à ce principe que pour les rues et places où passent les » grandes routes entretenues par l'Etat. M. Treilhard dit qu'en effet, les chemins vicinaux et

» les rues qui ne sont pas grandes routes, appar-
» tiennent aux communes.

» M. Tronchet observe qu'il y a des chemins
» qui, sans être grandes routes, appartiennent
» cependant à l'Etat.

» M. Regnault (de Saint-Jean d'Angely) dit
» qu'il est facile de distinguer les chemins dont
» la propriété appartient à la nation : ce sont
» ceux qu'elle entretient.

» La distinction proposée par M. Regnault
» (de Saint-Jean d'Angely) sur les chemins vi-
» cinaux, et le retranchement de l'énonciation
» des rues et places publiques, sont adoptés. »

159. Nous avons dit que le législateur avait laissé, dans le domaine du droit commun, la décision de la question de propriété du terrain qui forme le chemin vicinal.

Or, d'après le droit commun, les propriétés s'acquièrent par titre et par la possesion.

160. Quant au titre, il devra être revêtu des conditions requises en toute autre circonstance pour établir la propriété, et l'appréciation en appartiendra aux tribunaux, ainsi que nous l'expliquerons ailleurs avec plus de détails.

161. La possession pourra aussi suppléer au titre et attribuer à la commune la propriété du chemin.

162. Mais il faut bien se garder de confondre des actes de tolérance et de pure faculté, qui ne sont jamais que des actes de jouissance précaire, avec une véritable possession.

Ainsi, d'après l'article 691 du code civil, les servitudes discontinues, apparentes ou non apparentes, ne peuvent s'établir que par titres; sans que la possession même immémoriale puisse y suppléer.

Il arrive assez communément dans les campagnes que les passants pratiquent sur les bords ou au travers des champs des sentiers plus ou moins larges, soit pour abréger leur route, soit parce que, pendant une saison de l'année, le chemin ordinaire n'est pas en bon état. Il est évident que ces sentiers, quelque soit l'ancienneté de leur existence, ne peuvent établir de droit ni en faveur d'aucun particulier, ni en faveur de la généralité des habitants, c'est-à-dire de la commune. Le fait seul du passage ne serait pas un acte possessoire, et ne constituerait que l'exercice d'une servitude sur la propriété d'autrui, qui serait tout-à-fait inefficace à l'effet de faire acquérir la propriété du chemin, même d'un simple droit de passage.

Il faudrait donc, pour qu'il en fût autrement, qu'au fait de passage, se joignissent l'absence totale d'usage de la part des riverains, du terrain qui constitue le chemin, et l'entretien et réparation de ce chemin effectués par les soins et aux frais de la commune.

C'est ce qu'établit très-bien M. Pardessus, *Traité des servitudes*, n.° 216.

« Nous ne croyons pas devoir entrer dans le » développement des principes, à l'aide desquels » devrait être jugée une contestation de cette na- » ture, parce qu'ils sont étrangers à l'objet de » notre travail : il suffit d'observer que le fait » qu'un grand nombre de propriétaires ou de » particuliers voisins auraient passé dans un che- » min, ne serait pas une preuve que ce chemin » appartient au public (1). La preuve qui serait » la véritable et la plus essentielle, serait que les » seigneurs ou la police locale exerçaient des actes » de surveillance et de voirie sur ce chemin, » qu'ils l'entretenaient ou le réparaient conformé- » ment aux lois ou usages sur cette matière. Ces » actes sont positifs et excluent toute propriété » privée. Il n'en est pas de même du passage, » quelqu'ancien qu'il soit, puisqu'il ne peut ja- » mais, hors du cas prévu, n.° 218, être acquis

(1) Cæpolla tract. 2, cap. 3, n.° 18, s'exprime ainsi : « *Et not. singul. quod ad probandum viam esse publicam* » *non sufficit probare per testes, quod publicè seu vulgo* » *per omnes itum fuerit per longum tempus.* »

» sans titre; il ne peut pas faire titre à cent, à
» mille individus qui n'ont pas d'autre titre à in-
» voquer. Arrêt du 10 juillet 1782. *Gaz. des tri-*
» *bunaux*, *t.* 14, *p.* 292. Arrêt de la cour de
» cassation du 3 messidor an v, (21 juin 1797),
» *Bulletin officiel*, n°. 11.

» Les actes entre particuliers peuvent, sou-
» vent, dans ce cas, donner des renseignements
» précieux et fournir des preuves positives. L'in-
» dication que les propriétaires auraient faite de
» ce chemin, comme leur limite ou leur sépara-
» tion, militerait en faveur de la commune, qui
» souvent peut éprouver de grandes difficultés à
» faire une preuve testimoniale; car les principes
» paraissent s'opposer à ce qu'on entende, comme
» témoins, les habitants de la commune intéres-
» sée; et comme le plus fréquemment cet intérêt
» s'étend à une commune voisine, la difficulté de
» trouver des témoins serait encore plus grande.»
«Cæpolla, *Tract. II*, *cap.* 9, n.° 11; Guy-
» Pape, *Quest.* 573, n.° 8; Rousseaud de la
» Combe, verbo *Témoin*, sect. 1, n.° 8.»

163. Mais si les communes peuvent acquérir, par la possession, la propriété des chemins, en est-il de même à l'égard des particuliers?

Denizart, verbo *Chemin*, s'exprime ainsi:

« Un chemin particulier devient *chemin pu-*

» *blic* par la *seule possession du public;* et quand » il est une fois chemin public, *il n'est plus su-* » *jet à prescription :* cela est décidé par plusieurs » textes de lois.»

Dunod, *Traité des prescriptions*, en parlant des choses qui en sont susceptibles, fait une distinction. (1)

Mais Pothier, *Traité de la prescription*, *chap.* 1.er, 1.re partie, s'exprime en ces termes :

« La prescription de dix et vingt ans étant un » droit d'usucapion et une manière d'acquerir le

---

(1) « Les biens des villes et des communautés sont de » deux espèces; car les uns produisent du revenu, et, » comme ils peuvent être aliénés pour cause et avec de » certaines formalités, ils sont prescriptibles par le temps » ordinaire; les autres sont destinés à l'usage des per- » sonnes de la ville ou de la communauté dont ils dépen- » dent; ils sont publics à leur égard : tels sont les rues, » les places, les marchés, les cours, les fontaines, les » édifices publics, etc.... Les biens de cette dernière es- » pèce ne sont pas dans le commerce; c'est pourquoi ils » ne peuvent pas être prescrits par le temps ordinaire; » mais, *si le public peut s'en passer*, et qu'ils soient te- » nus *d'un temps immémorial*, ils sont censés aliénés » et prescrits ensuite d'un privilége ou d'une conces- » sion légitime faite par le souverain ou par le peuple, » qui en avait la pleine administration. Le droit civil » qui les rend publics ne leur imprime pas une impres-

» domaine de propriété d'une chose par la pos-
» session que nous en avons, c'est une consé-
» quence que les choses que les particuliers sont
» incapables d'acquérir, ne peuvent être suscep-
» tibles de cette prescription.

» De là il suit, que les choses qui sont hors du
» commerce ne peuvent être susceptibles de cette
» prescription, telles que sont les églises, les
» cimetières, les places publiques, non-seule-
» ment les grands chemins qu'on appelle *viæ*
» *militares* ou *viæ regiæ*, mais même les che-
» mins de traverse qu'on appelle *viæ vicinales*.
» C'est pourquoi si quelqu'un s'était emparé d'un
» chemin public et l'eût labouré, et me l'eût
» ensuite vendu, comme un terrain dont il se
» disait propriétaire; quoique je l'aie acquis de
» bonne foi, dans l'opinion en laquelle j'étais
» que c'était une chose qui lui appartenait, je ne

» criptibilité absolue; il suppose même qu'ils peuvent
» être acquis par concession et par privilége; ils peuvent
» par conséquent être prescrits par une possession im-
» mémoriale qui fait présumer le privilége et le titre né-
» cessaire. Les lois qui rejètent la prescription en cette
» matière, ne doivent être entendues que de celle d'un
» long temps, ou de celle qui n'exige point de titre, et
» ne le fait pas présumer. »

» peux en acquérir par cette prescription le do-
» maine de propriété. »

Comme on le voit, Pothier semble n'admettre aucune exception au principe que les chemins vicinaux sont imprescriptibles, tandis que Dunod admet celle résultant d'une possession immémoriale.

S'il nous était permis d'émettre à notre tour une opinion sur une question traitée par ces deux grands jurisconsultes, nous dirions qu'il nous semble douteux que le code ait entendu admettre la règle générale que paraissent établir les auteurs que nous venons de citer.

Ainsi, par exemple, supposons que pendant trente ans, les riverains aient joui du terrain qui formait le chemin vicinal, qu'ils l'aient enclos dans leur propriété, qu'ils l'aient cultivé, ensemencé et en aient récolté le produit; que conséquemment, pendant la même période, la commune ait été privée du passage par ce chemin et l'ait exercé par un autre : faudra-t-il décider dans ce cas que la commune a conservé sa propriété? J'avoue que j'ai beaucoup de peine à me décider pour l'affirmative, et que la solution contraire ne me paraîtrait point du tout déraisonnable.

En effet, les communes sont propriétaires des chemins vicinaux; elles peuvent par suite, comme nous le verrons ailleurs, supprimer ceux qui leur paraissent inutiles, pour les rendre à l'agriculture, et les vendre en accordant toujours la préférence aux riverains; or, lorsque pendant 30 ans la commune a passé par un autre chemin, que pendant la même période les riverains ont joui en maîtres absolus du terrain qui formait l'ancien, sans aucune réclamation de la part de la commune, n'est-il pas vraisemblable qu'elle a abandonné celui-ci comme inutile, et que la jouissance des riverains est fondée sur un arrangement intervenu entr'elle et eux? Et n'est-ce pas le cas d'appliquer la règle que la prescription de 30 ans a été introduite pour suppléer à la perte présumée du titre?

La commune serait-elle bien fondée à dire que le chemin étant vicinal et, comme tel, ayant été porté sur le tableau des chemins vicinaux de la commune, il y a plus de 30 ans, la possession postérieure des riverains n'a pu lui faire perdre sa propriété?

Ne semble-t-il pas raisonnable de distinguer dans le chemin deux choses bien différentes?

La propriété communale,

Et la chose publique.

Considéré sous le 1.er rapport, le chemin est susceptible de prescription comme tout autre bien communal, (Art. 2227 du code civil.)

Si c'est uniquement l'usage auquel il est destiné qui le soustrait à l'empire de la règle commune, il faut reconnaître qu'aussitôt que cet usage a cessé, il rentre sous son influence, puisqu'il a cessé d'y être consacré; or, quelle preuve plus positive peut-on avoir de la volonté de la commune d'abandonner le chemin que l'usage exclusif qu'en ont fait les riverains pendant 30 ans, sans aucune opposition de sa part?

Une nouvelle raison en faveur de l'opinion que nous venons d'émettre, nous paraît résulter des articles 540 et 541 du code civil.

L'art. 540 porte que les portes, murs, fossés, remparts des places de guerre et des forteresses, font partie *du domaine public.*

Et l'art. 541 ajoute : « *Il en est de même* des terrains, des fortifications et remparts des places
» qui ne sont plus places de guerre : ils appartiennent à l'Etat, s'ils n'ont été valablement
» aliénés, *ou si la propriété n'en a pas été prescrite contre lui.* »

Si, dès que les places de guerre cessent d'avoir ce caractère, leurs terrains, fortifications et remparts rentrent dans le commerce et deviennent prescriptibles, il en doit être de même à plus forte raison des chemins vicinaux.

On dira peut-être qu'il est nécessaire qu'une décision administrative ait rendu à l'agriculture le terrain du chemin vicinal considéré comme inutile.

Mais nous ferons observer que ce fait résulte suffisamment du silence de la commune et de la possession des riverains; car, comme le dit Dunod, il suffit que *le public puisse se passer du chemin;* nous ajouterons que pour qu'une place cesse d'être place de guerre, il n'est pas nécessaire qu'un acte de l'autorité administrative l'ait ainsi décidé; il suffit qu'en fait, elle ne soit plus employée à l'usage auquel elle était d'abord consacrée.

164. Néanmoins il ne faut pas donner à ce que nous venons de dire une interprétation trop étendue, et nous pensons que si les riverains, au lieu de posséder la totalité, ne jouissaient que d'une partie de ce chemin prise sur la largeur qui se trouverait ainsi rétrécie et diminuée, ils ne pourraient acquérir la propriété de la portion de terrain qu'ils auraient possédée, quelque fût d'ailleurs l'ancienneté de leur possession et quelque positifs que fussent les actes qui la caractérisent. Car si les confins des héritages ne se prescrivent pas entre voisins, c'est surtout lorsque l'un des héritages contigus est un chemin que ce principe doit recevoir son application, puisqu'il serait très-facile aux riverains d'empiéter successivement sur sa largeur et de le faire sans

éprouver d'opposition, l'intérêt commun étant souvent négligé et toujours moins actif que l'intérêt privé qu'il aurait pour adversaire. D'ailleurs on ne peut pas dire dans le cas proposé que le chemin ait été rendu à l'agriculture et qu'il est présumable que la possession des riverains est fondée sur des arrangements pris avec la commune, puisqu'elle a conservé l'usage du chemin.

L'art. 346 de l'ordonnance de Blois contient sur ce point une disposition expresse dont voici les termes : « Les chemins seront réduits à leur » largeur ancienne nonobstant usurpation par » quelque laps de temps qu'elles puissent avoir » été faites. »

La loi du 9 ventose an XIII, par la généralité de ses termes, paraît confirmer ces principes, en autorisant l'administration publique à rechercher et reconnaître *les anciennes limites* des chemins vicinaux *et à fixer leur largeur d'après cette reconnaissance.*

163. Il s'élève souvent des contestations sur la reconnaissance des limites, l'administration prétendant que le chemin s'étendait jusqu'à tel point, et les riverains soutenant le contraire. Dans ce cas, comme l'administration ne peut pas arbitrairement étendre les limites des chemins vicinaux, qu'elle peut seulement l'augmenter jusqu'à 18 pieds, mais à la charge par la commune

de payer une indemnité, il faut admettre comme une règle invariable que, s'il n'est pas d'abord prouvé qu'à une époque quelconque le chemin s'étendait jusqu'à tel point, l'état présent des choses sera censé avoir toujours existé; car la 1.re condition exigée pour qu'une commune puisse opposer aux riverains qui possèdent un chemin qu'ils n'ont pu l'acquérir en tout ou partie, c'est de prouver qu'avant cette possession elle en étoit propriétaire. Autrement l'autorité administrative pourrait étendre à l'infini les limites des chemins vicinaux, au préjudice des propriétaires des héritages qui les bordent.

166. Nous ferons remarquer, en terminant ce chapitre, qu'un chemin vicinal ne peut être considéré comme une terre vaine et vague, dont la revendication ait dû être formée par une commune dans le délai de cinq ans fixé par l'art. 9 de la loi du 28 août 1792. (Arrêt de la cour de cassation du 5 mars 1818).

CHAPITRE IV.

Des arbres existant sur les chemins vicinaux et sur les rues et places publiques.

167. Aucune disposition de la législation ancienne ne faisait aux riverains, aux communes ou aux seigneurs une obligation de planter les bords des chemins vicinaux. La plantation de ces chemins était seulement une *faculté* qui appartenait à ces derniers par suite des droits de police et de voirie qu'ils y avaient; cependant ils ne pouvaient l'exercer que lorsque les chemins et les rues étaient assez larges et les places publiques assez spacieuses pour que la circulation n'en fût pas entravée.

Cette largeur était déterminée par un arrêt du parlement de Paris du 1er août 1750.

168. Par suite de ce droit de voirie, les coutumes et les auteurs attribuaient aux seigneurs la propriété des arbres plantés sur le bord des chemins vicinaux; (*Voyez* les coutumes d'Artois, de Montreuil, de la Chatellénie de Lille).

Freminville examinant la question de savoir si les noyers et les arbres à fruits, ainsi que les chênes, ormes et autres arbres qui sont plantés par voisins ou qui sont crus naturellement dans les haies et bouchages des héritages, *dedans ou sur le bord des chemins publics*, appartiennent au seigneur haut-justicier, se décide pour l'affirmative, et sappe par ses fondements le système contraire que l'on a quelque fois hasardé en faveur des propriétaires riverains. Il démontre que les chemins appartiennent au seigneur haut justicier : « ils lui appartiennent si bien, dit-il, qu'il » n'est pas permis aux propriétaires des hérita- » ges voisins d'y planter des arbres sans sa per- » mission, ni de planter haies vives à leurs hé- » ritages plus près d'un pied et demi au moins » des limites dudit chemin. »

Il y a en outre plusieurs arrêts qui l'ont ainsi jugé.

Nous en rapporterons un rendu dans l'espèce suivante :

La dame de Fay, propriétaire de pièces de terres adjacentes au chemin de la Villette à Mitry, avait fait planter des arbres dans ce chemin; M. de Nicolay la représentant et ayant ses droits voulut disposer de ces arbres. Mais la dame de Senozan, haute-justicière, *sans contester le fait de plantation*, soutint que ces arbres lui appartenaient parce qu'ils étaient plantés dans le chemin et le fossé de Mitry à Tremblay. M. de Nicolay répondait : la propriété des chemins n'est à personne; le haut-justicier n'a qu'un droit d'inspection et de police, etc. Mais par arrêt du 11 juillet 1759, le parlement de Paris rejeta ces moyens et fixa la question au seul fait de savoir si les arbres étaient *dans le chemin et le fossé.* Il fut donc jugé que les arbres existant sur les chemins appartenaient aux seigneurs *lors même qu'ils avaient été plantés par les riverains*, ce qui était, ce nous semble, donner une bien grande latitude à la prérogative seigneuriale.

169. Cet ordre de choses a été changé par la législation nouvelle.

La loi du 15 août 1790 établit que par suite de l'abolition du régime féodal et des justices seigneuriales personne ne pourra prétendre à l'un ou à l'autre de ces titres aucun droit de propriété ni de voirie sur les chemins publics, rues et places des villages, bourgs ou villes; et que le droit de planter des arbres ou de s'approprier les arbres crus sur les chemins publics, rues et places des villages, bourgs ou villes, dans les lieux où il était attribué aux ci-devant seigneurs, par les coutumes, statuts ou usages, est aboli. Mais il ne suffisoit pas de disposer pour l'avenir; il fallait encore statuer sur la propriété des arbres antérieurement plantés. Cette loi la conserve aux seigneurs qui ont effectué les plantations sous la garantie des lois alors existantes, sauf le cas où les particuliers et les communes prouveraient les avoir faites et la faculté qu'ils ont de les racheter. Mais le 28 août 1792 parut une loi qui, au mépris des principes, priva les seigneurs de leur propriété et de l'indemnité qui leur était due. En voici les dispositions :

« Art. 14. Tous les arbres existant actuelle-
» ment sur les chemins publics, autres que les
» grandes routes nationales et sur les rues des
» villes, bourgs et villages, sont censés appar-
» tenir aux propriétaires riverains, à moins que
» les communes ne justifient en avoir acquis la
» propriété par titre ou possession.

» Art. 15. Tous les arbres actuellement exis-
» tant sur les places des villes, bourgs et villa-
» ges ou dans les marais, prés et autres biens
» dont les communautés ont ou recouvreront la
» propriété, sont censés appartenir aux commu-
» nautés, sans préjudice des droits que des par-
» ticuliers non seigneurs pourraient y avoir ac-
» quis par titre ou par possession.

» Art. 16. Dans les cas même où les arbres
» mentionnés dans les deux articles précédents,
» ainsi que ceux qui existent sur les fonds mêmes
» des riverains, *auraient été plantés par les ci-*

« *devant seigneurs, les communautés et les ri-*
» *verains ne seront tenus à aucune indemnité,*
» *ni à aucun remboursement pour frais de plan-*
» *tation ou autres.*

» Art. 17. Dans les lieux où les communes » pourraient être dans l'usage de s'approprier » les arbres épars sur les fonds des propriétaires » particuliers, ces derniers auront la libre dis- » position desdits arbres.

Enfin, la loi du 9 ventose an XIII contient la disposition suivante :

« Art. 7. A l'avenir nul ne pourra planter sur » le bord des chemins vicinaux, même dans sa » propriété, sans leur conserver la largeur qui » leur aura été fixée en exécution de l'article » précédent. »

Ainsi, si l'administration avait arrêté d'élargir le chemin et qu'elle attendit pour exécuter ce projet la démolition des maisons qui le bordent, il est manifeste que les propriétaires de ces maisons ne pourraient, après les avoir détruites, planter sur le même emplacement des arbres, quelque fût leur essence, sans conserver la largeur fixée par l'autorité.

170. La loi du 9 ventose an XIII ne s'explique pas sur la propriété des arbres plantés sur les chemins vicinaux; d'où il suit qu'elle ne change rien à la législation antérieure qui se compose des

lois des 15 août 1790 et 28 août 1792 et des dispositions du code civil. Les 2 premières lois ne s'appliquent qu'aux plantations existantes lors de leur promulgation; pour celles qui ont été faites postérieurement, il faut suivre le code civil qui n'est que la réproduction des anciens principes. Et par conséquent, les communes étant propriétaires des chemins vicinaux et des places et rues des villages, bourgs ou villes, sont aussi réputées de plein droit propriétaires des arbres qui s'y trouvent, aux termes de l'article 553 sauf toutefois la preuve contraire qui peut même être faite par témoins, attendu qu'il s'agit d'un fait, ce qui rend inapplicable l'article 1341 du même code.

171. La loi du 9 ventose ne décide pas non plus à qui de la commune ou des particuliers riverains appartient la plantation des chemins vicinaux. Le code civil ne conférant ce droit qu'au propriétaire du terrain, il semble qu'il doive appartenir aux communes puisqu'elles sont propriétaires des chemins vicinaux. D'un autre côté, il peut arriver fréquemment qu'une commune, à défaut de ressources suffisantes ou par tout autre motif, n'effectue pas la plantation qui cependant sera jugée utile aux habitants, aux riverains et même aux voyageurs auxquels elle procurera du frais pendant l'été. C'est probablement par ce motif que la loi du 9 ventose an XIII suppose que

les riverains pourront faire les plantations, puisqu'elle contient une disposition qui, lorsqu'ils plantent *même* sur leur propre terrain, les oblige à conserver au chemin la largeur qui a été fixée.

Les communes et les riverains peuvent donc également effectuer les plantations; mais cette proposition ne résout pas la difficulté, car il peut y avoir prétention de la part des uns ou des autres de la faire exclusivement dans telle circonstance ou dans telle autre.

Le conseil d'Etat a, dans ce cas, adopté un parti très-sage; comme la loi du 9 ventose an XIII porte dans son dernier article que les poursuites pour contravention à ladite loi, doivent être jugées par le conseil de préfecture, il a décidé que le débat dont nous avons parlé serait soumis à ce conseil, et que ce serait à lui de prononcer qui de la commune ou du riverain devrait avoir la préférence. (Voyez arrêt du conseil du 19 mars 1820, aux archives, n.° 3687.)

Nous examinerons ailleurs s'il est besoin d'obtenir un alignement ou permission préalable pour effectuer une plantation le long des chemins vicinaux.

172. Quant à l'élagage des arbres, il peut avoir lieu par celui qui en est le propriétaire, sans autorisation, le décret du 16 décembre 1811 n'étant applicable qu'aux plantations faites sur les grandes routes.

173. Le propriétaire peut aussi les abattre sans la permission de l'administration des ponts-et-chaussées. Il est seulement obligé, avant de commencer l'abattage, d'en donner avis à l'administration des eaux et forêts, aux termes de la loi du 9 floréal an XI, et du décret du 15 avril 1811.

CHAPITRE V.

Des fossés qui bordent les Chemins.

174. Nous n'avons que très-peu de chose à dire sur cet objet.

175. Aucune loi ancienne ou nouvelle n'assujettit les riverains ou les communes à faire creuser des fossés le long des chemins vicinaux pour les séparer des héritages voisins. Cependant il peut arriver que les uns et les autres aient intérêt à l'établissement des fossés, lorsque la largeur de la route le permet, soit pour éviter les contestations sur les limites respectives, soit pour servir d'écoulement aux eaux.

176. L'établissement des fossés est tellement

facultatif, que la commune ne pourrait forcer les riverains à en creuser un à frais communs, et *vice versâ*. Le code civil ne rend la clôture obligatoire que dans les villes et faubourgs; mais alors ce n'est pas par un fossé, c'est par un mur qu'elle doit être établie.

Pour que le fossé soit fait à frais communs, il faut donc qu'il y ait concours de volontés de la part de la commune et des riverains. A défaut de ce concours, les communes ou les riverains ont sans contredit la faculté de faire faire les fossés, pourvu qu'ils ne commettent aucune anticipation, mais alors les frais en doivent être exclusivement supportés par ceux qui les font établir.

177. Lorsque la construction du fossé est récente, il est ordinairement très-facile d'en prouver la propriété par le témoignage des ouvriers qu'on y a employés, et par les quittances qu'on a dû exiger d'eux, en leur payant le prix de leurs travaux.

Mais il arrive assez communément que l'ancienneté des fossés ne laisse pas la ressource de ce mode de preuve, et qu'il faut alors recourir à d'autres éléments.

Dans ce cas, le code civil qui n'a fait que reproduire les anciens principes, est la seule règle qu'il faille observer.

L'art. 666 est ainsi conçu :

« Tous fossés entre deux héritages *sont pré-* » *sumés* mitoyens, s'il n'y a titre ou marque du » contraire. »

Les fossés régnant entre les chemins vicinaux et les héritages riverains, seront donc de plein droit mitoyens entre ceux-ci et les communes, à moins qu'il ne soit prouvé qu'ils sont pour les uns ou les autres une propriété exclusive, et cette preuve peut résulter ou d'un titre ou d'une marque.

Il y a marque de non mitoyenneté, lorsque la levée ou le rejet de la terre se trouve d'un côté seulement du fossé. Le fossé est alors *censé* appartenir exclusivement à celui du côté duquel le rejet se trouve. Tel est le vœu des art. 667 et 668 du même code.

On pourrait croire, à la première vue, que les articles précités limitent à la marque ou au titre le mode de preuve de la propriété exclusive des fossés, et ce qui pourrait fortifier cette opinion, c'est que l'art. 670 du même code exprime formellement pour la haie qu'elle est mitoyenne, s'il n'y a titre ou *possession* contraire; d'où l'on pourrait conclure que le législateur, en s'exprimant si différemment dans deux dispositions qui se suivent, a voulu exclure pour les fossés la preuve de la propriété qui ne serait fondée que sur la possession.

Mais ce raisonnement n'est que spécieux, ainsi que nous l'avons démontré dans notre Régime des Eaux, pag. 178 et 179 où nous renvoyons le lecteur.

Aux raisons que nous avons fait valoir pour prouver que la propriété exclusive d'un fossé pouvait s'établir par une possession capable de constituer la prescription, nous ajouterons qu'il a été si peu dans l'intention du législateur de restreindre le mode de preuve aux deux seuls cas indiqués, qu'alors même qu'il n'existe ni titre ni marque de non mitoyenneté, les fossés ne sont encore que *présumés* mitoyens; que dans le cas où le rejet de la terre se trouve d'un côté seulement, le fossé n'est que *censé* appartenir exclusivement à celui du côté duquel se trouve le rejet; d'où il suit que le législateur n'a consacré qu'une présomption simple qui doit céder à la preuve d'une longue possession, et qu'aussi c'est par une conséquence de ces principes que l'art. 3 du code de procédure civile range dans la classe des actions possessoires, celles qui sont relatives aux usurpations de fossés.

178. Nous ferons observer, en terminant ce chapitre, que le fossé doit être entretenu et curé par celui dont il est la propriété exclusive, et par conséquent à frais communs, s'il est mitoyen. (Art. 669 du code civil.)

CHAPITRE VI.

De la largeur des Chemins.

179. Ce que nous avons à dire dans ce chapitre se réduira encore à des observations très-courtes.

180. Il est inutile de remonter à l'ancienne jurisprudence, dont les principes sur la largeur des chemins vicinaux étaient fort incertains, puisque la loi du 9 ventose an XIII, art. 7, contient à cet égard de nouvelles règles.

Toutefois, il faut observer que cette loi ne détermine pas la largeur des chemins vicinaux, d'une manière uniforme et absolue.

Elle donne à l'autorité administrative, c'est-à-dire aux préfets, le pouvoir de fixer, *suivant les localités*, la largeur des chemins, en interdisant néanmoins de la porter au-delà de 6 mètres (18 pieds), lorsqu'il sera nécessaire de l'augmenter, et de faire aucun changement aux chemins qui excèdent cette largeur.

Il était nécessaire que le législateur déterminât

d'une manière invariable, le *maximum* de la largeur des chemins, puisque les préfets peuvent l'augmenter aux dépens de la propriété particulière, et qu'il leur eût été facile d'abuser de ce pouvoir discrétionnaire.

D'un autre côté, il était impossible de fixer la même largeur pour tous les chemins, puisqu'elle doit varier en raison de leur utilité, des besoins de la commune et des localités.

Il peut arriver en effet qu'un simple sentier de 2 pieds et demi de largeur, destiné au passage des hommes, soit suffisant pour le service public, comme par exemple pour accéder à une fontaine.

Il peut arriver aussi qu'il soit nécessaire de porter cette largeur à 10, à 15 ou 18 pieds, ce qui dépend du besoin des localités, dont l'appréciation est entièrement abandonnée à la sagesse de l'administration.

181. Les principes que nous venons d'exposer nous conduisent à l'examen d'une question importante qui peut se présenter fréquemment.

La loi du 9 ventôse an XIII dispose qu'il ne pourra être apporté aucun changement aux chemins vicinaux qui excèdent la largeur de 6 mètres qu'elle a fixée. Résulte-t-il de là que l'administration ne puisse pas, sur la demande des communes, réduire la largeur des chemins à 18 pieds, ou même au-dessous, pour rendre l'excédant à l'agriculture ? Interpréter la loi dans un sens prohibitif, ce serait, ce nous semble, contrarier l'intention du législateur.

Ne peut-il pas arriver en effet, qu'un chemin excède la largeur nécessaire; que cet excédant soit complètement inutile à la commune, et ne fasse qu'augmenter ses charges, puisqu'elle est obligée de l'entretenir comme le surplus; que d'un autre côté elle tirerait un prix avantageux de la cession de ce terrein aux riverains qui s'empresseraient de l'acheter à cause de la convenance? Dans de telles circonstances, n'est-il pas raisonnable d'admettre que l'administration pourra autoriser la réduction du chemin et la vente de la portion de terrain qui en aura été retranchée?

Une raison, sans réplique pour l'affirmative, nous paraît résulter de la loi du 23 messidor an V, (11 juillet 1795) portant que les administrations de département sont tenues de faire dresser un état général des chemins vicinaux de leurs arrondissements respectifs, *de quelque espèce qu'ils puissent être, de constater l'utilité de chacun, de prononcer la suppression de ceux reconnus inutiles, et d'en restituer l'emplacement à l'agriculture.*

Or, qui peut le plus, peut le moins. S'il appartient à l'administration de juger de l'utilité des chemins et de supprimer en totalité ceux qui sont superflus, elle peut, à plus forte raison, déclarer qu'une partie en est inutile, et comme telle susceptible d'être rendue à l'agriculture.

182. Ce que nous avons dit dans ce chapitre relativement aux chemins vicinaux, est sans application aux rues et places des villes qui sont soumises à des règles différentes. Aucune loi ne fixe ni ne détermine la largeur qu'elles doivent avoir. Il n'appartient point au préfet d'en ordonner l'ouverture, ni d'en régler la largeur, comme pour les chemins vicinaux. Il résulte de différentes dispositions de la loi du 16 septembre 1807, que ce pouvoir est conféré au Gouvernement, soumis à l'observation de plusieurs formalités prescrites par cette même loi, et qu'il n'y a d'autres limites à son exercice que les besoins de l'utilité publique, dont le Gouvernement est le juge souverain. Les rues et les places peuvent donc avoir la largeur commandée par cette utilité qui doit varier à l'infini, ainsi que cette largeur elle-même. Voyez les articles 30, 52, 51 et 52 de ladite loi. Voyez aussi la loi du 8 mars 1810.

183. Il existe seulement une déclaration du 10 avril 1783, qui fixe le *minimum* de la largeur des rues de Paris et des faubourgs, en ces termes : « Il ne peut être, sous quelque prétexte que ce soit,

» ouvert et formé en la ville et faubourg de Paris, » aucune rue nouvelle, qu'en vertu de lettres-» patentes que nous aurons accordées à cet effet; » lesdites rues nouvelles ne pourront avoir moins » de 30 pieds de largeur; et toutes rues nouvelles » qui auront moins de 30 pieds, seront élargies » successivement au fur et à mesure des recons-» tructions des maisons et bâtiments situés sur » lesdites rues. »

CHAPITRE VII.

De l'entretien des Chemins.

184. L'art. 2, section 6, titre Ier. de la loi du 6 octobre 1791, porte que les chemins vicinaux seront rendus praticables et entretenus aux frais des communes, sur le territoire desquels ils seront établis.

C'est par une conséquence de cette obligation, que l'art. 41 du titre 2 porte que tout voyageur qui déclora un champ pour se faire un passage dans sa route, paiera le dommage fait au propriétaire, et de plus, une amende de la valeur de trois journées de travail, à moins que le juge-de-paix du canton ne décide que le chemin public était impraticable; et alors les dommages et les frais de clôture seront à la charge de la commune.

Il est juste en effet que les communes soient seules passibles des dommages et des frais causés par le fait du voyageur; car si elles eussent exécuté les obligations qui leur sont imposées d'entretenir le chemin en état de viabilité, le voyageur n'aurait pas été forcé de se frayer un passage sur les terres riveraines.

La loi du 16 frimaire an II (6 décembre 1793) relative aux ponts-et-chaussées, porte que les réparations des chemins vicinaux continueront d'être aux frais des administrés, sauf les cas où ils deviendraient nécessaires au service public.

La loi du 11 frimaire an VII, met à la charge des revenus municipaux l'entretien des chemins vicinaux.

Celle du 28 pluviose an VIII porte que le conseil municipal règle la répartition des travaux nécessaires à l'entretien et aux réparations des propriétés qui sont à la charge des habitants.

Enfin, l'arrêté du Gouvernement du 4 thermidor an X (23 juillet 1802, bulletin 203) porte que les conseils municipaux émettront leur vœu sur le mode qu'ils jugeront le plus convenable pour parvenir à la réparation des chemins vicinaux, et qu'ils proposeront, à cet effet, l'organisation qui leur paraîtrait devoir être préférée pour *la prestation en nature.*

De la combinaison de ces différentes lois, il résulte manifestement que tout en mettant à la charge des communes les réparations des chemins qui sont sur leur territoire, la dernière a cependant changé la manière d'y pourvoir, et que ce n'est plus à l'aide d'une imposition au marc le franc de la contribution foncière que ces réparations doivent être faites.

185. La loi du 11 frimaire an VII, avait mis, comme nous l'avons vu, à la charge des *revenus municipaux*, l'entretien des chemins vicinaux; mais ces revenus communs ne pouvant faire face à cette dépense et à celles courantes, il a fallu demander aux communes qu'elles fissent entretenir leurs chemins par la voie de la prestation en nature; et ce système est devenu général; il s'exécute, aux termes de l'arrêté du 4 thermidor an X, lorsque les revenus municipaux sont insuffisants, selon les principes et le mode indiqués dans l'instruction du ministre de l'intérieur du 7 prairial an XIII, dont nous ne pouvons faire mieux que de transcrire les termes :

« Quant au mode d'entretien, il a déjà été réglé » qu'on emploierait la prestation en nature; mais » on n'a pas déterminé quels seraient les habitans

» qui devraient concourir à cette charge; et, » dans quelques départements, on n'exige la » prestation en nature que de la part des pro- » priétaires fonciers, tandis que dans d'autres, on » y assujettit tous les habitants indistinctement, » et que d'autres préfets établissent des excep- » tions fondées sur la cote des contributions.

» En attendant que le Gouvernement ait jugé à » propos de faire un règlement d'administration » générale sur cet objet, il convient, pour évi- » ter l'arbitraire, d'adopter une base commune » qui établisse une sorte d'égalité proportion- » nelle que réclame la justice. Il est certain que » les chemins vicinaux sont utiles à tous les ha- » bitants, mais dans des proportions très-diffé- » rentes. C'est en raison de l'intérêt de chacun » que doivent être partagées, entre tous, les jour- » nées de travail nécessaires à la réparation des » chemins.

» On ne doit pas demander un travail gratuit » à celui qui est obligé de travailler journelle- » ment pour assurer sa subsistance et celle de sa » famille; il faut excepter ces habitants; et pour » y parvenir généralement, il conviendra de ne » point assujettir à la prestation ceux dont toutes » les contributions directes ne s'élèvent pas au- » dessus de trois ou quatre journées de travail.

» Vous avez dû remarquer, Monsieur, que les

» lois sur la matière ne donnent aucun moyen » de pourvoir au paiement des ouvrages d'art » dans les communes auxquelles il ne reste au- » cuns fonds disponibles : beaucoup de chemins » vicinaux exigent cependant des dépenses de » cette nature ; pour y subvenir, il sera néces- » saire d'évaluer le montant de cette dépense en » journées de travail en nature : à cet effet, le » conseil municipal devra fixer en même temps » le prix pécuniaire de la journée de travail, afin » de mettre les habitants à portée de choisir le » mode de prestation qui leur sera le plus con- » venable ; les ouvrages d'art ne pouvant être » exécutés par celui de la prestation en nature, » on réservera le fonds provenant de la presta- » tion pécuniaire volontaire, pour le paiement » des ouvriers spécialement chargés de la con- » fection de ces ouvrages. Si ce fonds paraît de- » voir être insuffisant, le maire devra engager » les contribuables les plus aisés, à fournir un » plus grand nombre de journées en numéraire. »

186. Quant aux rues et places publiques de l'intérieur des villages, bourgs ou villes, la loi du 11 frimaire an VII, distingue celles qui sont la prolongation des grandes routes, de celles qui ne le sont pas.

Celles de la première espèce sont à la charge de l'administration des ponts-et-chaussées, et il en devait être ainsi, puisqu'elles font partie des grandes routes que l'Etat est chargé d'entretenir.

Celles de la dernière espèce sont à la charge des communes. Les dépenses qu'occasionnent l'établissement et entretien de ces rues et places sont exécutées à l'aide de la prestation en nature, lorsqu'elles ne sont pas pavées.

Mais il en est différemment lorsque les rues et places publiques sont pavées ou destinées à l'être.

Comme avant la révolution, l'usage assez généralement suivi, était de mettre à la charge des propriétaires riverains les frais de premier établissement et d'entretien du pavé, on a élevé la question de savoir si la loi du 11 frimaire an VII, avait entendu abolir cet usage et mettre cette dépense à la charge des revenus communaux. Cette question a été soumise par le ministre de l'intérieur au conseil d'Etat, qui, le 25 mars 1807, a été d'avis que la loi du 11 frimaire an VII, en distinguant la partie du pavé des villes « à la » charge de l'État, de celle à la charge des villes, » n'a point entendu régler de quelle manière » cette dépense serait acquittée dans chaque » ville, et qu'on doit continuer de suivre à ce » sujet l'usage établi pour chaque localité, jus- » qu'à ce qu'il ait été statué par un règlement » général, sur cette partie de la police publique.

» En conséquence que, dans les villes où les » revenus ordinaires ne suffisent pas à l'établis- » ment, restauration ou entretien du pavé, les » préfets peuvent en autoriser la dépense à la » charge des propriétaires, ainsi qu'il s'est pra- » tiqué avant la loi du 1.er décembre 1798 (11 fri- » maire an VII.»)

Il résulte de cet avis que les revenus ordinaires des communes doivent être épuisés pour que le préfet puisse autoriser à la charge des propriétaires la dépense nécessaire pour l'établissement, la restauration ou l'entretien du pavé.

187. Nous devons en outre faire remarquer que l'avis du conseil d'Etat ci-devant daté, porte : « dans les villes, au-dessus de dix mille » âmes, les travaux et dépenses nécessaires à » l'entretien et au pavage des rues seront déter- » minés par des règlements d'administration pu- » blique.

» Quant aux dépenses relatives à la confection » et réparation des rues dans les petites commu- » nes, le préfet est habile à les autoriser.

188. Quoiqu'il paraisse plus régulier de faire délibérer le conseil municipal sur la nécessité d'une opération d'établissement ou de réparation de pavage dans les petites communes, avant que le préfet puisse l'ordonner aux frais des proprié-

taires, il n'est pas douteux que la décision du préfet à cet égard est valable, quoiqu'elle n'ait été prise que sur l'avis du maire ; c'est ce qu'a décidé le conseil d'Etat, le 17 mai 1813.

Le maire de la commune d'Arguelles avait fait procéder aux réparations du pavage d'une rue communale. Sur le refus des habitants de payer la dépense, il s'est adressé à M. le préfet, qui, par son arrêté du 18 janvier 1808, a rendu exécutoire le rôle de répartition réglé par le maire.

Les habitants de la commune ont réclamé contre cet arrêté ; ils ont dit que le maire avait fait faire les réparations sans consulter le conseil municipal de la commune ; qu'il avait lui-même rédigé le rôle de répartition, pour en faire percevoir le montant sur les habitants, tandis que les réparations avaient été faites dans le seul intérêt du maire.

La commission du contentieux a considéré que l'arrêté du préfet était relatif au pavage et à l'entretien d'une rue communale ; qu'il avait prononcé dans les limites de sa compétence, et que si les habitants de la commune avaient des réclamations à faire contre son arrêté, c'était par-devant le ministre de l'intérieur qu'ils devaient se pourvoir. Elle a, en conséquence, rejeté la requête.

189. Il existe pour Paris un arrêt du conseil du 30 décembre 1785, qui établit la règle que les

propriétaires de maisons sont assujettis au paiement du premier établissement du pavé en face de leurs héritages.

Deux arrêtés du conseil de préfecture du département de la Seine en date des 26 avril et 11 octobre 1813, ordonnent que le pavé de la partie de la rue de Malte, confrontant les propriétés des sieurs Harpé et Bouvret sera établi à leurs frais par l'entreprise du pavage de la ville de Paris, et fixe le montant de leur dette pour cette entreprise.

Ces deux particuliers s'étant pourvus au conseil d'Etat, il y intervint, le 18 avril 1816, une ordonnance ainsi conçue :

« Considérant que l'arrêt du conseil du 30 décembre 1785 et l'usage pratiqué dans Paris, assujettissent les propriétaires de maisons et terrains au premier établissement du pavé en face de leurs héritages, et que d'ailleurs, il résulte des actes de vente faits aux sieurs Harpé et Bouvret qu'ils se sont soumis à toutes les charges de ville et de police ;

» La requête des sieurs Harpé et Bouvret est rejetée. »

190. Le conseil d'Etat a encore décidé, par arrêt du 18 mars 1813, que les propriétaires d'une rue nouvellement percée à Paris, et qui ont fait le premier pavé, sont en outre tenus de payer les

frais qu'occasionne le premier relevé à bout du pavé de cette rue, à moins que l'administration, soit par des tranchées ou tous autres travaux, n'ait détérioré le pavage et changé l'état du pavé, auquel cas les riverains sont déchargés du relevé à bout des parties de la rue où ces travaux auraient eu lieu.

Les propriétaires riverains de la rue de la Paix, après avoir fait les frais de premier pavage de cette rue, furent encore assujettis, par arrêté de M. le préfet de la Seine, à faire relever à bout ledit pavé.

Ces propriétaires ayant réclamé contre cet arrêté, l'affaire fut portée au conseil de préfecture, qui le confirma. Ils s'adressèrent alors au conseil d'Etat, qui prononça en ces termes :

« Considérant que depuis que la rue de la Paix » a été pavée à neuf, et avant qu'il fût nécessaire de procéder à son relevé à bout, l'administration a fait ouvrir, dans toute la longueur » de ladite rue, une tranchée pour y constuire » un aqueduc destiné à conduire les eaux du canal de l'Ourcq, et qu'en conséquence les choses » ne sont pas entières.

» L'arrêté du conseil du département de la » Seine, du 30 janvier 1811, est modifié ainsi » qu'il suit : les propriétaires riverains de la rue » de la Paix sont dispensés des frais qu'occa-

» sionnera le relevé à bout du pavé de ladite » rue, à la réserve toutefois du relevé à bout des » trottoirs et des bas côtés jusqu'aux ruisseaux » latéraux. »

191. Nous ferons observer, en terminant ce chapitre, que la prestation en nature diffère essentiellement de la corvée, parce qu'elle pèse sur les riches comme sur les pauvres à proportion de leurs facultés.

CHAPITRE VIII.

De la police des chemins vicinaux, rues et places publiques.

192. La police des chemins vicinaux, rues et places publiques, qui appartenait autrefois aux seigneurs haut-justiciers, a été conférée par la nouvelle législation aux maires des communes dans le territoire desquels ils sont situés, sous la surveillance des préfets et sous-préfets.

La loi du 14 décembre 1789 article 50, porte : « Les fonctions propres au pouvoir municipal, » sous la surveillance et l'inspection des préfets » et sous-préfets, sont :

« De faire jouir les habitants des avantages » d'une bonne police, notamment de la pro» preté, de la salubrité, de la sûreté et de la » tranquillité dans les rues, lieux et édifices » publics ;

» De diriger et de faire exécuter les travaux » publics qui sont à la charge de la commune » et réglés par le conseil municipal. »

Mais, d'après la loi du 28 pluviose an VIII (17 février 1800) et l'arrêté du 2 pluviose an IX (2 janvier 1801), le maire est chargé seul de l'administration de la commune ; il a la faculté de déléguer à ses adjoints une partie de ses fonctions.

Cette faculté résultait déjà de l'article 3 de la loi du 21 fructidor an III (7 septembre 1795) : « Les adjoints peuvent, sur l'invitation du maire, » concourir avec lui dans tous les actes de police » qui intéressent particulièrement la commune ; » et un arrêt du conseil du 6 décembre 1820 a jugé que les adjoints aux maires, étant institués par les lois officiers de police judiciaire, ont qualité pour constater une contravention commise sur un chemin vicinal.

La loi du 24 août 1790, titre 11, article 3, porte : « Les objets de police confiés à la vigi» lance et à l'autorité des corps municipaux, » sont :

« 1.° Tout ce qui intéresse la sûreté et la » commodité du passage dans les rues, quais, » places et voies publiques, ce qui comprend le » nettoiement, l'illumination, l'enlèvement des » encombrements, la démolition ou la réparation » des bâtiments menaçant ruine, l'interdiction » de rien exposer aux fenêtres ou autres parties » des bâtiments qui puisse nuire par sa chûte, » et celle de ne rien jeter qui puisse blesser ou » endommager les passants, ou causer des exha- » laisons nuisibles; 2.° le maintien du bon ordre » dans les lieux publics. »

Mais les lois de 89 et 90, en attribuant aux municipalités la police des rues et voies publiques, ne leur donnaient pas le moyen de la maintenir, puisqu'elles ne s'expliquaient ni sur le sort des anciens règlements ni sur la faculté d'en faire de nouveaux; cette lacune a été remplie par la loi du 22 juillet 1791, sur l'organisation d'une police municipale et correctionnelle dont l'article 29 est ainsi conçu :

« Sont confirmés provisoirement les règle- » ments qui subsistent touchant la voirie, ainsi » que ceux actuellement existant à l'égard de la » construction des bâtiments et relatifs à leur » solidité et sûreté, sans que de la présente dis- » position il puisse résulter la conservation des

» attributions ci-devant faites sur cet objet à des » tribunaux particuliers. »

Enfin, l'article 46 s'exprime en ces termes :

« Aucun tribunal de police municipale ni aucun corps municipal ne pourra faire de règlement : le corps municipal néanmoins pourra, » sous le nom et l'intitulé de *délibération*, et » sauf la réformation, s'il y a lieu, par l'administration du département sur l'avis du district, faire des *arrêtés* sur les objets qui suivent :

« 1.° Lorsqu'il s'agira d'ordonner les précautions locales sur les objets confiés à sa vigilance et à son autorité, par les articles 3 et 4 » du titre 11 du décret sur l'organisation judiciaire;

» 2.° De publier de nouveau les lois et règlements de police, ou de rappeler les citoyens à » leur observation. »

193. Puisque les corps municipaux (aujourd'hui les maires) doivent faire jouir les habitants de la sûreté, de la commodité, de la salubrité, de la propreté dans les rues, lieux et voies publics; que les anciens règlements sur cet objet sont maintenus, et que lorsqu'ils sont insuffisants, les maires peuvent en faire d'autres, sauf la réformation du préfet sur l'avis du sous-préfet; il est important de rechercher ces anciens règle-

ments et de détailler les différents objets auxquels ils s'appliquent.

194. Un édit du mois de décembre 1607 défend de faire aucune construction *dans la ville et faubourgs de Paris et dans les autres villes du royaume*, sans avoir obtenu un alignement préalable.

Cet édit est ainsi conçu : « Nous défendons à » tous nosdits sujets de la ville, faubourg, pré» voté et vicomté de Paris et *autres villes de* » *notre royaume*, de faire aucun édifice, pan de » mur, jambes estrières, encoignures, caves ni » caval, forme ronde en saillie, siéges, barrières, » contre-fenêtre, huis de cave, bornes, pas, » marches, siéges, montoirs à cheval, auvents, » enseignes, établis, cages de menuiserie, chas» sis à verre et autres avancés sur la voirie, sans » le congé et alignement de notre grand voyer; » et après la perfection d'iceux, seront tenus les» dits particuliers d'en avertir ledit grand voyer, » afin qu'il récolle lesdits alignements et recon» naisse si lesdits ouvriers auront travaillé suivant » iceux; et où il se trouverait qu'ils auraient con» trevenu auxdits alignements, seront lesdits » particuliers assignés par-devant le prévôt de » Paris ou son lieutenant, pour voir ordonner » que la besogne mal plantée sera abattue, et » condamnés à telle amende que de raison. »

Une déclaration du roi du 16 juin 1693 contient encore sur les alignements les dispositions suivantes :

« Voulons que conformément aux édits, arrêts et règlements de la voirie et de l'édit du mois de mars dernier, tous les alignements soient donnés par nosdits trésoriers de France, dont les opérations seront faites par nosdits commissaires-généraux de la voirie, pour lesquels nous leur avons attribué pour alignements de chacune maison, sans que, pour une jambe estrière commune entre deux maisons, ils puissent prendre ni percevoir qu'un seul droit d'alignement, à peine de concussion, la somme de 6 fr. ;

» Faisons défenses à tous particuliers, maçons et ouvriers de faire démolir, construire ou réédifier aucuns édifices ou bâtiments, élever aucuns pans de bois, balcons ou auvents ceintrés, établir travail de maréchaux, poser pieux ou barrières, étais ou étrésillon sans avoir pris les alignements et permissions nécessaires de nosdits trésoriers de France, à peine contre les contrevenants de 20 fr. d'amende. »

La même déclaration contient le tarif des droits qu'on est obligé de payer pour obtenir les alignements nécessaires.

Un édit du mois de novembre 1697 et un arrêt

du conseil du 6 octobre 1733, revêtu de lettres-patentes du 22 du même mois, enregistrées le 11 mai 1735, contiennent d'autres tarifs.

Enfin un décret du 27 octobre 1807 établit un nouveau tarif des droits de voirie pour la ville de Paris.

195. C'est maintenant aux maires des villes qu'il appartient de délivrer les alignements exigés par ces anciennes ordonnances.

L'art. 52 de la loi du 16 septembre 1807 est là-dessus très-formel.

« Dans les villes, les alignements pour l'ou-
» verture des nouvelles rues, pour l'élargisse-
» ment des anciennes qui ne font point partie
» d'une grande route, ou pour tout autre objet
» d'utilité publique, seront donnés par les maires,
» conformément au plan dont les projets auront
» été adressés aux préfets, transmis avec leur
» avis au ministre de l'intérieur et arrêtés en
» conseil d'État. »

Le pouvoir conféré au maire, par cette loi de délivrer les alignements dans les villes, a été encore confirmé par un décret du 27 juillet 1808.

196. Toutes ces dispositions ne parlent que des villes et ne font aucune mention des chemins vicinaux ni des rues et places de l'intérieur des communes rurales, des villages ou des bourgs.

Il n'existe aucune disposition législative ou réglementaire qui assujettisse les riverains de ces chemins, de ces rues ou places, à se munir d'un alignement et à payer des droits de voirie avant d'y faire des constructions ou établissements.

Le motif de cette différence est probablement que la régularité des constructions, et par suite la commodité du passage, la salubrité et la décoration ont moins d'importance dans les communes rurales que dans les villes.

Cependant nous devons avouer qu'il existe deux décisions du conseil d'Etat, qui semblent contraires à ces observations, et qui paraissent avoir étendu les dispositions de l'ordonnance de 1607 et de l'édit de 1693 aux chemins vicinaux et aux rues et places des villages ou bourgs. Le premier est du 3 juin 1818 et a été rendu dans l'espèce suivante :

Le sieur Coudray faisait faire une construction sur le bord du chemin vicinal qui conduit de Saint-Quentin à la commune de Genillé.

Le maire de Genillé, sous prétexte que Coudray avait usurpé une portion du chemin, le somma de démolir la partie de l'ouvrage commencé qui nuisait à l'alignement dudit chemin.

Coudray s'y refusa, soutenant que sa construction ne portait aucune atteinte à l'alignement du chemin, qui, en cet endroit, était assez large et que d'ailleurs le terrain sur lequel il bâtissait était sa propriété. Le préfet du département d'Indre et Loire rendit le 11 avril 1817 un arrêté portant que les constructions du sieur Coudray sur le chemin vicinal seraient démolies, comme portant atteinte à l'alignement.

Pourvoi au conseil d'Etat et arrêt qui le rejète par les motifs suivants :

« Considérant qu'aux termes des règlements sur la voirie urbaine, c'est aux maires qu'il appartient de donner et de faire exécuter les alignements dans les rues des villes, bourgs et villages qui ne sont pas routes royales ou départementales, sauf tout recours devant les préfets ; »

« Considérant que nonobstant les 5 procès-verbaux de défense signifiés par le garde-champêtre, le sieur Coudray a continué et terminé les constructions par lui commencées le long de la voie publique, dans la commune de Genillé et *qu'il n'a pas justifié de l'alignement qu'il dit avoir obtenu.* »

On a bien remarqué que dans cette espèce il s'agissait d'un chemin vicinal et que cependant, le conseil d'Etat a motivé sa décision, comme s'il se fut agi de rue d'une ville, d'un bourg ou d'un village. Il a d'ailleurs jugé deux points importants, 1.° que les rues des bourgs ou villages sont assujetties au même régime que les rues des villes;

2.° Qu'il en est de même des chemins vicinaux. Toute la différence, c'est que le 1.er point a été décidé formellement et qu'on n'en peut pas dire autant de l'autre. Il semble que le conseil d'Etat ait été embarrassé par la gravité de la question, et que tout en la décidant, il n'ait pas voulu le dire d'une manière claire et positive.

Le second arrêt du conseil en date du 18 novembre 1818 a été rendu dans l'espèce suivante :

Le général Andréossy avait fait placer dans le chemin qui conduit de Ris au bois d'Orengis, plusieurs bornes qui le rétrécissaient et interceptaient le passage des voitures.

Le maire donna l'ordre au régisseur des propriétés du général, de rendre au chemin sa largeur primitive, et de faire disparaître les grosses bornes qui obstruaient ce passage, sauf à en remettre d'autres de la grosseur prescrite par les règlements, et dont l'alignement sera donné par le voyer du lieu.

Cet ordre n'ayant pas été exécuté, le général fut traduit au conseil de préfecture, et condamné à supprimer les bornes et à 3 fr. d'amende.

Sur le pourvoi au conseil d'Etat, l'arrêté du conseil de préfecture a été annulé pour cause d'incompétence, les parties ont été remises en l'état où elles étaient placées par la décision du maire de Ris, du 16 novembre 1814, laquelle recevra son exécution provisoire dans le délai d'un mois à dater de la signification qui sera faite au général Andréossy de la présente ordonnance, passé lequel délai, il y sera pourvu d'office et à ses frais, par le maire.

On lit dans cette ordonnance les motifs suivants :

« Considérant que l'extrémité du chemin aboutit à la commune de Ris; qu'il est, en cette partie, bordé de murs et de maisons, et qu'il forme *une des rues du village* ;

» Considérant qu'aux termes des règlements de la voirie urbaine, c'est aux maires qu'il appartient de donner et de faire exécuter les alignements dans les rues des villes, bourgs ou villages qui ne sont pas routes royales ou départementales, sauf tout recours devant les préfets, et que les tribunaux sont seuls compétents pour statuer sur les amendes encourues en cas de contravention ;

» Considérant que le général Andréossy reconnaît avoir placé plusieurs bornes sur la voie publique, *sans autorisation*, *et sans préalablement avoir demandé l'alignement.* »

Cependant il faut le dire franchement, ces décisions ne sont qu'une fausse application des règlements qui ne concernent, comme nous l'avons dit, que l'alignement des rues et places des villes.

L'intérêt public exigerait peut-être que ces règlements fussent déclarés communs aux chemins vicinaux, ainsi qu'aux rues et places des bourgs ou villages; car il y a parité presque complète de raison pour les uns et les autres, et c'est probablement ce qui a entraîné le conseil d'Etat; mais toujours est-il vrai qu'il n'existe maintenant aucune disposition qui assujettisse les riverains des chemins vicinaux ou des rues à se munir d'un alignement préalable; que dès-lors, ceux qui construisent sans alignement préalable, ne sont passibles ni de démolition ni d'amende pour ce seul fait; que les peines prononcées contre eux sont purement arbitraires, et qu'ils ne peuvent être légalement poursuivis qu'autant que, par leurs constructions, ils ont anticipé sur la voie publique; tandis que dans le cas où l'alignement préalable est exigé, il y a lieu à l'application de la peine, par cela seul qu'il n'a pas été obtenu, et lors même qu'il n'aurait été commis aucune anticipation.

197. Du reste, je pense que bien que les particuliers qui veulent construire dans les bourgs et villages et sur les bords des chemins vicinaux, ne soient pas assujettis à demander et obtenir des alignements, la prudence doit les déterminer à remplir cette formalité; et alors ils doivent s'adresser aux maires, qui ont le pouvoir de prendre

des arrêtés touchant la petite voirie. Il peut y avoir des doutes sur les limites de leurs propriétés et du chemin, et lorsque le maire leur a donné l'alignement, ils sont presque sûrs, s'ils s'y sont conformés, de n'être pas poursuivis pour avoir anticipé ou empiété sur la voie publique et de n'être pas contraints de démolir leur construction, ou du moins ils ont droit à une indemnité, si après la construction, l'administration reconnaît qu'il y a erreur dans le premier alignement, et la rectifie. C'est ce qui a été décidé par le conseil d'Etat le 21 décembre 1818, dans l'espèce suivante.

Un sieur Hazet, avait obtenu du maire d'Elbeuf un alignement pour la reconstruction du mur de face de sa maison. Cet alignement avait été approuvé par le préfet.

Postérieurement on reconnut l'erreur de cet alignement, erreur d'autant plus facile à commettre que le plan général d'alignement de la ville n'était pas encore arrêté.

En conséquence, un nouvel alignement fut donné au sieur Hazet, confirmé par le préfet et par le ministre.

Sur l'appel au conseil d'Etat, il intervint une décision ainsi conçue :

« Considérant qu'il résulte de l'examen du plan d'une partie de la rue de la Bague, et de l'accord unanime des autorités administratives que le second alignement donné au sieur Hazet est préférable au premier ; que néanmoins ce propriétaire ne doit pas souffrir d'une erreur ou d'une précipitation qui ne provient pas de son fait, et qu'il y a lieu de l'indemniser des frais qu'il a faits pour se conformer aux premières décisions, « le sieur » Hazet sera tenu de se conformer au second ali» gnement qui lui a été donné, et il sera statué » comme en matière d'expropriation forcée pour » cause d'utilité publique, sur l'indemnité qui » pourra être due à ce propriétaire pour raison » de construction et de démolition des travaux » qu'il a fait exécuter en vertu des arrêtés pri» mitifs. »

198. Au surplus, il y aurait un moyen bien simple de sortir d'embarras et d'agir légalement, ce serait de faire prendre par les maires de toutes les communes rurales des arrêtés pour interdire toute construction sur les chemins, rues et places des bourgs ou villages sans s'être pourvus d'aliment. Le ministre de l'intérieur pourrait, ce nous semble, écrire une circulaire à cet effet pour y engager les maires qui s'empresseraient de s'y conformer.

Les maires ont le droit de prendre une pareille mesure; car si d'un côté les citoyens ne peuvent être assujettis à une servitude qu'en vertu d'une loi, d'un autre côté l'art. 650 du code civil les oblige à supporter celle qui leur est imposée par des règlements pour l'utilité publique et communale; or la loi du 24 août 1790 dit que les objets confiés aux soins des maires sont tout ce qui intéresse la sûreté, la commodité, la salubrité dans les rues, quais, places et voies publiques; et la loi du 22 juillet 1791, leur délègue le pouvoir de prendre des arrêtés lorsqu'il s'agit de prescrire les précautions locales sur les objets qui leur sont confiés par la loi d'août 1790.

Et bien certainement la construction des bâtiments intéresse la sûreté, la commodité et la salubrité; une rue sera plus ou moins saine, suivant qu'elle sera plus ou moins large, et que l'air y pourra circuler avec plus ou moins de liberté; c'est aussi de la largeur de la voie que dépendra et la sûreté et la commodité du passage. En prescrivant de ne faire aucune construction sans autorisation préalable, on a pour but d'éviter les empiétements qui, après la construction, pourraient être inaperçus ou difficiles à constater.

Nous devons d'ailleurs faire remarquer qu'à Paris, toutes les rues sont soumises à l'action et à la surveillance de la voirie administrative. La voirie y est divisée en grande et petite : la grande est exercée par le préfet du département.

Ses attributions en cette partie consistent à donner les permissions pour construire ou réparer sur la voie publique, à tracer les alignements, et surveiller les constructions tant à l'extérieur qu'à l'intérieur.

La petite voirie est attribuée au préfet de police, qui a le pouvoir de prononcer, sauf le recours au ministre de l'intérieur. Ce magistrat surveille permet ou défend l'ouverture des boutiques, étaux de boucherie et de charcuterie, l'établissement des auvents ou constructions du même genre qui avancent sur la voie publique, l'établissement des échoppes ou étalages mobiles. Il ordonne la démolition ou la réparation des bâtiments menaçant ruine, sans préjudice de l'autorisation de la grande voirie, pour le mode de la réparation, qu'elle refuse si la propriété est susceptible de retranchement quant à l'alignement.

Au préfet de police appartient encore l'attribution de procurer la liberté et la sûreté des rues.

199. Il existe une foule d'autres édits, déclarations, arrêts du conseil, règlements touchant la voirie. Notre intention n'est pas d'en rapporter les dispositions dans toute leur étendue, nous nous bornerons à indiquer les dates et l'objet des principaux.

200. Ordonnance de police, du 22 septembre 1600, relative à la fermeture des boutiques.

201. Décembre 1607, édit qui défend de faire aucunes saillies, avances et pans de bois aux bâtiments neufs, encorbellement en avance pour porter aucun mur, pan de bois ou autres choses en saillie et porter à faux sur les rues, etc.;

De creuser aucune cave sous les rues, de jeter dans les rues, eaux, ni ordures quelconques par les fenêtres, de jour ni de nuit.

202. Lettres-patentes du mois de septembre 1608, qui défendent à tous bouchers de jeter aucuns excréments de bêtes dans les rues, ni d'y faire écouler par l'égoût de leurs maisons, ou bien porter au ruisseau, sang de bœuf ou autres bêtes, eaux où ils aient lavé chair et tripailles.

203. 29 janvier 1672, ordonnance du lieutenant de police de Paris, qui prescrit différentes choses dans la construction des bâtiments, pour éviter les incendies.

Autres ordonnances de police des 11 avril 1698 et 16 février 1735, ayant le même objet.

204. Déclaration du 10 avril 1783, et lettres-patentes du 25 août 1784, qui fixent la hauteur des maisons de la ville et faubourgs de Paris, ainsi qu'il suit:

Art. 5. La hauteur des maisons et bâtiments de la ville et faubourgs de Paris, sera, lorsqu'elles seront faites en pan de bois, de 48 pieds seulement (15 mètres 60 c.), dans les rues de 30 pieds (9 mètres 72 c.), y compris les mansardes, attiques, toîts et autres constructions quelconques, au-dessus de l'entablement.

« La hauteur des façades des maisons de la ville et faubourgs de Paris, autres que celle des édifices publics, est fixée à raison de la largeur des rues, savoir : dans les rues de 30 pieds (9 mètres 72 c.), de largeur et au-dessus, à 54 pieds (17 mètres 60 c.); dans celles de 24, (7 mètres 76 c.), jusques et y compris 29 pieds de largeur à 45 pieds (14 mètres 60 c.), et dans toutes celles au-dessous de 24 pieds de largeur, à 35 pieds (11 mètres 70 c.), depuis le pavé, jusques et compris les corniches, ou entablements, même les corniches d'attiques, ainsi que la hauteur des étages et mansardes, qui tiendraient lieu desdites attiques.

» Lesdites façades ne peuvent jamais être surmontées que d'un comble de 10 pieds d'élévation (3 mètres 24 c.) de dessus des corniches et entablements jusqu'à son faîte, pour les corps-de-logis simples, en profondeur; de 15 pieds (4 mètres 96 c.) pour les corps-de-logis doubles. »

205. Ordonnance du bureau des finances de Paris, du 18 août 1667, règlements des 29 octobre 1685, 1er. juillet 1712, 28 avril 1719, 13 octobre 1724, qui prescrivent les conditions à remplir pour la solidité des constructions.

206. Ordonnance des trésoriers de France, du 1.er février 1776, et lettres-patentes de mai 1784, portant interdiction d'établir dans les rues aucunes échoppes fixes, mais seulement des échoppes mobiles, qui puissent être placées le matin et enlevées le soir, à peine d'amende et de confiscation des matériaux et marchandises.

207. Nous devons rapporter ici le texte d'un décret du 11 janvier 1808, relatif aux constructions autour de Paris.

Art. 1. Les déclarations et règlements touchant les constructions autour de notre bonne ville de Paris, et hors l'enceinte de sa clôture, seront éxécutés.

En conséquence nul ne pourra y faire aucune construction sans avoir demandé et obtenu la permission, et reçu un alignement, comme il est réglé pour les cas de grande voirie.

2. Les permissions ne pourront, conformément à l'ordonnance du bureau des finances, du 16 janvier 1789, autoriser à bâtir, à moins de 50 toises (98 mètres environ) de distance du mur de clôture de notre bonne ville.

3. Il y a lieu à autoriser la ville de Paris à acquérir, comme pour cause d'utilité publique, et à la charge d'une juste et préalable indemnité, les maisons construites à moins de 50 toises de distance de la clôture.

Les propriétaires desdites maisons ne pourront en augmenter la hauteur ou l'étendue, sans en avoir demandé et obtenu l'autorisation, comme il est dit en l'article premier.

4. Toutes constructions faites dans l'étendue indiquée aux articles ci-dessus, malgré les défenses qui leur auront été faites par les agents de la voirie, seront démolies sans délai.

208. De ce que nous avons dit dans ce chapitre, il résulte que les particuliers ni les communes ne sont obligés de se pourvoir d'un alignement pour planter sur le bord des chemins vicinaux.

CHAPITRE IX.

Du contentieux en matière de chemins vicinaux, rues et places publiques.

209. Nous rappellerons ici la première division que nous avons faite dans la partie relative aux grands chemins, entre le pouvoir d'ordonner et celui de punir. Le premier est demeuré à l'autorité administrative, le second a été partagé entre cette autorité et les tribunaux.

SECTION PREMIERE.

Compétence de l'autorité administrative.

210. Cette compétence se subdivise en deux parties,

1.° Celle des préfets, sous-préfets et maires;

2°. Celle des conseils de préfecture.

Art. I.er

Compétence des préfets, sous-préfets et maires.

211. Nous avons déjà vu, dans les chapitres précédents, qu'aux préfets seuls, et sur l'avis des sous-préfets, appartient le pouvoir de déclarer si tel chemin est vicinal, de rechercher et reconnaître ses anciennes limites, d'ordonner l'ouverture d'un nouveau chemin, d'en fixer la largeur et la direction. Il serait inutile de revenir sur ce que nous avons dit à cet égard, parce que nous croyons avoir complètement traité ce sujet; nous nous bornerons donc à y renvoyer le lecteur.

Les différentes lois que nous avons citées dans

le chapitre précédent, confèrent aux maires le pouvoir de prendre les mesures nécessaires pour que les chemins vicinaux, rues et places publiques ne reçoivent aucune atteinte préjudiciable à l'usage auquel ils sont destinés.

Ainsi, un particulier se permet-il une usurpation, une dégradation, une construction sur la voie publique, qui en diminue la commodité, le maire fait dresser par le garde-champêtre, le commissaire de police ou son adjoint, ou dresse lui-même un procès-verbal de la contravention. Il prend ensuite un arrêté pour enjoindre au contrevenant de rétablir sous huit jours les choses dans leur premier état; il lui fait signifier le tout; et si, dans le délai indiqué, il n'y satisfait pas, il faut, pour les poursuites ultérieures, supposer qu'il s'agit d'un chemin vicinal et distinguer le cas où le chemin n'est pas classé de celui où il l'est; dans le premier cas, le maire adresse les pièces au préfet, par l'entremise du sous-préfet, qui donne son avis, et le préfet statue, sauf l'appel de sa décision devant le ministre de l'intérieur, et ensuite pourvoi au conseil d'État, par le ministère d'un avocat aux conseils, contre la décision du ministre.

Mais il faut remarquer que ces différents administrateurs ne peuvent prononcer aucune amende; que leurs décisions ne forment, en quelque sorte, que des mesures provisoires, assez semblables à celles que prennent les sous-préfets en matière de grande voirie, avec cette différence seulement, que les maires ne peuvent, comme les sous-préfets, faire exécuter provisoirement et en attendant la décision du préfet, l'arrêté qu'ils ont pris pour faire remettre les choses dans leur premier état, et qu'ils sont obligés d'attendre la décision du magistrat supérieur, lors même qu'il n'y aurait pas résistance formelle de la part du particulier, et qu'il n'y aurait que défaut d'exécution.

Cette attribution des maires et des préfets résulte non-seulement des lois de 89, 90 et 91, que nous avons déjà citées, mais encore, de la loi du 9 ventôse an 13, qui attribue à l'administration publique, c'est-à-dire aux préfets, le pouvoir de *reconnaître et fixer les limites et la largeur* des chemins vicinaux.

Mais lorsque le chemin a été classé, les pièces doivent être transmises au conseil de préfecture, seul compétent pour prononcer.

On lit, en effet, dans la circulaire du 7 prairial an 13 : « deux genres de délits peuvent porter » atteinte à la conservation des chemins vicinaux.

» Les uns tels que les envahissements, les » empiètements, les plantations d'arbres, etc,

» tendent à changer la largeur ou la direction » que l'administration a fixées.

» Ces contraventions, conformément aux deux » lois des 9 ventôse an 12 et 9 ventôse an 13, » sont réprimées par le conseil de préfecture. » Elles devront être constatées journellement » par des procès-verbaux que dresseront les » officiers de police municipale. Le maire fera » dénoncer ce procès-verbal au propriétaire » délinquant; et si, dans la huitaine, à compter » du jour de la dénonciation, le chemin n'a pas » été remis dans son état primitif, le maire de» vra vous faire passer par la voie de la » sous-préfecture, le procès-verbal du garde» champêtre, avec copie de l'acte de dénoncia» tion faite au délinquant, pour vous mettre à » portée de provoquer auprès du conseil de » préfecture la décision convenable. Vous la » rendrez exécutoire, soit pour faire confec» tionner d'office les ouvrages nécessaires, soit » pour faire payer les dépenses qu'ils auront » occasionnées, et ce, conformément au mode » prescrit pour le recouvrement des contribu» tions publiques. »

Par suite de la distinction que nous avons faite pag. 282, nous ferons observer sur cette circulaire qu'il n'y a lieu de transmettre les pièces au conseil de préfecture, pour faire statuer sur la contravention, qu'autant que le préfet a préalablement déclaré la vicinalité du chemin et déterminé sa largeur, mais que dans le cas contraire, les préfets peuvent ordonner eux-mêmes, le rétablissement des choses dans leur premier état, parce qu'ils ne prennent alors qu'une mesure provisoire commandée par l'intérêt public; le conseil-d'Etat a encore attribué ce pouvoir aux maires et aux préfets lorsque l'anticipation a été commise sur une rue ou place publique.

Par suite des événements de la guerre, le village de Barbery-Saint-Sulpice fut détruit par l'incendie.

Le sieur Aumeunier ayant voulu reconstruire sa maison, demanda et obtint l'alignement qu'il devait suivre.

Il fit reconstruire, mais au lieu de se conformer à l'alignement, il anticipa sur la voie publique.

Le maire dressa procès-verbal de la contravention;

L'affaire fut soumise au conseil de préfecture qui condamna Aumeunier à rétablir le terrain par lui anticipé sur la rue dans son premier état, et le condamna en outre pour sa contravention en l'amende de 6 fr.

Aumeunier s'est pourvu au conseil d'Etat pour incompétence;

En effet, a-t-il dit, la loi du 9 ventôse an 13 charge les conseils de préfecture de poursuivre les contraventions à la police des chemins vicinaux.

Mais, dans l'espèce, la contestation n'avait pas pour objet un chemin vicinal, mais bien une construction dans une rue de commune en contravention à l'alignement.

Sur quoi est intervenu l'ordonnance suivante :

« Considérant qu'aux termes des règlements sur la voirie urbaine, c'est aux maires qu'il appartient de donner et de faire exécuter les alignements dans les rues des villes, bourgs et villages, qui ne sont pas routes royales ou départementales, sauf tout recours devant les préfets ; et que les tribunaux ordinaires sont seuls compétents pour statuer sur les amendes encourues en cas de contravention, et sur les frais des démolitions ordonnées d'office dans le même cas ;

« Considérant qu'en conséquence, le maire de la commune de Barbery-Saint-Sulpice n'aurait pas dû se borner à dresser procès-verbal de l'entreprise du sieur Aumeunier, et à lui faire signifier ce procès-verbal ; mais qu'il devait, en outre, prendre un arrêté pour enjoindre audit sieur Aumeunier de rendre à la voie publique, dans un délai déterminé, le terrain sur lequel il a anticipé ; et pour ordonner que, faute par ce particulier de retirer lui-même les constructions formant anticipation, il serait procédé d'office à ses frais, à leur démolition, sauf le recours devant le préfet;

« Considérant que les fixations et reconnaissances des alignements sont des actes d'administration qui ne sont pas dans les attributions des conseils de préfecture; qu'en conséquence celui du département de l'Aube n'a été compétent ni pour commettre un expert pour reconnaître la contravention à l'alignement dont il s'agit, ni pour déterminer, d'après le procès-verbal de visite dudit expert, le nouvel alignement à suivre;

« Considérant que le conseil de préfecture a également été incompétent pour prononcer sur l'amende encourue par le sieur Aumeunier;

« Notre conseil d'Etat entendu,

« Nous avons ordonné et ordonnons ce qui suit:

« Les arrêtés susdits du conseil de préfecture du département de l'Aube, des 20 mai et 23 juillet 1816, sont annulés pour cause d'incompétence, sauf au maire de la commune de Barbery-Saint-Sulpice à diriger de nouvelles poursuites en contravention contre le sieur Aumeunier, ainsi qu'il appartiendra. »

Nous croyons que cette décision va beaucoup trop loin en autorisant les maires et les préfets à faire procéder à la démolition; aucune loi ne leur confère cette attribution sur les rues et places de l'intérieur des villages, bourgs ou villes. Les lois et règlements donnent aux maires le pouvoir de tracer les alignements et rien de plus; si donc un particulier bâtit sans avoir obtenu alignement, ou si après en avoir obtenu, il ne s'y conforme pas, ce n'est point au maire ni au préfet à faire faire d'office la démolition; autrement ils seraient maîtres absolus de la fortune des citoyens qu'ils pourraient ruiner par leur seule volonté. Aussi, c'est, à notre avis, aux tribunaux à prononcer dans ce cas, comme nous l'établirons plus bas. Le conseil d'Etat paraît même être revenu à ce principe par une ordonnance royale du 11 février 1820, rendue dans une espèce où le maire s'était borné à rédiger un procès-verbal de l'anticipation sur la voie publique. Le conseil d'Etat a renvoyé purement et simplement devant les tribunaux de police pour faire prononcer sur la contravention et la démolition et n'a point dit que l'autorité administrative aurait dû y faire procéder.

212. Résulte-t-il de ce que nous avons dit que les préfets puissent, seuls, et sans observer les formalités exigées par la loi du 8 mars 1810, en matière d'expropriation pour cause d'utilité publique, établir un chemin vicinal sur la propriété

d'autrui, ou convertir un chemin privé en chemin vicinal?

L'article 9 de la charte royale porte que toutes les propriétés, sans exception, sont inviolables.

L'art. 10 ajoute que *l'Etat* peut exiger le sacrifice d'une propriété pour cause *d'intérêt public légalement constaté*, mais avec une indemnité préalable.

L'art. 545 du code civil contient les mêmes principes.

Il semble résulter de ces différentes dispositions; 1.°, que *l'Etat* seul peut exiger le sacrifice d'une propriété privée pour cause d'intérêt public;

2.° Que cet intérêt public doit être *légalement constaté*, et que conséquemment, un préfet ne peut, de sa seule autorité, exproprier un particulier dans l'intérêt d'une commune.

Néanmoins nous avons déjà cité un arrêt du conseil du 1.er mai 1822, dont l'un des considérants porte « que s'il y a motif de remplacer le-» dit chemin par un chemin passant sur le ter-» rain dit de la Coësserie, c'est encore au préfet » qu'il appartient de déclarer *l'utilité commu-» nale*, sauf l'indemnité préalable, s'il y a lieu. »

Pour soutenir que ce n'est pas seulement *l'Etat* qui peut réclamer le sacrifice d'une propriété privée, on dit que la charte n'est point conçue en termes limitatifs et exclusifs, puisqu'elle ne porte point que *l'Etat seul* pourra demander cette cession; que l'article 545 du code civil est conçu en termes généraux et dispose que les particuliers peuvent être forcés de céder leur propriété, sans exprimer que tels ou tels pourront exclusivement invoquer sa disposition; que la cause déterminante de la cession et ce qu'il faut uniquement envisager, c'est l'utilité publique; que l'utilité publique, l'intérêt même de l'Etat exigent qu'il y ait des chemins vicinaux qui servent d'embranchement, soit à d'autres chemins de même nature, soit à des grandes routes; que ces chemins servent à communiquer avec de grandes villes, facilitent les transports des denrées et marchandises, le passage des troupes, les recherches de la justice, l'exécution des lois, la circulation des personnes, et comme autant de canaux, servent à distribuer, dans un vaste pays, l'ordre, l'abondance, la sûreté et toutes les commodités de la vie.

Mais, en admettant que les chemins vicinaux puissent être considérés comme des objets d'utilité, non-seulement communale, mais même générale, il reste à examiner si le préfet peut seul, comme l'a décidé implicitement le conseil d'Etat, déclarer l'utilité de la cession.

Je ne conçois pas qu'une pareille question

puisse faire l'ombre d'un doute, et qu'au mépris de la charte, qui est si positive, on puisse reconnaître aux préfets le pouvoir de s'emparer, sans aucune formalité, de la propriété des particuliers.

C'est déjà bien assez qu'on ait étendu aux chemins vicinaux la règle qui exige le sacrifice pour cause d'utilité publique, sans y ajouter encore le pouvoir des préfets de dépouiller les citoyens sans aucune formalité.

La charte veut en effet que l'intérêt public qui sert de motif à l'expropriation, *soit légalement* constaté. Or, quelle est la manière légale de le constater? La loi du 8 mars 1810 nous l'explique.

1.° Une ordonnance royale doit constater la nécessité publique. Ainsi, il faut qu'une décision souveraine déclare qu'il est nécessaire d'établir dans telle commune un chemin pour communiquer avec telle autre.

2.° Ensuite le préfet doit désigner les localités ou territoires sur lesquels le chemin doit être établi, et par conséquent, les propriétés particulières auxquelles l'expropriation est applicable.

3.° Avant tout, les particuliers doivent être mis en état de fournir leurs contredits, dans les formes tracées par le titre 2 de ladite loi.

4.° L'expropriation doit être définitivement prononcée par le tribunal civil.

5.° Une indemnité doit être payée au propriétaire avant la prise de possession par la commune ; celle-ci ne doit pas être plus privilégiée que l'Etat ; et si elle réclame la cession d'une propriété privée pour cause d'utilité publique, elle est bien obligée de remplir les conditions auxquelles l'exercice de cette faculté est subordonné.

Nous n'hésitons pas à dire qu'une expropriation exécutée sans l'accomplissement des formalités ci-dessus, est une transgression de la charte, un acte arbitraire, une violation de la propriété, sur laquelle tôt ou tard le conseil d'Etat et le gouvernement dont le respect pour la propriété et les vrais principes ne sont pas équivoques, ouvriront nécessairement les yeux.

Vainement, dirait-on, pour pallier cette violation, que les parties ont le droit d'attaquer, devant le ministre, l'arrêté du préfet portant établissement d'un chemin vicinal ; et de se pourvoir devant le conseil d'Etat contre la décision ministérielle ; qu'elles font ainsi valoir tous les moyens qu'elles peuvent avoir pour empêcher qu'on n'établisse un chemin vicinal ou du moins qu'on ne l'établisse sur leur propriété ;

Car la charte, en interdisant de dépouiller un citoyen avant *d'avoir légalement* fait constater l'intérêt public qui en est la cause, n'a pas voulu abandonner à l'arbitraire l'appréciation des formalités nécessaires pour y parvenir; les formalités établies ayant seules été jugées suffisantes pour garantir la fortune des citoyens, il n'est pas permis d'en substituer d'autres à celles prescrites. Dans une matière aussi rigoureuse, on ne peut admettre des équipollences; il est facile, au surplus, de reconnaître qu'il existe une grande différence entre les formalités prescrites par la loi du 8 mars 1810, qui, en mettant les particuliers à même de faire valoir leurs droits, veulent que l'expropriation soit définitivement prononcée par les tribunaux, et le recours contre la décision d'un préfet, recours coûteux que les particuliers négligent souvent parce qu'ils ignorent la voie à prendre pour empêcher la dépossession.

Il nous paraît donc indispensable que la nécessité de s'emparer d'une propriété privée pour en former un chemin vicinal, soit d'abord reconnue par une ordonnance royale rendue au rapport du ministre de l'intérieur après avoir sur la proposition des maires, sous-préfets et préfets, et sur les contredits des parties intéressées, pris l'avis du comité du conseil d'Etat attaché à son département et qu'ensuite un jugement du tribunal civil prononce l'expropriation.

Nous devons ajouter que le conseil d'Etat a consacré ces principes par une décision du 12 mai 1819, rendue dans l'espèce suivante :

Il existait autrefois, dans la commune de Griége, un chemin vicinal qui depuis fut abandonné.

Le préfet du département, pour remplacer ce chemin, déclara vicinal un chemin particulier appartenant à la dame Tardy de la Carrière et conduisant à son moulin.

Mais cette dernière s'étant pourvu au conseil d'Etat, l'arrêté du préfet et la décision approbative du ministre de l'intérieur furent annulés. La décision du conseil est ainsi motivée :

« Considérant qu'aux termes de la loi du 9 » ventose an XIII, le préfet était autorisé à faire » reconnaître et rétablir l'ancien chemin vicinal; » mais que si, d'après le mauvais état de ce » chemin, il lui paraissait indispensable de l'a- » bandonner et de le remplacer, soit en décla- » rant vicinal le chemin appartenant à la dame » veuve Tardy de la Carrière, et servant à l'ex- » ploitation de son moulin, soit en établissant » un nouveau chemin sur tout autre terrain dé- » pendant d'une propriété privée, *ce changement* » *ne pouvait s'opérer que dans les formes établies* » *par les lois sur l'expropriation pour cause d'u-* » *tilité publique.* »

A la vérité le conseil d'Etat avait rendu avant et a encore rendu depuis des décisions toutes contraires; mais nous répétons qu'à notre avis ces décisions ne doivent pas faire jurisprudence;

qu'on ne doit considérer l'arrêté d'un préfet qui ordonne l'établissement ou le remplacement d'un chemin vicinal que comme une mesure provisoire commandée par les besoins journaliers du service public, mais qui pour devenir définitive doit être confirmée par une décision souveraine intervenue dans les formes exigées par la loi du 8 mars 1810.

Cette opinion est partagée par un jurisconsulte dont le sentiment est en cette matière d'un bien grand poids, par M. le baron de Cormenin, maître des requêtes au conseil d'Etat, dans son excellent ouvrage intitulé : *Questions de droit administratif* (1).

213. Nous avons dit précédemment que lorsqu'un préfet, en vertu du droit que lui confère la loi du 9 ventose an XIII, de rechercher et reconnaître les anciennes limites des chemins vicinaux, décide qu'il existait un chemin de tel nature à tel endroit et qu'il avait telle largeur,

---

(1) Ces principes furent reconnus dans la session de 1820. Le ministre de l'intérieur présenta un projet de loi pour autoriser les préfets à déclarer l'utilité communale ; mais en réservant aux tribunaux le droit de prononcer l'expropriation. Ce projet, qui changerait en partie la loi du 8 mars 1810, n'a pas encore été discuté.

qu'en conséquence il en ordonne le rétablissement, malgré la prétention élevée par les riverains d'être propriétaires de tout ou partie de ce chemin, cette décision ne fait pas obstacle à ce que les riverains fassent ensuite prononcer sur la question de propriété par l'autorité compétente.

Au premier aspect, des personnes peu versées dans la connaissance du droit administratif, pourraient croire que tout est décidé par l'arrêté du préfet qui déclare que tel chemin est vicinal, et penser que c'est absolument la même chose que s'il déclarait formellement la commune propriétaire, puisqu'il est incontestable que les chemins vicinaux sont la propriété des communes. Cette opinion est même assez commune.

Mais elle n'est qu'une erreur. Un préfet n'est qu'administrateur; il ne peut faire que des actes d'administration; il ne lui appartient pas de rendre une décision, de juger une question de propriété qui dépend de l'appréciation des titres, de l'application des principes du droit civil, et de la prescription; et comme il est absolument incompétent à cet égard, son arrêté, lors même qu'il aurait formellement jugé la question de propriété ne ferait pas obstacle à ce qu'elle fût soumise à l'autorité qui seule a reçu de la loi le pouvoir de la décider. Tout ce qui résulte de l'arrêté du préfet c'est que le chemin est nécessaire au service public et doit subsister, sauf à indemniser celui qui serait postérieurement reconnu propriétaire (1).

Ces principes ont été posés par un arrêt du conseil du 16 octobre 1813, dans lequel on lit le motif suivant :

« Que l'arrêté d'un préfet qui déclare un chemin vicinal ne fait pas obstacle à ce que la question concernant la propriété du terrain soit soumise aux tribunaux; car tout ce qui résulte de l'arrêté, c'est que le chemin est reconnu nécessaire et doit être maintenu, sauf à indemniser le tiers qui serait judiciairement reconnu propriétaire du terrain. »

Les mêmes principes ont été encore appliqués par deux ordonnances royales des 24 mars 1819 et 19 mars 1820, dans lesquelles on lit : « Considérant que l'arrêté qui déclare un chemin vicinal ne fait pas obstacle à ce que la question de propriété du terrain soit soumise aux tribunaux, sauf à indemniser les tiers qui seraient judiciairement reconnus propriétaires du terrain. »

---

(1) Mais dans le cas où le préfet aurait fixé la largeur du chemin au-delà de 18 pieds, croyant la commune propriétaire, l'excédant devrait être restitué en nature.

Il existe une foule d'autres décisions semblables, et ces principes doivent être désormais considérés comme incontestables.

Nous reproduirons ici les observations que nous avons faites dans le n.° précédent. C'est que, s'il est jugé par les tribunaux que le riverain est propriétaire de tout ou partie du chemin vicinal, la décision du préfet ne peut plus être considérée que comme provisoire et pour que le propriétaire soit définitivement exproprié, il faut qu'on ait observé les formalités exigées par la loi du 8 mars 1810.

214. Au surplus, il faut remarquer que les maires et les préfets peuvent maintenir les communes provisoirement en possession des chemins qui leur sont contestés par des particuliers, soit jusqu'à ce que la vicinalité en soit reconnue, soit jusqu'à ce que la question de propriété soit jugée par les tribunaux.

Supposons, par exemple, qu'un particulier ferme, à l'aide de barrières placées aux deux extrémités, un chemin par lequel la commune est en possession de passer, en alléguant qu'elle ne le fait que par tolérance de sa part et qu'il en est propriétaire; comme la recherche et la reconnaissance de la vicinalité peuvent entraîner de longs délais, soit devant le préfet et le ministre, soit devant le conseil d'Etat et qu'il est important que le passage public ne soit pas interrompu, le préfet pourra maintenir le public en possession provisoire de ce passage.

Il en sera de même si la commune ne prétend pas faire déclarer le chemin vicinal et si elle ne veut exercer le passage que comme servitude sur l'héritage d'autrui. Le préfet pourra la maintenir en possession jusqu'à ce que la question de servitude soit jugée par les tribunaux.

C'est ce que le conseil d'Etat a plusieurs fois décidé.

Dans un arrêt du 29 septembre 1810, on lit le motif suivant :

« Considérant qu'il résulte des pièces que le » chemin litigieux existe depuis plusieurs années, » et que le préfet a pu, par mesure de police, en » empêcher la suppression jusqu'à ce qu'il eût » été prononcé sur la question de propriété. »

Dans un arrêt du 19 mai 1811, on lit les motifs suivants :

« Considérant que le sieur Milhiet se prétend » propriétaire, sans servitude, du pré sur lequel » le chemin dont il s'agit est pratiqué; et qu'il » résulte de la contestation une question de pro» priété, dont la solution appartient exclusive» ment aux tribunaux ;

» Que néanmoins, le sieur Milhiet, attendu » que la commune de Paracy était en jouissance

» dudit chemin, n'avait le droit de l'intercepter
» qu'en vertu d'un jugement, et que le préfet,
» statuant en matière de simple voirie, pouvait
» ordonner d'effacer l'œuvre nouvelle et de ré-
» tablir le passage jusqu'à la décision des tribu-
» naux sur la question de propriété. »

Dans un autre arrêt du 18 août 1811, on lit les motifs suivants :

« Considérant qu'il s'agit de savoir si les prés
» des porchons sont ou non grévés d'un droit de
» passage pour le service des forges et du public;
» que le sieur Robin prétend qu'il n'existe sur
» lesdits prés aucune servitude de cette espèce,
» fondée en titre ou sur la prescription, et que
» cette question de servitude est entièrement du
» ressort des tribunaux;

« Que néanmoins l'autorité administrative
» pouvait et devait maintenir le passage provisoi-
» rement et jusqu'à la décision des tribunaux. »

On retrouve encore les mêmes principes dans une foule d'autres décisions et notamment dans celle du 18 juillet 1821, ainsi conçue :

« Considérant que, par la décision du 24 juillet
» 1820, le préfet avait maintenu le public en
» jouissance du passage contesté, jusqu'à déci-
» sion des tribunaux sur la question de propriété,
» que, dans cet état de choses, le juge de paix
» devait s'abstenir de prononcer sur le posses-

» soire et renvoyer les parties à se pourvoir con-
» tre la décision du préfet, devant l'autorité ad-
» ministrative supérieure, si elles s'y croyaient
» fondées. »

215. Quoique régulièrement le provisoire doive être accordé de préférence à la commune, il peut aussi l'être à des particuliers qui se prétendent propriétaires du chemin.

Ainsi, si la commune n'est pas réellement en possession du chemin non porté sur l'Etat, s'il est inutile, si le particulier en a joui de bonne foi pendant plusieurs années, et surtout s'il y a fait des constructions et plantations dont la destruction provisoire lui causerait une perte irréparable; comme dans cette hypothèse, il y aurait d'un côté peu d'utilité publique et de l'autre un grand désavantage particulier, les conseils de préfecture ont la faculté d'ordonner que les choses demeureront en état jusqu'au jugement des tribunaux.

Arrêt des 19 mai 1811, 13 janvier 1813, 25 janvier 1820.

216. Il faut d'ailleurs remarquer que tout ce que nous avons dit ne s'applique qu'au cas où il y a litige sur la vicinalité et la largeur du chemin; car lorsque ces points sont réglés, le provisoire

ne peut appartenir qu'au conseil de préfecture, ainsi que nous l'allons voir dans l'article suivant.

217. En terminant cet article, nous ferons observer que le conseil d'Etat peut d'office ordonner, s'il y a lieu, le provisoire, si l'arrêté du préfet ou du conseil de préfecture ne l'a pas accordé.

(Arrêt du 16 mars 1809.)

Dans le cas contraire, si l'autorité inférieure ordonne la démolition d'un mur pour cause d'anticipation sur un chemin vicinal, le conseil d'Etat peut, selon les circonstances, s'il n'y a pas péril en la demeure et que la démolition du mur puisse causer à la partie un préjudice irréparable, surseoir à l'exécution de cet arrêté.

(Arrêt du 20 janvier 1820.)

Art. II.

Compétence des conseils de préfecture.

218. C'est un principe incontestable que les conseils de préfecture ne constituent que des juridictions d'exception qui ne peuvent connaître que des matières qui leur sont spécialement attribuées par une loi formelle.

M. Henrion de Pansey, dont on aime toujours à invoquer le sentiment, après avoir établi que les conseils de préfecture ne sont que des tribunaux extraordinaires et d'exception, ajoute : « Mais les tribunaux extraordinaires ne peuvent » connaître que des affaires qui leur sont attri- » buées par une loi formelle et spéciale ; et les » questions relatives à leur compétence sont plus » de fait que de droit ; c'est-à-dire que toutes se » réduisent au point de savoir s'il existe une loi » qui, faisant exception au droit commun, en » attribue la connaissance au tribunal extraordi- » naire que l'on veut en saisir.

» Lorsqu'il s'élève une difficulté sur le point » de savoir si une question doit être soumise aux » conseils de préfecture, le problème est donc » bien facile à résoudre : il ne s'agit que de voir » si quelque loi leur confère le droit d'en con- » naître, et l'on éviterait bien des incertitudes » et même bien des conflits, si on leur imposait » l'obligation de rapporter, dans chacune de leurs » sentences, la loi qui les autorise à la rendre. » *Voyez Compétence des juges de paix*, *pag.* 296.

Comment se fait-il donc que la compétence des conseils de préfecture soit précisément ce qu'il y a de plus difficultueux et de plus embarrassant dans la partie administrative ?

C'est que les administrations ne veulent pas se renfermer dans leurs attributions ; et que ne pouvant se résoudre à n'être considérées que comme des juridictions d'exception, elles étendent tous les jours leur compétence, sous le prétexte que l'intérêt général exige qu'une foule de contestations soient soumises à leur juridiction présentée comme plus expéditive et moins coûteuse que celle des tribunaux ordinaires.

Mais avec ce système, l'administration finira par devenir une juridiction universelle et l'on substituera son régime incertain à la marche lente mais régulière de la justice dont les formes et les règles sont la garantie des citoyens.

Qu'une partie des attributions actuelles de l'autorité judiciaire puisse être transmise aux conseils de préfecture, et *vice versâ*; que la compétence des deux pouvoirs puisse être réciproquement réglée, étendue ou restreinte, c'est sans doute ce que personne ne prétend contester; mais ce que personne ne contestera davantage c'est que ces changements ne peuvent être opérés que par une loi et que l'administration ne peut pas, en attendant que cette loi soit rendue, faire l'office de législateur, corriger les lois existantes et s'arroger à son gré la connaissance de telle ou telle espèce de contestations, sous prétexte de l'intérêt public et d'une meilleure distribution de la justice.

L'expérience ne justifie que trop nos appréhensions; car quoique l'esprit d'envahissement dont est animée l'administration, ait beaucoup perdu depuis l'heureuse époque de la restauration et qu'il s'affaiblisse tous les jours, on ne peut pourtant pas se dissimuler qu'elle s'empare encore très-souvent du jugement des contestations qui sont dans le domaine exclusif des tribunaux.

Ceci posé, examinons s'il existe quelque disposition législative qui règle les attributions des conseils de préfecture en matière de chemins vicinaux et jusqu'où elles s'étendent.

Nous n'avons sur ce point qu'une loi; et elle n'est relative, ainsi que le dit son intitulé, *qu'aux plantations des grandes routes et des chemins vicinaux*, ce qui annonce déjà qu'elle ne s'occupe que de régler les conditions et le mode de plantation, et par conséquent les contraventions qui peuvent résulter de la plantation.

Dans les cinq 1.ers articles de cette loi le législateur s'occupe des plantations des grandes routes; les articles 6 et 7 sont relatifs à celles des chemins vicinaux; et l'article 8 porte que les poursuites *en contravention* aux dispositions de la présente loi seront portées devant le conseil de préfecture, sauf le recours au conseil d'État.

Ce dernier article, pour le dire en passant, contient un vice de rédaction; car ce ne sont pas les poursuites qui *sont en contravention à la loi*, ce sont les faits qui les nécessitent.

Quoiqu'il en soit, il est manifeste que la loi ne

défère aux conseils de préfecture, en matière de chemins vicinaux, que la répression de la contravention commise en y plantant sans leur conserver leur largeur. Et il était d'autant plus nécessaire que la loi du 9 ventose s'expliquât à cet égard, qu'aucune loi précédente ne l'avait encore fait. Mais cette loi ne parle que d'un fait d'anticipation, c'est le seul qu'elle soumette à la juridictions des conseils de préfecture. Elle est conçue en termes bien différens de la loi du 29 floréal an x, qui déclare déférer aux conseils de préfecture la connaissance de toutes les contravention en matière de grande voirie, dont elle donne une nomenclature étendue. Néanmoins cette dernière loi contenait une lacune. Elle ne s'occupait pas de la plantation sur les grandes routes, comme la législation antérieure ne s'occupait pas de la plantation sur les chemins vicinaux. C'est uniquement cette lacune que la loi du 9 ventose a eu pour but de combler. Comment donc concevoir que l'autorité administrative ait pu s'arroger le jugement des empiétements, anticipations ou détériorations commises sur la largeur des chemins vicinaux qui, par la loi du 6 octobre 1791, est attribué aux tribunaux de police correctionnelle ainsi que nous le verrons en parlant de la compétence des tribunaux?

Voici comment l'administration raisonne :

« L'art. 7 de la loi du 9 ventôse an XIII, dit-elle, attribue à l'administration publique la recherche et la reconnaissance des anciennes limites des chemins vicinaux, et la fixation de leur largeur. »

Mais nous répondons qu'il ne s'agit point, dans cet article, de la répression des anticipations ou détériorations des chemins vicinaux, et encore moins de la compétence des conseils de préfecture.

Cet article impose une obligation, non pas aux particuliers, mais aux préfets ; il charge ceux-ci de rechercher et fixer la largeur des chemins. Là s'arrête leur pouvoir et la loi ne va pas plus loin. Elle ne s'occupe pas de ce qui pourra arriver après la fixation de cette largeur ; elle ne contient aucune prohibition contre les riverains ; elle ne leur interdit pas tel fait ou tel autre ; elle ne les qualifie point, ne s'occupe pas des peines à y appliquer ni de l'autorité qui doit les appliquer. Encore une fois, l'article 6 est complètement muet à cet égard.

L'art. suivant prévoit bien un fait, une contravention, mais ce fait est unique et cela devait être, puisque comme nous l'avons dit, le législateur a eu pour but de combler une lacune ; sa disposition ne peut être étendue à un autre cas ; puisqu'elle n'est relative qu'à l'anticipation commise par une plantation d'arbres, on ne peut l'étendre à aucun autre fait.

C'est ce qu'a plusieurs fois décidé le conseil d'Etat, et notamment dans les deux espèces suivantes :

Le sieur Pelletier, cultivateur à Cutrelles, fit des excavations sur un terrain à lui appartenant, situé le long d'un chemin vicinal.

Le sieur Pelletier, n'ayant point obéi à l'injonction du Maire de recombler ces excavations qui gênaient la circulation, fut traduit devant le juge de paix qui l'y condamna, et prononça en outre une amende de trois journées de travail.

Le préfet ayant élevé le conflit, à la sollicitation du sieur Pelletier, par le motif que le délit imputé à celui-ci devait être classé dans les attributions données à l'autorité administrative, par la loi du 9 ventôse an XIII, le ministre de la justice pensa, au contraire, que les articles 6 et 7 de cette loi n'attribuaient aux conseils de préfecture, (1) en matière de petite voirie, *que la connaissance des anciennes limites des chemins*

---

(1) Nous avons déjà dit que, dans les premiers temps de l'institution du comité contentieux, on attribuoit aux conseils de préfecture la recherche et la reconnoissance des limites des chemins vicinaux; c'est pourquoi on re-

vicinaux, *et la surveillance des plantations d'arbres* qui pouvaient avoir lieu sur leurs bords.

Par arrêt du conseil du 15 janvier 1809, le conflit a été rejeté, par le motif suivant :

« Considérant que la compétence en matière » de petite voirie, attribuée par les articles 6 et 7 » de la loi du 9 ventôse an XIII, aux conseils de » préfecture, n'embrassant que la *connaissance* » *des anciennes limites des chemins vicinaux* » *et la surveillance des plantations* qui peuvent » y avoir lieu, et ne s'appliquant qu'à des matières » purement civiles, n'a pu empêcher, *pour la* » *répression des délits*, l'action des tribunaux » qui en sont spécialement chargés. »

Voici une seconde espèce.

Le garde-champêtre de la commune de Nuisement-sur-Coole, département de la Marne, constata, par un procès-verbal, que le sieur Damas avait fait construire un fossé pour interdire le chemin ordinaire et vicinal.

En vertu de ce procès-verbal, le sieur Damas fut cité au tribunal de police correctionnelle, à la requête du ministère public.

---

trouvé ici cette opinion du ministre de la justice; mais depuis, la jurisprudence a changé, et on a reconnu que ce pouvoir n'appartient qu'aux préfets.

La cause portée à l'audience du tribunal correctionnel, le ministère public, sur la réquisition du préfet, a conclu au renvoi de l'affaire devant l'autorité administrative; mais le tribunal de police correctionnelle se déclara compétent, en considérant que la loi du 9 ventôse an XIII, ne s'occupant que des plantations à faire sur les bords des grandes routes et des chemins vicinaux, et attribuant aux conseils de préfecture la connaissance des contraventions en cette matière, ne contenait aucune disposition qui put s'appliquer aux voies de fait imputées au sieur Damas; que s'il prétendait que le chemin dont il s'était emparé dût être supprimé ou avoir une autre direction, il devait se pourvoir devant l'autorité administrative, pour en obtenir une décision favorable, au lieu d'agir de sa propre autorité; et qu'en faisant pratiquer un fossé dans toute la largeur du chemin, pour en changer la direction, il avait commis une usurpation qui le rendait justiciable du tribunal correctionnel, conformément à l'article 40, titre 2, de la loi du 6 octobre 1791, sur la police rurale.

Le préfet du département de la Marne éleva le conflit d'attribution et demanda que les parties fussent renvoyées devant le conseil de préfecture.

Le ministre de la justice, ayant été consulté,

fut d'avis que le conflit n'était pas fondé, parce que *les articles* 6 *et* 7 *de la loi du* 9 *ventose an* XIII, *n'attribuaient aux conseils de préfecture, en matière de petite voirie, que la connaissance des anciennes limites des chemins vicinaux et la surveillance des plantations d'arbres qui pouvaient avoir lieu sur leurs bords;* et que les poursuites qui avaient lieu devant ces mêmes conseils, dans les matières dont ils connaissaient, étaient purement civiles et ne pouvaient empêcher la répression des délits pardevant les tribunaux qui en étaient spécialement chargés.

Sur ce intervint, le 5 mars 1811, un arrêt qui annule le conflit par le motif suivant:

« *Considérant que les articles* 6 *et* 7 *de la loi* » *du* 9 *ventose an* XIII, *n'attribuent à l'autorité* » *administrative que la reconnaissance des an-* » *ciennes limites des chemins vicinaux, la fixa-* » *tion de leur largeur, suivant les localités; que* » *la largeur du chemin sur lequel le sieur Damas* » *a exercé la voie de fait qu'on lui impute, ayant* » *été réglée par l'autorité administrative, il ne* » *s'agissait plus que de réprimer un délit en ma-* » *tière de petite voirie; que la connaissance de* » *ces sortes d'affaires est de la compétence des* » *tribunaux:* »

Nous verrons, en expliquant la compétence des tribunaux, que cette jurisprudence a changé;

mais il est probable que le conseil d'Etat y reviendra, et nous croyons que c'est la seule conforme aux véritables principes.

219. Lorsque les conseils de préfecture sont autorisés à juger les contraventions en matière de petite voirie, peuvent-ils prononcer les peines corporelles et les amendes établies par la loi?

Quant aux peines corporelles, la négative n'est point douteuse, et nous en avons donné les motifs en établissant le même principe à l'égard des contraventions commises sur les grands chemins; mais on pourrait croire qu'il en est différemment de l'amende, puisqu'en matière de grande voirie, les conseils de préfecture peuvent l'appliquer.

Ce raisonnement n'est pas exact. Les anciens règlements sur la grande voirie établissaient des peines et instituaient des juridictions spéciales pour les appliquer. Ainsi, l'arrêt du conseil, si souvent cité, du 27 février 1765, prononce la démolition des ouvrages exécutés sans autorisation le long des routes, la confiscation des matériaux et une amende de 300 fr., qu'il charge les trésoriers de France d'appliquer.

La loi du 22 juillet 1791, a maintenu les règlements touchant la voirie, sans qu'il puisse en résulter la conservation des attributions faites à des juridictions supprimées, et nous avons vu que les bureaux des finances étaient dans ce cas;

les conseils de préfecture ayant été substitués aux bureaux de finances, le pouvoir dont ceux-ci étaient investis a donc passé à la nouvelle juridiction qui, par suite, doit prononcer l'amende, la démolition, la confiscation des matériaux.

Mais il n'en est pas ainsi en matière de petite voirie, de chemins vicinaux. Notre législation actuelle a établi de nouvelles peines et n'a conféré qu'aux tribunaux réguliers le pouvoir de les prononcer. Aucune loi n'attribue aux conseils de préfecture un pareil pouvoir, et dès-lors ils n'en peuvent point user, puisqu'ils ne sont, comme nous l'avons déjà dit, que des juridictions d'exception.

Ces principes ont été constamment reconnus par le conseil d'Etat, par une foule de décisions.

Nous en citerons une du 15 juin 1812, rendue dans l'espèce suivante :

Au mois de mai 1811, le commissaire de police de Louviers constata, par un procès-verbal, que le sieur Maubuisson avait anticipé sur la largeur d'un chemin vicinal; que le sieur Vannier, le jeune, non-seulement avait commis sur le même chemin de semblables anticipations, mais encore qu'il l'avait totalement intercepté par des clôtures en planches pour le réunir à son terrain.

Traduits devant le tribunal de police correctionnelle, ils ont opposé le déclinatoire et fait élever le conflit par le préfet.

Malgré cela, le tribunal s'est déclaré compétent par la raison que, ne s'agissant dans l'espèce ni de la reconnaissance d'un chemin vicinal, ni de la fixation de ses limites, ni des plantations d'arbres sur ses bords, mais seulement d'un délit prévu par l'article 40, de la loi du 6 octobre 1791, ce délit était de la compétence exclusive des tribunaux correctionnels; toutefois le tribunal a sursis à prononcer jusqu'à ce qu'il eût été statué sur le conflit.

Le ministre de la justice, consulté sur le mérite de ce conflit, a pensé qu'il n'était pas fondé; que le conseil de préfecture serait incompétent pour statuer sur le *délit d'usurpation*, en supposant qu'il en existât un; que le préfet est dans l'erreur lorsqu'il prétend que le conseil peut appliquer les peines portées par l'art. 40, titre 2 du code pénal; que la loi du 9 ventose an XIII, a déterminé les attributions de l'autorité administrative, relativement aux chemins vicinaux, et que plusieurs décrets rendus sur de semblables conflits ont décidé que les tribunaux étaient seuls compétents pour appliquer les dispositions pénales en cette matière.

Dans cet état, est intervenu une décision, qui a écarté le conflit par les motifs suivants :

« Considérant que les sieurs Maubuisson et » Vanier ont prétendu, tant devant le tribunal » correctionnel que devant le préfet, être pro- » priétaires du terrain sur lequel est établi le » chemin sus-mentionné; qu'ils ont affirmé que » dans aucun temps leur fonds n'a été traversé » par un chemin public; qu'il en résulte ainsi » une question de propriété qui doit être préa- » blement jugée par les tribunaux; *et que, dans* » *tous les cas, l'autorité administrative serait* » *incompétente pour appliquer les peines résul-* » *tant du fait d'usurpation prétendue.* »

220. Pour que le conseil de préfecture puisse connaître d'une contravention commise sur un chemin vicinal, dans le cas où la loi lui en attribue la répression, il faut nécessairement que ce chemin soit reconnu comme tel, par une inscription sur le tableau des chemins, ou même par un aveu du contrevenant, pourvu qu'il fût formel; car son silence ne serait pas un motif suffisant de réputer le chemin vicinal.

221. Mais est-il indispensable que le chemin soit reconnu vicinal, et porté comme tel sur le tableau, lors de la contravention? ne suffit-il pas qu'il soit déclaré tel avant la décision du conseil de préfecture?

Supposons, par exemple, qu'un particulier fasse sur un chemin non encore inscrit au tableau, une plantation qui rétrécisse la largeur de 6 mètres qu'il doit avoir; que, sur la sommation du maire de détruire cette plantation, il soutienne que le chemin n'est point vicinal, et que le maire se soit pourvu devant le préfet, et ait fait déclarer la vicinalité par ce magistrat: le maire pourra-t-il ensuite traduire le contrevenant devant le conseil de préfecture pour le faire contraindre à enlever sa plantation? Nous inclinons vers l'affirmative. Il nous semble qu'il suffit que le chemin soit reconnu vicinal au moment où le conseil de préfecture prononce; car les lois sont conçues dans les termes les plus généraux: elles ne font dépendre la compétence des autorités que de la vicinalité du chemin, sans distinguer entre le cas où elle était reconnue lors de la contravention, et celui où elle ne l'a été que depuis; dans les deux cas, il y a égale nécessité de réprimer la contravention qui porte préjudice au chemin.

Avant la loi du 9 ventose an XIII, et la circulaire du ministre de l'intérieur, publiée pour son exécution, il n'y avait aucune forme particulière pour constater et reconnaître la vicinalité d'un chemin; et bien que l'administration seule fût alors, comme aujourd'hui, compétente pour décider si un chemin était, ou non public; cependant il n'existait pas de loi, qui, comme celle de l'an XIII, prescrivît, par une mesure générale, la recherche et la fixation des chemins vicinaux ; et conséquemment l'administration n'était appelée à s'expliquer à cet égard, que lorsqu'il y avait litige. Ainsi, un particulier traduit en police correctionnelle, aux termes de l'art. 40, titre 2 de la loi du 6 octobre 1791, pour avoir usurpé un chemin vicinal, opposait-il que ce chemin n'était pas vicinal et formait sa propriété ; on se pourvoyait devant le préfet pour faire juger la question de vicinalité, et devant les tribunaux pour faire prononcer sur la question de propriété ; et si le chemin était reconnu vicinal, on retournait ensuite devant les tribunaux correctionnels.

Cette marche est très-usitée et très-conforme à la jurisprudence de la cour de cassation. Un particulier traduit devant les tribunaux de justice criminelle, oppose l'exception préjudicielle *feci, sed jure feci*. Cette exception ne dessaisit point le tribunal devant lequel il est traduit, autrement les plaideurs ne manqueraient jamais de l'opposer ; elle l'oblige seulement à suspendre son jugement jusqu'à ce qu'elle soit décidée par les juges compétents. Mais si ce jugement la rejète, l'affaire est portée devant le tribunal de justice criminelle, qui applique la peine au cas appartenant. Cette jurisprudence s'applique également aux chemins vicinaux.

Une commune ne doit pas souffrir de l'oubli

ou de la négligence de l'administration à porter un chemin sur le tableau. Un chemin est vicinal par le fait; il reçoit ce caractère de l'usage auquel il est consacré. L'inscription au tableau n'est pas constitutive, elle est seulement déclarative de la vicinalité dont l'existence remonte à l'époque à laquelle il est constaté que le chemin a commencé d'être employé à l'usage qui lui confère ce caractère.

Ce que nous venons de dire, s'applique aussi au cas où l'exception préjudicielle n'est élevée que dans le cours de l'instance.

Ainsi, soit qu'une contravention soit soumise au conseil de préfecture, soit qu'elle ait été portée devant les tribunaux de police correctionnelle; si dans le cours de l'instance, le contrevenant oppose que le chemin n'est pas vicinal et qu'il n'ait pas été porté sur le tableau; il y a lieu de renvoyer les parties devant le préfet pour faire prononcer, avant tout, sur la vicinalité; mais après la décision de ce magistrat, on revient devant la juridiction qui a été saisie, pour faire prononcer sur la contravention.

Ces principes ont été consacrés plusieurs fois par le conseil d'Etat.

Un sieur Chapuis, prévenu d'anticipation sur un chemin vicinal, fut condamné par le conseil de préfecture à restituer le terrain usurpé, quoiqu'il eût contesté la vicinalité du chemin.

Sur le pourvoi au conseil d'Etat, il y intervint, le 23 juin 1818, un arrêt qui annulle la décision du conseil de préfecture, par le motif que le préfet n'avait pas déterminé la largeur que devait avoir le chemin devant la propriété du sieur Chapuis, et qu'ainsi la décision du conseil de préfecture était *prématurée*.

Comme on le voit, le conseil d'Etat n'a pas décidé que le conseil de préfecture était absolument incompétent, mais seulement que son arrêté était *prématuré*, parce que le préfet n'avait pas encore reconnu la vicinalité du chemin. Ce qui annonce que l'arrêt du conseil eût été tout différent, si, pendant l'instance, on l'avait fait reconnaître.

Le 1.er septembre 1819, le conseil d'Etat a statué de la même manière, sur une question absolument semblable, et sa décision est ainsi motivée :

« Considérant, qu'aux termes de l'art. 6 de la » loi du 9 ventose an XIII, c'est à l'administration, c'est-à-dire aux préfets, à faire recher» cher et reconnaître les anciennes limites des » chemins vicinaux et à fixer leur largeur;

» Considérant que, dans l'espèce, cette re» connaissance aurait dû précéder *l'examen de*

» *la contestation portée au conseil de préfecture*
» *du département de la Gironde*, sur la question
» des dégradations ou empiétements reprochés
» au sieur Piqueguy, et qu'il n'appartient pas
» audit conseil de reconnaître et fixer la largeur
» du chemin vicinal de Lamarque à Cussac;

» Considérant que, la question de propriété,
» qui pourrait résulter de l'arrêté du préfet, et
» la demande de dommages-et-intérêts qui pour-
» rait s'en suivre, sont du ressort des tribu-
» naux ordinaires. »

Par une autre ordonnance du 12 avril 1821, il a encore été décidé que la reconnaissance de la vicinalité faite par le conseil de préfecture, aurait dû être faite par le préfet, et précéder *l'examen* de la contestation portée devant ledit conseil de préfecture.

Le conseil d'Etat n'a point décidé que la reconnaissance de la vicinalité par le préfet, aurait dû précéder la citation devant le conseil de préfecture, mais *l'examen* de la contestation. Il résulte donc delà qu'il suffit que le chemin soit déclaré vicinal lors *de l'examen de la contestation.*

Cela résulte encore plus expressément d'une décision rendue dans l'espèce suivante :

En 1819, la dame Dervaux Paulée s'est rendue adjudicataire des bois de Flines, vendus par l'Etat. Un chemin les traversait; elle a fait placer des barrières aux deux extrémités.

Le 11 décembre même année, un arrêté du préfet du département du Nord, approuvé par le ministre de l'intérieur, le 24 mai suivant, a enjoint à la dame Paulée d'y rétablir le passage public, et a autorisé le maire de Flines à faire enlever d'office tout obstacle qui empêcherait ou gênerait la circulation sur ce chemin.

La dame Paulée s'est pourvue devant le conseil d'Etat, contre la décision ministérielle approbative de l'arrêté du préfet; elle en a demandé la nullité pour cause d'incompétence, fondée sur ce que le chemin n'était point vicinal.

Le 20 février 1822, le conseil d'Etat a statué en ces termes :

« Considérant que, si le chemin dont il s'agit » était vicinal, comme l'annonce le préfet du » département du Nord, il devait le déclarer en » le portant sur le tableau des chemins vicinaux, » et *que c'était ensuite au conseil de préfecture* » *qu'il appartenait de prononcer, s'il y avait* » *lieu, la destruction de l'œuvre nouvelle*; que » si au contraire, le chemin n'était pas déclaré » vicinal, cette destruction ne pouvait être pro» noncée que par l'autorité judiciaire; qu'ainsi, » dans les deux cas, le préfet a excédé les bornes » de sa compétence. »

Enfin, la question vient d'être jugée *in terminis* par un arrêt du conseil en date du 18 juin 1823, rendu dans l'espèce suivante.

Un sieur Bernard jeune, propriétaire riverain d'un chemin appelé de *Prat ar Raty*, commune de Lambezellée, près Brest, fit faire sur ce chemin un fossé, à l'aide duquel il en enferma une partie dans son héritage, ainsi qu'une fontaine, appelée Fontaine *à Margot*, située dans la partie de terrain anticipée.

Un procès-verbal fut rédigé contre lui : le maire lui fit sommation de remettre les lieux dans leur premier état. Le sieur Bernard répondit que le chemin n'était pas vicinal, et qu'au surplus il ne s'étendait pas jusqu'au point où avait eu lieu l'œuvre nouvelle.

Avant de le traduire devant le conseil de préfecture, le maire se pourvut devant le préfet pour faire déclarer la vicinalité et fixer la largeur du chemin. Cette opération fut faite, et démontra que le sieur Bernard avait anticipé. En conséquence, le préfet arrêta que le sieur Bernard serait tenu de remettre les lieux dans leur premier état, faute de quoi il serait traduit devant le conseil de préfecture.

Le sieur Bernard ayant refusé d'exécuter cet arrêté, fut en effet traduit devant ce conseil, qui se déclara incompétent, attendu que le chemin n'avait été déclaré vicinal que depuis la contravention.

Consulté sur cette décision, j'ai pensé qu'elle ne pouvait pas se soutenir; et le pourvoi ayant été formé au conseil, il y intervint un arrêt infirmatif, fondé sur les motifs suivants :

« Considérant que le préfet a reconnu après » une enquête que le chemin dit *Prat ar Raty* » était public de temps immémorial; qu'aux » termes de la loi du 9 ventôse an XIII, le con- » seil de préfecture était incompétent pour » prononcer sur l'anticipation reprochée au sieur » Bernard, et que sa décision ne pouvait, dans » aucun cas, faire obstacle à ce que la question » de propriété fut portée devant les tribunaux.

222. Mais il en serait différemment si le préfet avait établi un nouveau chemin vicinal, et que l'œuvre nouvelle eût précédé l'établissement. Il n'y aurait pas même lieu à poursuite contre son auteur, que la commune serait obligé d'indemniser des frais que lui aurait coûté cette innovation, puisqu'elle en deviendrait propriétaire, et qu'elle pourrait ensuite en faire ce que bon lui semblerait.

SECTION DEUXIÈME.

Compétence de l'autorité judiciaire.

223. Les contestations relatives aux chemins vicinaux, susceptibles d'être soumises aux tribunaux ordinaires, embrassent des matières différentes; ici, c'est une question de propriété ou de possession qui s'élève; là, ce sont des délits ou des contraventions qu'il faut punir. Ces différentes matières indiquent l'ordre que nous devons suivre dans le développement des principes qui les régissent. Un premier paragraphe sera donc consacré à expliquer la compétence des tribunaux civils; un second, sera relatif aux tribunaux de police.

§ 1er.

Compétence des tribunaux civils.

224. Les contestations qui peuvent s'élever devant ces tribunaux, ont pour objet la possession ou la propriété, et ces différentes espèces de contestations ne sont pas jugées par les mêmes ma-

gistrats. Celles de la première espèce sont soumises aux juges-de-paix, et celles de la seconde aux juges de première instance. Ce paragraphe sera donc subdivisé en deux articles, dont le premier traitera de la compétence des juges-de-paix, et le second, de celle des tribunaux de première instance.

Art. Ier.

Des juges-de-paix.

225. La loi du 24 août 1790, art. 10, titre 3, confère aux juges-de-paix le jugement des déplacements de bornes, *des usurpations de terres, arbres, haies, fossés*, et autres clôtures, commises dans l'année; des entreprises sur les cours d'eau servant à l'arrosement des prés, commises dans l'année, *et de toutes autres actions possessoires.*

Le code de procédure, art. 3, renouvelle cette disposition, et définit la complainte dans son art. 23 : c'est l'action intentée dans l'année du trouble, par celui qui, depuis un an, a la possession *à titre non précaire*, de l'objet dans lequel il a été troublé, pour se faire maintenir dans sa possession.

Ainsi, pour intenter cette action, trois conditions sont requises.

1.° Il faut être en possession depuis un an avant le trouble à titre non précaire.

2.° Il faut avoir été troublé dans sa possession.

3.° Il faut que l'action soit intentée dans l'année du trouble.

226. Une commune, troublée dans la possession annale d'un chemin, qui n'est point encore porté sur l'état des chemins vicinaux, a, sans doute, le droit de se pourvoir devant le juge-de-paix par voie d'action possessoire, pour se faire maintenir dans sa jouissance; son adversaire ne peut lui opposer qu'elle aurait dû s'adresser au préfet; la commune lui répondrait avec avantage que le choix des deux voies lui était ouvert, qu'elle a pris celle qui lui a paru préférable.

Il est important, en effet, que les communes aient la faculté de porter leur action possessoire ou devant le juge-de-paix ou devant le préfet, à leur choix, et suivant les circonstances. Il est un cas où la commune a intérêt à porter son action devant le juge-de-paix ; c'est lorsque, située à une grande distance du chef-lieu de département, elle ne pourrait obtenir la décision du préfet qu'avec de longs délais et des frais considérables, et qu'au contraire, le juge-de-paix, qui est sur les lieux, qui les connaît, peut rendre, en pleine connaissance de cause et sans frais, une décision très-prompte; quelquefois aussi, la commune devra s'adresser de préférence au préfet, et voici dans quelle circonstance :

Nous avons vu que l'action possessoire ne pouvait être portée devant les juges-de-paix que dans l'année du trouble et par ceux qui avaient une possession annale *et non précaire;* et cette règle s'applique aux communes comme aux simples particuliers; car dès qu'elles s'adressent aux tribunaux, elles se soumettent aux principes que ceux-ci sont chargés d'appliquer.

Or, il peut arriver qu'une commune n'ait pas une année de possession, ou qu'elle ait laissé passer l'année du trouble sans intenter son action, ou qu'enfin, elle n'ait joui qu'à titre précaire, comme si par exemple les habitants n'ont fait que passer sur le terrain, sans l'avoir réparé; car nous avons vu que le passage, quelque soit l'ancienneté de son existence, ne suffit pas pour faire acquérir la prescription, et par conséquent pour autoriser la complainte. Mais comme le préfet ne prend qu'une mesure d'administration, pour laquelle il n'est point assujetti à l'observation des règles du droit ou de la procédure, et qui ne doit être dictée que par les convenances d'utilité et d'intérêt général, que d'ailleurs il pourrait déclarer le chemin vicinal, et le porter sur le tableau, il peut, à plus forte raison, accorder la jouissance provisoire à la commune, quoiqu'elle n'ait ni une possession annale, ni une jouissance à titre non précaire, et qu'elle ait laissé passer l'année sans se plaindre du trouble qu'elle y aurait éprouvé. Mais si une commune, ayant fait son choix, avait été maintenue en possession par l'autorité à laquelle elle se serait adressée, il n'appartiendrait pas à l'autre d'anéantir sa décision.

Ainsi, après qu'un préfet aurait maintenu une commune en possession, il n'appartiendrait pas au juge-de-paix de reconnaître la possession de son adversaire, et de l'y maintenir; (ordonnance du 18 juillet 1821).

Il en serait de même d'une décision du juge-de-paix. Le préfet ne pourrait pas non plus l'anéantir pour accorder la possession à la commune, si le juge-de-paix y avait préalablement maintenu un particulier.

227. Si la question possessoire peut être indistinctement portée devant le préfet ou le juge-de-paix, lorsqu'une commune plaide contre un particulier, ce dernier est exclusivement compétent, lorsque la contestation n'existe qu'entre particuliers, dont l'un soutient que le chemin est vicinal, et l'autre élève la prétention contraire.

228. Au surplus, l'action possessoire ne peut

être portée devant le juge-de-paix, que lorsque le chemin n'est pas inscrit sur le tableau des chemins vicinaux; Dès qu'il y est porté, tous les faits qui peuvent troubler la jouissance des habitants, sont des contraventions commises sur un chemin vicinal, et c'est alors ou aux conseils de préfecture, ou aux tribunaux de police correctionnelle, à prononcer suivant ce que nous avons déjà dit, et ce que nous expliquerons encore par la suite.

Art. II.

Des juges de première instance.

229. En établissant qu'il appartient au préfet de décider sur la vicinalité des chemins, d'en fixer la direction et la largeur, et en traçant dans la section précédente, le cercle de leurs attributions en cette matière, nous avons dit que leurs décisions laissaient entière la question de propriété du terrain qui constitue le chemin. Il nous reste à rechercher quelle est l'autorité compétente pour la décider.

Dans les premiers temps de l'institution du comité contentieux, on faisait une distinction entre le cas où la question de propriété roulait sur une partie du chemin, et celui où elle en embrassait la totalité.

Dans le premier cas, comme le riverain, en se prétendant seulement propriétaire de quelques pieds de terrain, n'avait d'autre but que de retrécir la largeur du chemin, on renvoyait la décision du débat aux conseils de préfecture, par application du principe consacré par la loi du 9 ventose an XIII, que c'est à l'administration publique à rechercher et reconnaître *les anciennes limites des chemins vicinaux*, et à fixer *leur largeur*.

Et ce n'était que dans le second cas, que l'on renvoyait aux tribunaux civils le jugement de la question de propriété.

Cette distinction est bien clairement indiquée dans le répertoire de jurisprudence, au mot chemin vicinal. L'auteur cite plusieurs arrêts du conseil qui l'ont ainsi décidé; en sorte que c'est moins son opinion personnelle qu'il donne que le résultat des arrêts. Nous en prévenons le lecteur, pour éviter les méprises.

Mais cette jurisprudence a changé. On a considéré avec raison qu'une question de propriété devait être soumise aux tribunaux; que la compétence se détermine, non d'après l'importance de l'objet du litige, mais d'après la matière du procès; que l'administration n'est point de résoudre une question d'intérêt privé; mais seulement de prescrire les mesures qu'elle croit nécessaires à l'intérêt public;

La compétence des tribunaux sur toutes les questions de propriété, a été établie par deux arrêts du conseil des 16 octobre 1813, et 6 janvier 1814. Ce dernier leur attribue la connaissance des contestations qui portent sur *tout* ou *partie* du chemin.

Cette attribution semblerait cependant avoir éprouvé une atteinte par un arrêt du 30 août 1814, rendu dans une espèce où le riverain poursuivi pour avoir récolté les fruits d'arbres existant sur le bord d'un chemin vicinal, soutenait que la portion de terrain sur laquelle les arbres étaient plantés, formait sa propriété. Cette question fut jugée par le conseil de préfecture, dont l'arrêté fut confirmé par la décision ci-devant citée. Il fut donc décidé que la loi du 9 ventose an XIII, qui autorise les conseils de préfecture à reconnaître la largeur des chemins vicinaux, les autorise par cela même à décider que telle portion de terrain contestée est comprise dans cette largeur, bien que ce soit là une question de propriété; qu'ainsi, la question de propriété n'appartiendrait aux tribunaux qu'autant que le réclamant contesterait l'existence du chemin.

Mais cette décision ne peut être invoquée avec avantage par plusieurs raisons.

1.° Il faut considérer l'époque à laquelle elle fut rendue. La restauration venait d'être opérée. La réorganisation du conseil d'Etat était toute récente. Son installation avait eu lieu le 3 août 1814; et il se peut que les nouveaux membres, quoique très-instruits et très-capables, ne fussent pas encore pénétrés du dernier état de la jurisprudence du conseil d'Etat, sur ce point important et difficile.

2.° Une foule de décisions ont été rendues postérieurement dans un sens opposé, et en conformité de la jurisprudence du conseil établie par les arrêts des 16 octobre 1813, et 6 janvier 1814. Nous nous bornerons à en citer une qui est la plus récente, et qui en outre est très-positive.

Dans la commune de Pont-de-l'Arche, département de l'Eure, les demoiselles Routier possèdent un terrain clos autrefois par une haie fort épaisse et borné par un chemin dit de la Carrière.

En 1806, ce chemin avait été déclaré vicinal, et la largeur en avait été fixée dans les formes prescrites par la circulaire ministérielle du 7 prairial an XIII, sans aucune réclamation de la part des demoiselles Routier.

Postérieurement, celles-ci firent détruire leur haie, et la remplacèrent par un fossé.

Le maire, prétendant que ce fossé était creusé sur une partie de la largeur du chemin vicinal qu'il rétrécissait, rédigea procès-verbal, et traduisit les demoiselles Routier devant le conseil de préfecture où elles furent condamnées à recombler le fossé et à une amende, malgré leur prétention d'être propriétaires du terrain dans lequel il était creusé. Il fut décidé que ce terrain appartenait au chemin et non aux demoiselles Routier.

Celles-ci ayant voulu clore leur propriété par une haie moins épaisse que la première, demandèrent au maire un alignement; mais prétendant que cet alignement leur faisait perdre quelques pieds de leur terrain, pour élargir le chemin, elles se plaignirent au préfet. Ce magistrat crut devoir, avant de prononcer, renvoyer les parties devant les tribunaux, pour faire statuer sur la question de propriété élevée par les demoiselles Routier.

Le tribunal de Louviers fut saisi de la contestation. La commune de Pont-de-l'Arche opposa aux demoiselles Routier une fin de non recevoir, tirée de ce que n'ayant pas réclamé sur la publication qui avait été faite de l'état des chemins vicinaux de ladite commune, et ayant d'ailleurs été déboutées de leur réclamation postérieure par le conseil de préfecture qui avait ordonné le comblement du fossé, il était jugé irrévocablement qu'elles n'étaient pas propriétaires.

Le tribunal rejeta cette exception, et admit les demoiselles Routier à prouver par témoins leur possession quadragénaire, sur la petite portion de terrain formant 5 pieds de largeur, dont elles se disaient propriétaires au-delà de l'alignement à elles donné par le maire.

Cette preuve ayant été faite, intervint jugement qui leur adjugea leurs conclusions, et les autorisa à planter une haie à l'emplacement de l'ancienne.

Le préfet ayant élevé le conflit par les motifs qu'avait déjà fait valoir, sans succès, la commune de Pont-de-l'Arche, je disais pour les demoiselles Routier que le conflit n'était pas fondé; que tout ce qui résultait des arrêtés administratifs, c'est que le chemin avait été jugé nécessaire et devait subsister dans la largeur fixée; mais que la question de propriété était restée entière, et devait être soumise aux tribunaux; qu'il importait peu que la contestation portât, non sur la propriété de la totalité du terrain, mais seulement sur quelques pieds de sa largeur, puisque dans les deux cas, la question était la même, et ne pouvait être décidée que par l'appréciation des actes, de la prescription et des principes du droit civil, ce qui sort évidemment des attributions du conseil de préfecture. Que relativement à l'autorisation donnée par le tribunal, aux demoiselles Routier, de rétablir leur haie, on ne devait pas la considérer comme un alignement, mais seulement comme un mode de préciser l'étendue de terrain dont les demoiselles Routier étaient déclarées propriétaires.

Le 8 mai 1822, le conseil d'Etat prononça en ces termes :

« Considérant que l'autorité administrative » est seule compétente pour donner un alignement, un chemin vicinal, et que, dans l'espèce, l'alignement qui fait l'objet du litige, » avait été administrativement donné avant le » jugement du tribunal de Louviers, du 21 mars » 1821 ;

» Considérant que la fixation de cet alignement ne faisait pas obstacle à ce que la » question de propriété fût portée devant les » tribunaux ;

» Considérant que le tribunal de Louviers aurait dû se borner à reconnaître si, par suite de » l'alignement donné par l'administration, les » demoiselles Routier devaient abandonner une » partie de leurs propriétés, et dans ce cas qu'elle » était la superficie et la valeur de la portion » du terrain cédé à la voie publique; qu'ainsi » il a excédé ses attributions, en déterminant

» les alignements à suivre par les demoiselles » Routier;

» L'arrêté du conflit élevé par le préfet du » département de l'Eure, du 9 juillet 1821, est » approuvé en ce qui concerne la fixation de l'a» lignement, et sans préjudice de la question de » propriété qui demeure soumise aux tribunaux;

» Le jugement du tribunal de Louviers du 21 » mars 1821 est regardé comme non avenu dans » les dispositions qui déterminent les aligne» ments à suivre par les demoiselles Routier.»

230. Par une conséquence des principes que nous venons d'établir, la question de savoir à qui des riverains ou des communes appartiennent des arbres plantés sur les chemins vicinaux, ne peut être décidée que par les tribunaux. (Arrêts du conseil des 21 décembre 1808, 7 avril 1813, et 24 décembre 1818.)

231. Il en serait de même de la question de savoir si les fossés sont mitoyens ou forment la propriété exclusive de la commune ou des riverains.

232. Il peut arriver qu'avant la contestation portée devant le tribunal, la commune n'ait pas fait prononcer sur le possessoire; dans ce cas, à quelle autorité devra-t-elle s'adresser pour y faire statuer en attendant la décision du fond?

Il faut rappeler la distinction que nous avons déjà faite entre le cas où le chemin a été porté sur le tableau des chemins vicinaux et celui où il ne l'a pas encore été.

Dans le premier, nous croyons que les parties peuvent indistinctement s'adresser au tribunal ou au conseil de préfecture, à l'exclusion du juge-de-paix;

Dans le second, au préfet, au tribunal ou au juge-de-paix.

On ne pourrait pas opposer à la commune comme en matière purement civile, qu'en prenant la voie pétitoire, elle a renoncé à se pourvoir au possessoire, parceque, la maintenue provisoire dans la possession d'un chemin est une mesure d'intérêt public fondée sur la nécessité de rétablir les moyens de communications.

Il y aurait lieu de suivre les mêmes règles de compétence dans le cas où, pendant l'instance sur le pétitoire, l'une des parties aurait apporté à l'Etat du chemin des changements préjudiciables au service public.

234. Nous avons vu, dans la première partie de cet ouvrage, que les réclamations des particuliers soit à raison des terrains pris ou fouillés pour la confection des travaux de routes, soit à raison des torts et dommages provenant du fait des entrepreneurs de ces travaux, devaient être soumises à la décision des conseils de préfecture; mais les mêmes principes ne s'appliquent nullement

aux chemins vicinaux dont les travaux ne sont pas considérés comme publics, dans le sens de la loi du 28 pluviose an VIII; c'est ce que le conseil d'Etat a jugé par arrêts des 28 juillet 1820 et 16 janvier 1822.

235. La règle que les tribunaux sont seuls compétents pour statuer sur les questions de propriété relatives aux chemins vicinaux, souffre une exception.

Lorsqu'un acquéreur prétend que tel chemin a été compris dans la vente d'un bien national, le conseil de préfecture est compétent pour déclarer si le contrat de vente renferme ce chemin.

Mais il doit, dans ce cas, s'attacher étroitement aux termes précis de l'acte d'adjudication, et ne pas se déterminer uniquement par des rapports d'experts, le plan des lieux, et des convenances locales et personnelles.

Si le chemin, ou plutôt le terrain sur lequel il passe a été réellement vendu, et que la commune soutienne qu'il était antérieurement vicinal, elle a le droit de faire constater sa nécessité, et ordonner sa réintégration sur le tableau par le préfet. Mais la charge de l'indemnité due à l'acquéreur doit retomber sur l'Etat, et non sur la commune, après qu'elle aurait fait juger, s'il y a lieu, devant les tribunaux, contradictoirement avec le domaine, la question de propriété.

Si l'acte d'adjudication est muet, la commune et l'acquéreur doivent être renvoyés devant les tribunaux pour y faire statuer sur la question de propriété d'après la possession ou les titres anciens.

Les conseils de préfecture sont aussi compétents pour déclarer qu'un sentier a été ou non compris dans une vente nationale.

Mais si la vente ne contient aucune disposition sur l'existence, la nature, la direction et la dimension du sentier, c'est aux tribunaux à prononcer.

Il en est de même s'il s'agit d'expliquer la clause banale de la réserve des servitudes actives ou passives. Mais si l'acte d'adjudication affranchissait ou grévait spécialement l'acquéreur d'une servitude de passage, le conseil de préfecture doit se borner à rappeler textuellement l'énonciation de l'adjudication, et si ledit acte garde le silence sur le mode et l'exercice de cette servitude, renvoyer les parties devant les tribunaux.

La question de savoir si un chemin litigieux entre deux particuliers a été compris dans une vente nationale, est également du ressort des conseils de préfecture, et se résout par les mêmes principes.

§ II.

Compétence des tribunaux de police et de police correctionnelle.

236. Les contraventions et les délits commis sur les chemins vicinaux, routes et rues, donnent lieu à des poursuites qui, suivant les faits et les peines qui y sont applicables, sont de la compétence des tribunaux de police correctionnelle ou de simple police, ce qui nous oblige à diviser ce paragraphe en deux articles.

Art. I.

Compétence des tribunaux de police correctionnelle.

237. L'art. 40, titre 2 de la loi du 6 octobre 1791, est ainsi conçu : « Les cultivateurs ou tous autres » qui auront *dégradé* ou *détérioré* de quelque » manière que ce soit, des chemins publics ou » *usurpé sur leur largeur*, seront condamnés à » la réparation ou à la restitution et à une amende » qui ne pourra être moindre de trois livres, ni » excéder 24 livres. »

Cette disposition législative est encore en vigueur aujourd'hui; car l'article 484 du code pénal déclare formellement maintenir la loi dont elle fait partie.

Mais à quels juges appartiendra-t-il de prononcer l'amende qu'elle établit? sera-ce aux tribunaux correctionnels? sera-ce aux tribunaux de simple police? Suivant l'article 6, titre 2 de la loi du 6 octobre 1791, ces contraventions étaient du ressort de la police municipale; mais la nouvelle législation a changé cette disposition.

Les articles 137 et 138 du code d'instruction criminelle ne considèrent comme contraventions de police simple que les faits qui peuvent donner lieu soit à 15 fr. d'amende ou au-dessous, soit à cinq jours d'emprisonnement ou au-dessous, qu'il y ait ou non confiscation des choses saisies et quelle qu'en soit la valeur.

Ainsi, la compétence des tribunaux de police se détermine ou par le *maximum* de l'amende qui ne peut excéder 15 fr., ou par le *maximum* de la durée de l'emprisonnement; et comme l'article 40, titre 2 de la loi du 6 octobre 1791, prononce contre ceux qui *usurpent* ou *dégradent* les chemins vicinaux, une amende qui peut être portée jusqu'à 24 fr., il est manifeste que ces faits constituent des délits de la compétence des tribunaux correctionnels.

Voyez le répertoire de jurisprudence de M Merlin au mot délit rural.

Le même auteur, dans le même ouvrage, au mot chemin vicinal n.° 5, examine la question de savoir quelle peine on doit appliquer à ceux qui dégradent ou détériorent les chemins vicinaux ou qui empiètent sur leur largeur. Il démontre que cette peine est celle qu'établit l'article 40 de la loi du 6 octobre et que les tribunaux de police correctionnelle sont seuls compétents pour la prononcer. Il cite plusieurs arrêts qui l'ont ainsi décidé. Nous en ajouterons un rendu sur notre plaidoirie, le 7 mars 1822, entre le sieur Haudard et le ministère public, dans l'espèce suivante.

Un sieur Haudard, propriétaire d'une ferme, avait placé le long d'un fossé ou mur de terre qui la sépare du chemin, plusieurs bornes ou heurtoirs pour garantir ce fossé du choc des voitures et de la dégradation qui devait en être la suite.

Traduit pour ce fait au tribunal de simple police, il avait opposé pour sa défense que le chemin dont il s'agit n'était pas un chemin vicinal mais bien un simple chemin de desserte appartenant aux riverains; que dans tous les cas, la portion de terrain sur laquelle il avait placé les bornes était sa propriété exclusive; qu'enfin en supposant que le chemin fût vicinal, le fait qui lui était reproché constituerait un délit de la compétence des tribunaux correctionnels.

Nonobstant ces moyens, le juge-de-paix le condamna à 3 fr. d'amende et à faire enlever les heurtoirs.

Chargé de soutenir son pourvoi, je présentai deux moyens.

1.° Je soutins que le chemin dont il s'agit ne pouvant être considéré comme vicinal parce qu'il n'était porté sur aucun tableau, et que le sieur Haudard s'en prétendait propriétaire, les tribunaux ne pouvaient punir les entreprises qui y seraient faites comme ayant eu lieu sur un chemin public.

2.° Je soutins ensuite que lors même que ce chemin aurait été préalablement classé, par l'autorité administrative, au rang des chemins vicinaux et comme tel porté sur le tableau des chemins de la commune, ce n'était point aux juges-de-paix à réprimer la contravention; mais bien aux juges des tribunaux correctionnels, aux termes de l'article 40 de la loi du 6 octobre 1791, et des articles 137 et 138 du code d'instruction criminelle; que le code pénal, en classant au nombre des contraventions de simple police celles commises sur les voies publiques, n'entend parler que d'un dépôt momentané qui les embarrasse, tandis que la loi du 7 octobre 1791 s'applique aux dégradations et usurpations commises sur les chemins publics.

Par l'arrêt ci-devant daté rendu au rapport de M. le conseiller Louvot, ces moyens furent accueillis, et le jugement du juge-de-paix fut cassé en ces termes :

« Attendu que le sieur Haudard a proposé pour » exception à la poursuite du ministère public, » que le chemin sur lequel il a fait placer les » heurtoirs, n'était point un chemin public, mais » un simple chemin de desserte établi à titre de » servitude sur les propriétés voisines; que le » tribunal de simple police était incompétent » pour prononcer sur cette exception qui pré- » sentait une question préjudicielle qui sortait » de ses attributions;

» Attendu d'ailleurs que quand même il aurait » été établi que le chemin dont est question eût » été un chemin public, comme le fait dont était » prévenu le demandeur ne consistait pas dans » un simple embarras de la voie publique par un » dépôt temporaire et momentané, contraven- » tion prévue par le § 4 de l'article 471 du code » pénal; mais dans une dégradation ou usurpa- » tion d'un chemin public qui, suivant l'article » 40 du titre 2 de la loi du 6 octobre 1791, pou- » vait être punie d'une amende de 24 fr. Le tri- » bunal de police eût été sans caractère pour en » connaître, puisque sa compétence était res- » treinte par l'article 137 du code d'instruction

» criminelle, aux contraventions passibles seulement d'une amende de 15 fr. ou au-dessous, ou » d'un emprisonnement de 3 jours au plus. »

Comme on le voit, l'opinion de M. Merlin et la jurisprudence de la cour de cassation ne sont pas douteuses; elles reconnaissent formellement aux tribunaux correctionnels le pouvoir de prononcer sur les dégradations et usurpations des chemins vicinaux; et cette décision est conforme, sans contredit, au texte précis de la loi.

Nous ne devons cependant pas dissimuler que le conseil d'Etat, qui d'abord avait adopté la même jurisprudence, ainsi que nous l'avons démontré en parlant de la compétence des conseils de préfecture, en a changé depuis et attribue maintenant à ces juges d'exception la répression des détériorations et usurpations des chemins vicinaux. C'est ce qu'établit notamment un arrêt du conseil du 28 novembre 1821, rendu dans l'espèce suivante, entre Gramont et Aigobert:

Un sieur Gramont avait supprimé un chemin vicinal et y avait établi une digue qui, en faisant refluer les eaux, le détériorait.

Le préfet avait ordonné le rétablissement des choses dans leur premier état.

Et sur le pourvoi au conseil d'Etat, il fut prononcé ainsi qu'il suit:

« Considérant *sur la compétence* qu'aux termes

» de l'article 6 de la loi du 9 ventôse an XIII, » le préfet était compétent pour reconnaître et » déclarer la vicinalité du chemin de Sarrant à la » Briche; mais que d'après l'article 8 de la même » loi, c'était au conseil de préfecture, sauf le re- » cours à notre conseil d'État, à statuer sur la » contravention reprochée au sieur Gramont;

» Considérant qu'à l'égard de la digue, le pré- » fet était compétent pour déclarer qu'elle ne » peut tenir lieu du chemin supprimé; mais que » si cette digue porte préjudice au chemin de » Gimont à Maubec et aux propriétés particu- » lières, c'est au conseil de préfecture, dans le » premier cas, et aux tribunaux dans le second » à prononcer sur les plaintes auxquelles cette » digue a donné lieu. »

M. de Cormenin, dans ses questions de droit administratif, au mot chemin vicinal, tout en paraissant établir une distinction, professe en résultat les mêmes principes.

Les *usurpations* et les *empiétements* qui seraient pratiqués sur les chemins vicinaux, dit-il, doivent être réprimées *par les conseils de préfecture* et non par les tribunaux de police, (ordonnance du 8 janvier 1817.)

Quant aux *détériorations*, ajoute-t-il, ces sortes de délits rentrent davantage dans les *anticipations*, puisqu'une partie du chemin est tout à la fois dégradée et usurpée. Le délit peut alors indistinctement être poursuivi devant le tribunal de police correctionnelle ou devant le conseil de préfecture, selon qu'il participe plus ou moins de la détérioration ou de l'empiétement.

L'auteur convient que l'ancienne jurisprudence du conseil d'Etat attribuait aux tribunaux correctionnels la répression de tous ces délits; mais il ajoute qu'elle a changé et que la nouvelle est plus conforme *à l'esprit* de la loi. Nous nous sommes déjà expliqués sur cette jurisprudence, et nous croyons avoir établi combien elle est contraire au texte de la loi; n'est-ce pas en convenir que de remarquer qu'elle est conforme à son esprit? Est-il possible d'abandonner le texte de la loi et de se renfermer dans ce qu'on dit être son esprit pour étendre la compétence des tribunaux *d'exception?* Un pareil système nous paraît mener à un arbitraire illimité et constituer une violation manifeste de l'art. 62 de la charte royale qui défend de distraire les citoyens de leurs juges naturels.

Ainsi, quand il serait vrai, comme on l'articule sans l'établir, que l'esprit de la loi fût tel qu'on le suppose, ce ne serait pas une raison pour juger, comme on le fait; car, lorsque la loi est claire et conséquemment non suspectible d'interprétation, il faut s'y conformer et l'exécuter, surtout en matière de juridiction exceptionnelle.

Mais nous irons plus loin. Nous ne voyons pas comment on pourrait établir que l'intention du législateur a été de conférer aux tribunaux administratifs le jugement des *dégradations* et *anticipations des chemins vicinaux*; l'intention du législateur est toujours de restreindre la compétence des juges d'exception. Il a trouvé celle des tribunaux ordinaires établie par l'article 40 de la loi du 6 octobre 1791; il n'y a porté aucune atteinte; il a senti qu'il valait mieux laisser aux juges des lieux la répression des dégradations et des usurpations des chemins vicinaux pour laquelle il était nécessaire de voir les localités et de les bien connaître; il a pensé que la décision serait pour ces faits plus éclairée, plus prompte et peut-être moins coûteuse.

Cependant, la jurisprudence du conseil d'État annulle entièrement l'article 40, titre 2 de la loi d'octobre 1791, qui est maintenu par l'article 484 du code pénal de 1810.

A la vérité, M. de Cormenin qui a très-bien saisi cet inconvénient, fait une distinction entre les *usurpations et les dégradations*; il attribue la répression des usurpations aux conseils de préfecture et laisse aux tribunaux correctionnels celle des dégradations. Encore ne laisse-t-il pas aux tribunaux cette juridiction, dans tous les cas; il leur accorde seulement la concurrence avec les conseils de préfecture, parce que les dégradations se confondent avec les usurpations, et il pense que l'affaire devra être soumise aux conseils de préfecture ou aux tribunaux selon que le fait participera plus ou moins de la détérioration ou de l'empiétement.

Mais c'est établir par le fait la compétence exclusive des conseils de préfecture, par l'embarras et l'incertitude qu'on éprouverait pour distinguer ce qui participe plus ou moins de la détérioration.

Le conseil d'État l'a tellement senti que, pour trancher toute difficulté, il a décidé, par l'arrêt du 28 novembre 1821, que les détériorations, comme les anticipations, étaient exclusivement du ressort du conseil de préfecture; et quoique cette décision anéantisse entièrement la loi du 6 octobre 1791, et que sous ce rapport, elle soit inadmissible, elle nous paraît cependant préférable dans la pratique à la distinction de M. de Cormenin.

Quant à nous, nous persistons dans notre opinion; les raisons sur lesquelles nous l'avons appuyée, nous font penser que le conseil d'État en reviendra à l'exécution littérale de la loi.

238. La destruction des arbres plantés sur les

chemins vicinaux, rues et places des villes, bourgs ou villages, ou leur mutilation, jusqu'au point de les faire périr, est passible des peines portées par les art. 445, 446, 447 et 448 du code pénal, pourvu que ces arbres n'appartiennent point à l'auteur de la contravention; car s'ils lui appartenaient, il n'y aurait lieu à prononcer contre lui aucune peine, et la plantation sur les chemins vicinaux diffère en cela de celle existante sur les grandes routes. La peine portée par les articles précités, ne peut être prononcée que par les tribunaux de police correctionnelle.

239. Les empiétements, comblements ou dégradations de fossés sont passibles des peines portées par les art. 17 titre 2, de la loi du 6 octobre 1791, et de l'art. 457 du code pénal, qui ne peuvent être prononcées que par le tribunal de police correctionnelle.

240. Les gazons, les terres ou les pierres des chemins publics ne peuvent être enlevés en aucun cas, sans l'autorisation du directoire du département (du préfet).

Celui qui commet ce délit, est, en outre de la réparation du dommage, condamné, suivant la gravité des circonstances, à une amende qui ne peut excéder 24 fr., ni être moindre de 3 fr., et peut de plus être condamné à la détention de police municipale.

(Art. 44, titre 2 de la loi du 6 octobre 1791).

Par conséquent, ce délit est de la compétence des tribunaux de police correctionnelle.

Art. II.

Compétence des tribunaux de simple police.

241. La loi du 22 juillet 1791 avait établi, dans le sein des municipalités, un tribunal de police pour connaître du contentieux de la police municipale. Il était composé de trois membres choisis par les officiers municipaux, parmi eux; de cinq membres dans les villes de 60 mille âmes et au-dessus, et de neuf à Paris.

Par la loi du 3 brumaire an IV, la police de répression avait été attribuée à un tribunal de police institué dans l'arrondissement de chaque administration municipale, et composé du juge-de-paix et de deux de ses assesseurs; le commissaire du pouvoir exécutif près l'administration municipale, y faisait les fonctions du ministère public de la commune.

Par le code d'instruction criminelle du 17 novembre 1808, actuellement en vigueur, la répression des contraventions de police est attribuée aux juges-de-paix, exclusivement dans les chefs-lieux de canton, et à ces magistrats concurremment avec les maires des communes non chefs-lieux de canton (art. 166), sauf quelques cas qui sont réservés aux juges-de-paix seuls.

Les jugements ainsi rendus sont soumis à l'appel devant les tribunaux correctionnels, lorsqu'ils prononcent l'emprisonnement ou des amendes, restitutions ou réparations civiles, au-dessus de 5 fr., outre les dépens, (code d'instruction criminelle, art. 172) (1). Dans les autres cas, ces jugements sont en dernier ressort, et ne peuvent être attaqués que par la voie de cassation (art 177).

---

(1) Par une dérogation au droit commun, on décide, en matière de simple police, que c'est uniquement au montant de la condamnation qu'il faut s'attacher pour savoir si les jugements sont susceptibles d'appel, ce qui a lieu même dans le cas où la sentence du juge-de-paix a été incompétemment rendue.

Entre une foule d'arrêts qui établissent cette jurisprudence, nous en citerons un du 18 juillet 1817, dans lequel on lit les motifs suivants :

« Attendu que, d'après le code du 3 brumaire an IV, » les jugements des tribunaux de police n'étaient point » soumis à la voie de l'appel, qu'ils n'étaient susceptibles » que du recours en cassation, que la disposition de l'article 172 du code d'instruction criminelle a donc été » une dérogation au droit commun, et qu'elle ne peut » être étendue au-delà des cas qu'elle a déterminés;

242. L'art. 15, tit. 2, de la loi du 22 juillet 1791, punissait de 2 à 50 fr. d'amende, et si le fait était grave, de la détention de police municipale, ceux qui négligeaient d'éclairer et de nettoyer les rues, devant leurs maisons, dans les lieux où ce soin est laissé à la charge des habitants.

Ceux qui embarrassaient ou dégradaient les voies publiques;

Ceux qui contrevenaient à la défense de rien exposer sur les fenêtres, ou au-devant de leurs maisons, sur la voie publique, de rien jeter qui

---

» que, d'après cette disposition, la voie de l'appel n'est » admise contre les jugements rendus en matière de police que dans les seuls cas où ces jugements ont prononcé un emprisonnement, ou lorsqu'ils ont prononcé » des amendes, restitutions et autres réparations civiles » qui excèdent la somme de 5 fr., outre les dépens; que » le jugement du tribunal de police n'avait point prononcé de condamnation; que ce tribunal s'est borné à » se déclarer incompétent pour connaître de la plainte » portée par Raveau; que ce jugement ne rentrait donc » pas dans l'application du susdit article 172 du code » d'instruction criminelle, et qu'il ne pouvait être annulé que par le recours en cassation, conformément à » l'article 177 du même code. »

(Journal de M. Dalloz, 1817, pag. 439.)

puisse nuire ou endommager par sa chute, ou causer des exhalaisons insalubres.

Ceux qui laissaient divaguer des insensés ou furieux, ou des animaux malfaisants ou féroces.

L'art. 16 prononçait une détention de 8 jours et une amende égale à la totalité de la contribution mobiliaire, sans qu'elle puisse être au-dessous de 300 fr., contre ceux qui par imprudence ou par la rapidité de leurs chevaux, auraient blessé quelqu'un *dans les rues ou voies publiques*; sauf le renvoi à la police correctionnelle, dans les cas plus graves.

Enfin, l'art. 18 prononçait une amende de la moitié de la contribution mobiliaire, qui ne pouvait être moindre de 6 fr., outre les frais de démolition ou réparation, contre ceux qui refusaient ou négligeaient d'exécuter les règlements de voirie, ou d'obéir à la sommation de réparer ou démolir les édifices menaçant ruine sur la voie publique.

Mais le code pénal de 1810 a apporté de grands changements à ces dispositions, et diminué les peines qu'elles prononçaient.

Ainsi l'art. 471 punit d'une amende depuis 1 fr. jusqu'à 5 fr., ceux qui négligent de nettoyer les rues ou passages, dans les communes où ce soin est laissé à la charge des habitants;

Ceux qui embarrassent la voie publique, en y déposant, ou y laissant, sans nécessité, des matériaux ou des choses quelconques, qui empêchent ou diminuent la liberté ou la sûreté du passage, ceux qui, en contravention aux lois ou règlements, auront négligé d'éclairer les matériaux par eux entreposés, ou les excavations par eux faites dans les rues et places;

Ceux qui refusent ou négligent d'exécuter les règlements ou arrêtés concernant la petite voirie, ou d'obéir à la sommation émanée de l'autorité administrative, de réparer ou démolir les édifices menaçant ruine.

Ceux qui auront jeté ou exposé au-devant de leurs édifices des choses de nature à nuire par leur chute ou par des exhalaisons insalubres.

Ceux qui auront laissé dans les rues, chemins, places, lieux publics ou dans les champs, des coutres de charrues, pinces, barres, barreaux ou autres machines, ou instruments ou armes, dont puissent abuser les voleurs et autres malfaiteurs. L'art. 472 prononce la confiscation de ces objets, et l'art. 474 prononce pour toutes les *contraventions* trois jours d'emprisonnement, en cas de récidive.

L'art. 475 punit d'une amende de 6 à 10 fr. :

Les rouliers, charretiers, conducteurs de voitures quelconques, ou de bêtes de charge qui auraient contrevenu aux règlements par lesquels ils sont obligés de se tenir constamment à portée de leurs chevaux, bêtes de trait ou de charge, et de leurs voitures, et en état de les guider et conduire; d'occuper un seul côté des rues, chemins ou voies publiques; de se détourner ou ranger devant toutes autres voitures, et à leur approche de leur laisser libre au moins la moitié des rues, chaussées, routes et chemins.

Ceux qui auront établi ou tenu dans les rues, chemins, places ou lieux publics, des jeux de loterie ou d'autres jeux de hasard. Il y a encore lieu à la confiscation des objets saisis, à 3 jours d'emprisonnement, suivant les cas, et à 5, en cas de récidive.

(Art. 476, 477 et 478 du code pénal.)

L'art. 479 prononce une amende de 11 à 15 fr. contre ceux qui occasionnent la mort ou la blessure des animaux ou bestiaux appartenant à autrui par la vétusté, la dégradation, le défaut de réparation ou d'entretien des maisons ou édifices ou par l'encombrement ou l'excavation, ou telles autres œuvres dans ou près les rues, chemins, places ou voies publiques, sans les précautions ou signaux ordonnés ou d'usage. Il y a lieu à prononcer la confiscation et l'emprisonnement, art. 480, 481 et 482.

243. Nous avons déjà vu que la loi du 6 octobre

1791, art. 40, ne s'applique qu'aux chemins vicinaux; d'un autre côté, le code pénal de 1810 ne contient, comme on vient de le voir, aucune disposition contre ceux qui *dégradent* ou *usurpent* les rues et places de l'intérieur des villes, bourgs ou villages. Faut-il en conclure que ces faits doivent rester impunis, ou ne donner lieu qu'à des réparations civiles?

La loi du 22 juillet 1791, et le code du 3 brumaire an IV, prononçaient des amendes de police municipale, contre ceux qui *embarrassaient* ou *dégradaient les voies publiques*; mais le code pénal de 1810 ne punit que les *embarras* de ces mêmes voies.

Le silence qu'il garde laisse-t-il subsister les dispositions des lois antérieures sur les dégradations?

M. Merlin, rep. de jurisprudence (voy. *Voie publique*), est d'avis de l'affirmative.

«Ni l'art. 471, dit il, ni aucun autre ne parlent de ceux qui *dégradent la voie publique*; et comme on ne peut pas dire que la matière à laquelle se rattache cette contravention, soit réglée par le code pénal de 1810, dans le sens attaché à ce mot *réglé* par l'art. 484, il ne paraît pas douteux que la dégradation de la voie publique ne doive encore être poursuivie et punie conformément à l'art. 605 du code du 3 brumaire an IV. Cela résulte de l'avis du conseil d'Etat de février 1812, qui est rapporté aux mots *offense à la loi.* »

Nous sommes entièrement de cet avis, et nous ajouterons que, si l'on veut supposer que l'art. 471 ait aboli les dispositions des lois antérieures, il faut au moins reconnaître que le maire pourra prendre un arrêté pour ordonner la réparation de la dégradation, et qu'à défaut par le contrevenant d'y satisfaire, il pourra être traduit en simple police, et condamné aux peines portées par le susdit article.

244. Dans tout ce que nous venons de dire, il n'est pas fait mention de l'*usurpation* de la voie publique; mais le silence de la loi à cet égard s'explique facilement, ou plutôt ce silence n'est qu'apparent. La loi punit la construction faite sans alignement, et celle qui n'y est pas conforme. Or l'anticipation se confond avec cette contravention, et l'on ne peut punir l'une sans l'autre.

245. L'édit de 1607 et la déclaration du 10 juin 1693 prononcent la démolition des bâtiments ou des réparations avec une amende de 20 fr., contre ceux qui, dans les villes, font de semblables constructions et réparations, sans avoir préalablement obtenu les alignements et permissions nécessaires;

De ce que la loi du 22 juillet 1791 maintient

les anciens règlements de voirie, on serait peut-être porté à croire que la peine de 20 fr. d'amende peut encore être prononcée; et que le fait qui y donne lieu, est de la compétence du tribunal de police correctionnelle; mais ce serait une erreur. Les anciens règlements ne sont maintenus que dans les points sur lesquels il n'existe pas de loi ou règlements nouveaux, ou sur lesquels ceux-ci gardent le silence. (Arrêt de cassation du 11 juin 1818). Or le code pénal de 1810 prononce une amende de 1 fr. à 5 fr., contre ceux qui refusent ou négligent d'exécuter *les règlements de petite voirie.* Voy. M. Merlin, Voirie, n.° 5

246. Celui qui fait une construction sans avoir obtenu un alignement, ou qui ne s'est pas conformé à l'alignement qui lui a été donné, doit être condamné, en outre de la démolition, à une amende de 1 fr. à 5 fr.

Le tribunal de police sera compétent pour prononcer l'une et l'autre condamnation.

Il y a trois arrêts de la section criminelle des 29 décembre 1820, 22 mars et 12 avril 1822, qui l'ont ainsi décidé.

Nous rapporterons les deux derniers :

Un orfèvre d'Avignon avait été traduit au tribunal de police de la même ville, à la requête du ministère public, pour avoir en contravention à un arrêté du maire du 12 juin 1821, et malgré les sommations qui lui avaient été faites au nom de ce fonctionnaire, refusé de démolir *un établi et un banc* placés au-devant de sa maison, située sur une place publique, et qui faisaient saillie sur cette place.

Le tribunal s'était déclaré incompétent, prétendant que la connaissance de la contravention dénoncée n'était pas dans les attributions du pouvoir judiciaire, mais dans celles de l'autorité administrative.

Mais ce jugement a été annulé par arrêt du 22 mars 1822, dans lequel on lit les motifs suivants :

« Attendu qu'aux termes de l'art. 1er. de la loi » du 29 floréal an x, les contraventions en ma- » tière de *grande voirie*, doivent être constatées, » poursuivies et réprimées par voie adminis- » trative, mais qu'il n'en est pas ainsi, en ma- » tière de *petite voirie*; que, dans celle-ci, les » règlements à faire pour la propreté, la sûreté, » la salubrité des rues et places publiques des « villes, bourgs et villages, ainsi que pour l'em- » bellissement, la largeur et la conservation des » rues ou places qui ne sont pas le prolongement » d'une route royale ou départementale, sont dans » les attributions du pouvoir municipal, et que » d'après les articles cités du code d'instruction

» criminelle et du code pénal, c'est aux tribunaux
» de police seuls qu'il appartient de prononcer
» les condamnations auxquelles donnent lieu les
» contraventions à ces règlements ;

» Que c'est ce qui a été reconnu et consacré
» par une ordonnance royale du 30 juillet 1817,
» qui a annulé un arrêté du conseil de préfecture
» du département de l'Aube, portant condam-
» nation d'un particulier à l'amende, pour anti-
» cipation sur une voie publique qui n'était pas
» route royale ou départementale ;

» Attendu que dans l'espèce, Andrieu a été tra-
» duit au tribunal de police d'Avignon, pour avoir
» en contravention à un règlement du maire de
» cette ville, du 12 juin 1821, et malgré les som-
» mations qui lui avaient été faites au nom de ce
» fonctionnaire, refusé de démolir un établi et
» un banc placés au-devant de sa maison, sise
» sur une place, et qui faisait saillie sur cette
» place ; »

Voyez Journal de M. Dalloz, an 1822, page 179.

Le sieur Collinet, propriétaire, obtint du maire de Soissons l'autorisation de faire quelques réparations à l'une des façades de sa maison; mais ayant fait faire des réparations plus considérables et qui tendaient à consolider sa maison, sise dans une rue sujète à un alignement projeté, il fut traduit en simple police; le juge-de-paix prononça l'amende, mais se déclara *incompétent* pour ordonner la démolition.

Cette seconde disposition a été dénoncée à la Cour de cassation, par M. le procureur-général de l'ordre exprès de Mgr. le garde-des-sceaux, et il est intervenu l'arrêt suivant :

« Attendu que les tribunaux de police ne doi-
» vent point se borner à prononcer la peine des
» contraventions dont ils ont été saisis dans l'or-
» dre de leurs attributions; qu'ils doivent encore
» statuer *sur la réparation du dommage qui en*
» *est résulté;* que relativement à une construc-
» tion faite ou entreprise au-delà de l'alignement
» donné par le maire, dans les rues et places
» des villes, bourgs et villages qui ne sont pas
» routes royales ou départementales, la répara-
» tion du dommage ne peut exister que par la
» démolition de cette construction; que cette
» démolition doit donc être ordonnée par le ju-
» gement qui prononce l'amende pour l'antici-
» pation sur l'alignement, ou pour la violation,
» dans la construction des règles prescrites par
» l'autorité municipale; qu'en principe général,
» les maires doivent dresser procès-verbal des
» infractions à leurs règlements sur la voirie ur-
» baine; qu'ils doivent faire sommation aux con-
» trevenants de s'y conformer, en détruisant ou

» changeant les constructions qui ont été faites » au mépris de ces règlements ; que la négligence » ou le refus d'exécuter cette sommation contre » laquelle il n'y aurait pas eu recours par les voies » légales, doit être poursuivie devant les tribu- » naux de police, qui, en prononçant la peine, » doivent ordonner la réparation de la contra- » vention, et par conséquent la démolition, la » destruction ou l'enlèvement de ce qui a fait la » matière de cette contravention ; — que, s'il ap- » partient à l'autorité municipale d'ordonner la » démolition d'édifices menaçant ruine, sauf le » recours devant l'autorité supérieure, c'est parce » que ces édifices exposent la sûreté publique, » que cette autorité doit spécialement protéger » et maintenir ; mais que cette attribution, pour » ce cas particulier, ne modifie d'aucune ma- » nière celle des tribunaux de police, relative- » ment aux anticipations, ou bien aux formes ou » mode des constructions qui ont été entreprises » contre les règles fixées dans les arrêtés de l'ad- » ministration municipale ; — attendu, d'ailleurs, » les motifs développés dans le réquisitoire du » procureur général, et que la cour déclare adop- » ter, casse et annule, dans l'intérêt de la loi, » le jugement du tribunal de police de Soissons, » du 28 mai 1821, dans la disposition seulement » par laquelle ce tribunal s'est déclaré incompé-

» tent pour prononcer sur la démolition qui » avait été demandée par le ministère public. »

247. Nous avons vu que les tribunaux de police doivent prononcer les peines de simple police contre ceux qui refusent ou négligent d'exécuter les règlements de l'autorité administrative.

Cependant, ils doivent refuser de les appliquer, lorsque ces règlements ne portent pas sur des objets spécialement confiés à la surveillance des municipalités.

C'est ce que nous avons établi dans notre Régime des Eaux, pag. 292 et suivantes. On trouvera aussi à l'endroit cité, une discussion étendue sur ces objets.

Nous nous bornerons donc à en indiquer ici quelques autres.

248. Les tribunaux de police ne peuvent se dispenser de punir des peines portées par le n°. 5 de l'art. 471 du code pénal de 1810, les contraventions aux arrêtés des Maires qui défendent de laisser divaguer sur la voie publique, des porcs, des oies, des canards et d'autres animaux nuisibles à la salubrité publique.

Car c'est un règlement de petite voirie que peut faire un maire, d'après l'art. 3 de la loi du 14 août 1790, que celui qui défend de laisser divaguer, soit dans l'intérieur de la ville, soit sur les promenades et marchés publics, des cochons, oies, canards et autres animaux nuisibles à la salubrité, à la sûreté des habitants, et à la conservation des monuments publics. Personne n'ignore en effet que la police de la petite voirie comprend tout ce qui est relatif à la sûreté et à la commodité du passage dans les rues; et tout le monde a éprouvé que si quelque chose nuit à la sûreté, à la commodité, à la salubrité du passage dans les rues d'une ville, c'est la circulation des porcs, des oies, des canards, etc.

Sans doute, les oies et les canards ne sont pas des animaux féroces et malfaisants : sans doute, on n'encourt pas, en les laissant divaguer dans les rues, même à défaut de règlement local qui le prohibe, la peine déterminée par l'art. 475, n°. 7, du code pénal, c'est-à-dire, une amende de 6 à 10 fr.

Mais ce sont des animaux qui nuisent par leur circulation à la salubrité et à la commodité du passage. La police municipale a donc le droit d'en prohiber la circulation; et ceux qui contreviennent à la prohibition qu'en fait la police municipale encourent la peine portée par l'art. 47, n°. 5, du même code.

Ces principes ont été consacrés par un arrêt de la cour de cassation du 20 juin 1812.

249. Il entre même dans les attributions de l'autorité municipale de régler l'exercice du droit de

parcours, notamment de défendre de conduire des oies dans les terrains sujets au parcours des bestiaux. Les règlements relatifs à cet objet sont obligatoires pour les tribunaux de simple police qui sont chargés de les appliquer (art. 3, titre 2, de la loi du 24 août 1790; et 46, titre 2, loi du 22 juillet 1791, loi du 6 octobre 1791).

Ainsi décidé par arrêt de la cour de cassation du 11 octobre 1821, rapporté dans le recueil de M. Dalloz, vol. 1821, pag. 605.

250. Mais l'autorité municipale ne peut prendre des arrêtés portant des peines contre ceux qui laisseraient divaguer leurs pigeons en temps prohibé; parce que la seule mesure répressive autorisée par la loi, consiste en ce que, pendant ce temps, les pigeons sont regardés comme gibier, et que chacun a le droit de tuer ceux qui se trouvent sur son terrain.

Arrêt de la même cour du 27 juillet 1820, même recueil, année 1820, pag. 527.

251. Quoique le chien ne soit pas un animal malfaisant par sa nature, tel ou tel de ces animaux peut l'être par son organisation et par son instinct particulier, et l'on doit regarder comme malfaisant le chien qui, étant dans la rue, en état de divagation, mord un individu sans y être provoqué par aucun mauvais traitement. Dès-lors, le maître de ce chien est passible de l'amende de 6

à 10 fr., prononcée par l'article 475, n.° 7, du code pénal, contre ceux qui auraient laissé divaguer des animaux malfaisants ou féroces, étant sous leur garde; ainsi jugé par arrêt de la cour de cassation, du 27 février 1823.

« Attendu que le jugement attaqué constate que la chienne qui a mordu Antoine Lavey, appartenait à Ménard; que cette chienne était dans la rue publique; que ce jugement ne constate pas que cette chienne fut confiée à la garde de personne; que, dès-lors, elle était en état de divagation; que le tribunal de police n'a refusé d'appliquer l'art. 475 du code pénal, que sous le prétexte qu'un chien n'est pas, par sa nature, un animal malfaisant; mais qu'un animal peut être malfaisant par son organisation, quoique l'espèce à laquelle il appartient ne soit pas malfaisante par sa nature; que la chienne dont il s'agit devait être réputée malfaisante par son instinct particulier par cela que, sans y être provoquée par de mauvais traitements, elle avait, en état de divagation, mordu un individu; que dès-lors il y avait lieu à l'application de l'art. 475, n.° 7, du code pénal, et que le refus de cette application, sur le motif exprimé dans le jugement attaqué, a été une violation de cet article : »

252. Les contrevenants aux arrêtés des maires qui répartissent entre les habitants de leurs com-

munes, les travaux à faire pour mettre les chemins vicinaux en bon état, doivent être punis de la peine portée par l'art. 471, n°. 5, du code pénal, contre ceux qui auront négligé ou refusé d'exécuter les règlements ou arrêtés concernant la petite voirie.

Les tribunaux de police devant lesquels ces contrevenants sont traduits, ne peuvent les acquitter sous le prétexte que, dans la répartition des travaux dont il s'agit, les maires se sont écartés des anciens usages ou des jugements précédemment rendus.

Tous les auteurs s'accordent à dire que le droit de voirie, en général, consiste dans le pouvoir de faire des règlements, non - seulement pour l'alignement des édifices, la propreté, la commodité et la salubrité des rues et places publiques des villes, bourgs et villages, mais encore pour tenir les chemins en bon état.

Dès-lors, le maire qui règle par un arrêté la tâche de chaque habitant dans les travaux que nécessite la réparation des chemins vicinaux, ne fait évidemment que ce que la loi appelle un *règlement de petite voirie.*

C'est ce qu'a décidé la cour de cassation, par arrêt du 24 décembre 1813, dans lequel on lit les motifs suivants :

« Attendu que la loi du 16 fructidor an III,

» terdit formellement aux tribunaux de connaî-
» tre des actes d'administration; que leur pouvoir
» se borne à en assurer l'exécution, lorsqu'ils
» ont été rendus dans le cercle des attributions
» conférées par la loi aux divers agents de l'au-
» torité administrative; que ce n'est point aux
» juges qu'il peut appartenir d'examiner si ces
» actes sont justes ou injustes; qu'obéissance
» provisoire leur est toujours due, tant qu'ils
» n'ont pas été réformés par l'autorité supérieure
» compétente; que dans l'espèce, l'arrêté pris
» par le maire de la commune de Leethare pour
» la réparation des chemins vicinaux, était un
» réglement de petite voirie, qui devenait obli-
» gatoire pour tous ceux qu'il concernait; que le
» refus fait par plusieurs habitants de ladite com-
» mune de s'y conformer, caractérisait la con-
» travention prévue par le n°. 5 de l'art. 471 du
» code pénal; et que le tribunal de police ne
» pouvait se dispenser d'y appliquer la peine
» portée par cet art.; qu'inutilement les préve-
» nus alléguaient-ils pour leur défense que les tra-
» vaux qui leur avaient été commandés, étaient
» contraires à d'anciens usages établis, suivis et
» confirmés; que le tribunal de police n'était pas
» compétent pour connaître de la question que
» cette allégation faisait naître; que cependant
» ledit tribunal, après avoir ordonné, par un

» second jugement, la preuve des faits allégués, » et sur le motif que le règlement dont il s'agit » n'était pas en effet conforme à ce qui s'était » pratiqué antérieurement, s'est permis, par son » jugement définitif, de renvoyer les prévenus » de l'action poursuivie contre eux. »

253. Lorsque plusieurs particuliers, habitant des maisons différentes, contreviennent le même jour aux ordonnances de police qui leur enjoignent de balayer les rues le long de leurs habitations, le tribunal de police devant lequel ils sont traduits en même temps, ne peut, au lieu de les condamner chacun à une amende d'un à 5 fr., portée par l'article 471 du code pénal, ne les condamner tous qu'à une seule amende solidairement.

Ainsi jugé par un arrêt de la cour de cassation, du 22 avril 1823, qu'on trouvera dans le bulletin criminel.

254. La peine portée par l'art. 471 du code pénal, contre ceux qui auront négligé de nettoyer les rues et passages dans les communes où ce soin est laissé à la charge des habitants, est applicable à un adjudicataire du nettoyement des rues, et de l'enlèvement des boues qui, par une des clauses de son adjudication, s'est soumis à cette peine.

En cas de récidive, cet adjudicataire est passible de la peine d'emprisonnement portée par l'art. 474.

C'est ce qu'a décidé la cour de cassation par un arrêt du 12 novembre 1813, dont les lumineux motifs doivent trouver place ici.

« Vu l'art. 442 du code d'instruction criminelle, vu aussi les articles 474 et 483 du code pénal, attendu qu'aux termes de l'art. 50, de la loi du 14 décembre 1789, l'une des fonctions propres au pouvoir municipal, est de faire jouir les habitants des avantages d'une bonne police, notamment de la propreté, de la salubrité, de la sûreté et de la tranquillité dans les rues, lieux et édifices publics, que l'art. 3, titre 2, de la loi du 24 août 1790, range parmi les objets confiés à la vigilance et à l'autorité des corps municipaux, tout ce qui intéresse la sûreté et la commodité du passsage dans les rues, quais, places et voies publiques, ce qui comprend le nettoiement, l'illumination, l'enlèvement des encombrements ; que, suivant l'art. 46, titre 1er., de la loi du 22 juillet 1791, le corps municipal peut, sauf réformation, s'il y a lieu, par l'administration du département, faire des arrêtés sur les objets confiés à sa vigilance et à son autorité, par les art. 3 et 4, titre 11 de la loi sur l'organisation judiciaire (24 août 1790) ; qu'il résulte de ces différentes lois, et de celle du 28 pluviose an VIII, par laquelle les maires sont chargés de l'exercice des fonctions municipales, qu'en s'occupant, par son arrêté du 8 novembre 1811, des moyens de procurer à ses concitoyens les avantages de la propreté et de la salubrité, et en mettant en adjudication, pour parvenir à ce but, le nettoiement des rues, et l'enlèvement des boues, le maire de Lille a fait un règlement qu'il avait incontestablement le pouvoir de faire; que, par l'art. 3, tit. 11, de la loi citée du 24 août 1790, les contraventions aux règlements de police sont déclarées punissables d'une amende pécuniaire, ou d'un emprisonnement, par forme de correction; que Louis Joseph Godin, chargé en qualité d'adjudicataire, de l'exécution du règlement du maire de Lille, du 8 novembre 1811, a été subrogé à l'obligation des habitants; que, par suite, il a été soumis aux peines qu'ils auraient eux-mêmes encourues par leur contravention à ce règlement, et spécialement à celle de l'art. 471, n°. 3, du code pénal, textuellement applicable à ceux qui auront négligé de nettoyer les rues ou passages; que, par un jugement du 15 février 1813, du tribunal de police de Lille, Godin a été condamné à l'amende, pour inexécution du règlement de police du 8 novembre 1811; qu'au mois d'août suivant, conséquemment dans l'année de sa première contravention, il s'est rendu coupable d'une seconde; que, traduit de nouveau au même tribunal de police, il a été condamné, par jugement du 23 août, à un jour d'emprisonnement, à raison de la récidive; mais que sur l'appel par lui relevé de ce jugement, le tribunal correctionnel de Lille l'a déchargé de la peine d'emprisonnement, et l'a condamné seulement à une amende de 5 fr.; qu'en vain, pour justifier cette réduction de la peine prononcée par les premiers juges, le tribunal correctionnel dit que Godin ne s'était obligé que conformément aux conditions de l'adjudication, dans lesquelles il n'est fait aucune mention de l'art. 474 du code pénal; que ce n'est pas en vertu de la convention, mais d'après la loi, que Godin est punissable; que du pouvoir de l'autorité municipale de faire des règlements sur les objets confiés à sa vigilance, à son autorité, par la loi du 24 août 1790, ne dérive pas celui de déterminer arbitrairement les peines qui seront encourues par les contrevenants; que ceux-ci ne peuvent, quelque soit à cet égard la disposition du règlement par eux violé, être punis de peines, ni plus faibles, ni plus fortes que celles qui sont déterminées par les lois; d'où il suit que le silence du règlement dudit maire de Lille, sur l'art. 474 du code pénal, n'a pas plus autorisé le tribunal correctionnel à affranchir l'adjudicataire Godin de la peine encourue par sa récidive, que l'énonciation dans ce même règlement, d'autres articles de lois pénales inapplicables aux faits de la contravention, ne lui eut permis de le condamner aux peines de ces articles; qu'en changeant en une simple peine d'amende, la peine d'emprisonnement prononcée contre le prévenu, par le tribunal de police, le jugement attaqué a donc violé manifestement les dispositions des art. 474 et 483 du code pénal, concernant la récidive, en matière de police; la cour casse et annulle, dans l'intérêt de la loi, et sans préjudice de son exécution, à l'égard de la partie intéressée, le jugement correctionnel de Lille du 8 octobre dernier. »

255. Les maires ayant le droit de faire des arrêtés pour ordonner la suppression des gouttières saillantes donnant sur la rue, les tribunaux de police sont compétens et ne peuvent se refuser d'appliquer à la contravention commise à ces arrêtés, la peine prononcée par l'article 471 du code pénal.

(Arrêt de cassation du 14 octobre 1813. Voyez le bulletin des arrêts de la cour.)

256. Un règlement municipal qui ordonne au propriétaire d'un troupeau d'exercer son droit de vaine pâture sur un cantonnement déterminé et d'y conduire son troupeau par des chemins désignés, rentre dans les attributions de l'autorité municipale, et par conséquent est obligatoire pour

les tribunaux, soit qu'il existe une épizootie dont le règlement a pour but de prévenir la propagation, soit qu'il n'y ait que de simples appréhensions. (Loi du 24 août 1790, titre 11, article 5.)

257. La réclamation portée devant l'autorité administrative supérieure contre un arrêté du maire, rendu sur une matière de sa compétence, n'en suspend point l'exécution. Les tribunaux de police sont obligés d'appliquer les arrêtés des maires, quoiqu'ils n'aient pas encore été approuvés par les prefets, et jusqu'à ce qu'ils aient été réformés par ces magistrats ou par le ministre. (Loi du 22 juillet 1791, titre 1, art. 46.)

Ainsi décidé par deux arrêts de la cour de cassation, l'un du 6 juin 1807, journal de M. Dalloz, vol. 1807, supp. pag. 123, l'autre du 1er février 1822, journal de M. Sirey an 1822, pag. 235,

258. Un règlement portant que les ouvriers, pour être admis à travailler sur le port d'une commune, doivent être nommés et commissionnés par le maire, afin de prévenir les rixes et de maintenir la tranquillité, rentre dans les attributions confiées à l'autorité municipale par l'article 3, n.° 3, titre 11, de la loi du 24 août 1790. Les tribunaux de police, compétents pour reconnaître de la contravention à ces arrêtés, ne peuvent refuser d'appliquer les peines prononcées par la loi.

Un arrêté du maire de la commune d'Escovilles du 1.er juillet 1820, dispose, article 1er. : « Tous les ouvriers, pour être admis à travailler » sur les ports de cette commune, devront être » nommés et commissionnés par nous.

Art. 6. » Aucun ouvrier ne pourra, sous aucun » prétexte, travailler sur les ports; le voiturier » pourra lui-même décharger sa voiture; le marinier pourra lui-même opérer son chargement; » mais il ne pourra, sous aucun prétexte, employer des journaliers, domestiques à gages » ou salariés. »

Le tribunal de police avait refusé d'appliquer à la contravention commise à cet arrêté, les peines prononcées par la loi, sous prétexte qu'il ne concernait aucun objet dont la surveillance fût confiée à l'autorité municipale;

Mais ce jugement a été cassé par arrêt du 12 avril 1822. Voyez le journal de M. Sirey, année 1822, page 567.

La cour de cassation a encore décidé dans le même sens par arrêt du 1er mai 1823, rendu par la section criminelle sur le pourvoi du commissaire de police de Valence. Par cet arrêt, la cour a cassé un jugement du tribunal de police de la même ville qui refusait d'appliquer un arrêté du maire semblable à celui rapporté dans l'espèce précédente.

259. Mais lorsqu'un arrêté du maire d'une ville porte que tous les travaux et ports relatifs au marché des grains et farines seront faits, *comme par le passé*, par les porte-faix attachés à ce service, il n'y a pas contravention, et par conséquent les tribunaux de police sont incompétents pour prononcer des peines, dans le cas où les marchands de grains portent eux-mêmes ou font porter par les gens de leur famille et leurs domestiques les grains et farines qui leur appartiennent; parce qu'un arrêt du parlement de Paris du 3 juillet 1774, le leur permet formellement. Pour qu'il en fût autrement et qu'il y eut contravention, il faudrait que l'arrêté du maire défende explicitement aux marchands de grains et farines de porter eux-mêmes leurs sacs, et les oblige d'employer, pour ce travail, les porte-faix attachés au service du marché.

Arrêt de cassation du 16 avril 1819. Recueil de M. Dalloz, an 1819, page 460.

260. Remarquons en passant que l'article 484 du code pénal qui renvoye aux lois et règlements particuliers, n'entend parler que de ceux que l'autorité municipale n'a pas légalement modifiés ou changés par des règlements nouveaux.

Elle a le droit de changer ou modifier des arrêts de règlement du parlement.

Arrêt de cassation du 11 juin 1818, même recueil, vol. 1818, page 445.

261. Les maires peuvent-ils, par des règlements de police, imposer aux habitants de leurs communes l'obligation de tapisser le devant de leurs maisons pour les processions usitées dans le culte catholique?

Cette question a été décidée en sens diamétralement opposé, par deux arrêts de la cour de cassation des 29 août 1817 et 26 novembre 1819. Le premier arrêt l'avait décidé affirmativement et le second négativement. A la vérité, le second arrêt a été rendu en sections réunies, sous la présidence de Mgr. le garde-des-sceaux. Cependant, l'importance de la question est telle qu'il serait à désirer que la cour de cassation fût encore une fois appelée à décider.

262. Les maires peuvent-ils, par des règlements de police, imposer aux habitants de leurs communes l'obligation de montrer certains signes le jour d'une fête royale, et spécialement celle d'arborer un drapeau blanc à leurs maisons le jour de la Saint-Louis?

Cette question a été résolue négativement par arrêt de la cour de cassation du 27 janvier 1820. (Journal de M. Dalloz, année 1820, pag. 59.)

263. Les maires ont le droit de prescrire ou dé-

fendre, par des règlemens, le balayage des rues *à telle ou telle heure ;*

Les tribunaux ne peuvent se dispenser d'appliquer les règlements émanés de l'autorité municipale dans les bornes de sa compétence, sous le prétexte que ces règlements doivent être changés en raison de circonstances survenues depuis qu'ils ont été faits

Arrêt de cassation du 28 août 1818. (Journal de M. Dalloz, vol. 1818, page 76.)

264. L'autorité municipale a le droit de faire des règlements pour éloigner des propriétés particulières, aussi bien que des lieux publics les matières qui peuvent infecter l'air et compromettre la sûreté publique.

Tant que ces règlements n'ont pas été réformés par l'autorité administrative supérieure, ils doivent recevoir leur exécution sans que les contrevenants puissent obtenir de sursis fondé sur ce qu'ils prétendent être propriétaires des terrains encombrés de matières mal saines, au mépris de ces mêmes règlements.

Un arrêté du maire de Salies du 7 novembre 1822, portait que la rue servant de passage pour la maison *Trouilh* était remplie de fumier qui y avait été déposé par Darrigrand et Latrubesse, et que *la salubrité publique* exigeait l'enlèvement de ce fumier, qu'en conséquence il l'ordonnait :

Les délinquants s'étaient prétendus propriétaires du terrain encombré; le juge de police adoptant ce moyen s'était déclaré incompétent; mais l'allégation n'était pas une raison pour qu'il refusât d'appliquer les peines prononcées par la loi.

Aussi son jugement a été cassé par arrêt du 6 février 1823. (Journal de M. Dalloz, an 1823, page 59.)

265. L'arrêté par lequel le maire d'une commune défend à tous propriétaires de maisons situées dans la ville ou dans les faubourgs, de reconstruire ou de réparer leurs toits avec de la paille ou des roseaux, est compétemment rendu et obligatoire tant qu'il n'a pas été réformé par l'autorité supérieure.

Arrêt du 23 avril 1819, même recueil, an 1819, page 435.

266. L'art. 471, n.° 4, du code pénal, qui punit d'une amende de 1 à 5 fr. ceux qui auront embarrassé *la voie publique*, en y déposant ou laissant sans nécessité des matériaux ou des choses quelconques qui empêchent ou diminuent la liberté ou la sûreté du passage, s'applique aux chemins vicinaux comme aux rues et places des villages, bourgs ou villes.

267. Saigner, médicamenter et ferrer les chevaux dans la rue sans autorisation administrative, c'est embarrasser la voie publique.

C'est ce qu'a jugé la cour de cassation le 30 frimaire an XIII, par un arrêt ainsi conçu : Attendu que le jugement du tribunal de police de Caen, 2.e arrondissement, rendu le 7 vendémiaire dernier, par lequel il s'est rendu incompétent pour statuer sur la demande de Macey, et a renvoyé les parties se pourvoir devant l'administration municipale, a contrevenu audit article 605 du code du 3 brumaire an IV, puisque ledit Macey se plaignait de ce que le défendeur embarrassait la voie publique en y faisant ferrer et saigner des chevaux sans en avoir obtenu l'autorisation de l'administration municipale, et d'où il articulait qu'il était résulté plusieurs accidents, notamment à l'égard des locataires de la maison voisine de celle du défendeur.

La décision serait la même sous l'empire du code actuel dont l'article 471, n.° 4 n'est que la répétition de l'article 605, du code de brumaire an IV.

268. Pour savoir si l'on peut assimiler les entreprises sur les cours d'eau non navigables ni flottables, soit en les embarrassant ou encombrant, soit en anticipant sur leur largeur, à celles commises sur la voie publique, il faut voir la discussion étendue à laquelle nous nous sommes livrés dans notre régime des eaux, article 5, page 286 et suivantes.

TROISIÈME PARTIE.

DES CHEMINS PARTICULIERS.

269. Le sujet que nous allons traiter, quoique d'un usage très-fréquent, n'est cependant pas susceptible de recevoir les mêmes développements que celui qui a fait la matière des deux premières parties. Plus heureux pour les chemins privés que pour les grandes routes, et surtout pour les chemins vicinaux, nous trouvons, dans le code civil, des principes généraux qui nous manquent pour ceux-ci, et qui nous guident dans la solution d'un grand nombre de contestations. Si l'application de la loi peut faire naître des difficultés dans quelques cas assez rares, nous en trouvons la solution, soit dans la législation romaine, que nous devons toujours consulter comme raison écrite, soit dans les excellents ouvrages que nous possédons sur la matière, au nombre desquels il faut placer en première ligne ceux de Cœpolla et de M. Pardessus. Et comme nous ne pouvons pas avoir la prétention de présenter des idées nouvelles sur un sujet déjà si

bien traité, que notre intention est seulement de rendre notre ouvrage le plus complet qu'il nous a été possible, en réunissant dans le même cadre les principes relatifs aux chemins de toutes espèces, nous nous bornerons à donner sur cette matière quelques notions générales que nous puiserons, en grande partie, dans les sources que nous venons d'indiquer.

Les chemins particuliers, sous quelque dénomination qu'on les désigne, et quelque soit leur destination, sont tous ceux qui ne sont ni grandes routes, ni chemins vicinaux, d'après les principes que nous avons donnés dans les deux premières parties.

Ces chemins peuvent être réclamés ou comme propriété, parce que ceux qui les revendiquent, prétendent que la portion de terrain consacré à leur formation leur appartient, ou à titre de servitude sur l'héritage d'autrui.

Dans le premier cas, la contestation doit être décidée par les règles ordinaires en matière de propriété. La circonstance particulière que le terrain forme un chemin, ne change rien à leur application qui se doit faire à cet usage, comme à tout autre auquel il serait consacré.

Celui qui se prétendra propriétaire du chemin, devra donc prouver sa propriété, ou par un titre, ou par la prescription.

Nous ferons observer que, pour que la possession soit suffisante, elle ne doit pas résulter uniquement du fait de passage, quelque soit l'ancienneté de son existence, et lors même que celui qui en a ainsi usé, aurait entretenu ou réparé le chemin, parce que ces actes ne seraient considérés que comme le résultat de la tolérance et du bon voisinage.

Toutefois cette observation ne s'applique qu'au cas où il existe, en faveur de celui qui conteste le passage, un titre de propriété du terrain, titre que son adversaire prétend détruit par une possession postérieure; car s'il n'en existait pas, les actes possessoires dont nous avons parlé, seraient suffisants, pourvu qu'ils aient été exercés exclusivement, et pendant le temps requis pour constituer la prescription. La raison de cette différence est qu'il n'y a que le propriétaire qui puisse opposer que ces actes ont eu lieu à titre purement précaire, de tolérance et de bon voisinage; et que dans le cas proposé, le possesseur serait censé avoir laissé, au-delà de son mur ou de sa haie, une portion de terrain pour servir de passage.

Nous croyons qu'il en serait de même dans le cas où celui qu'on attaque avec une telle possession, serait lui-même en possession, mais depuis un an seulement, du passage qui fait contestation; cependant, l'opinion contraire nous paraîtrait la plus juste, si la possession annale résultait de ce qu'il aurait enclos et cultivé le terrain, et récolté les fruits qu'il aurait produits, parce qu'alors il se ferait maintenir dans sa possession et serait réputé propriétaire jusqu'à la preuve contraire, qui ne pourrait pas résulter, comme nous l'avons dit, d'un simple fait de passage et de réparation.

Mais dans le cas où, suivant la supposition que nous avons faite, aucune des parties n'ayant de titre, toutes les deux auraient également joui du passage, et par les mêmes actes, il nous semble qu'il devrait être considéré comme une propriété mitoyenne, ou commune entre eux, comme s'il s'agissait d'un mur, d'une haie ou d'un fossé. Chaque propriétaire riverain serait alors censé avoir contribué à la formation du passage en laissant au-delà de sa construction une égale portion de son terrain.

Nous nous bornerons à ces seules réflexions à l'égard des chemins considérés comme propriété, et ce que nous allons dire s'applique aux chemins réclamés à titre de servitude.

Ces chemins peuvent dériver, ou de la seule disposition de la loi, ou de la convention des parties, ce qui nous conduit à diviser cette matière en deux chapitres. Dans un troisième, nous examinerons quelles sont les actions qu'elle peut faire naître.

CHAPITRE PREMIER.

Du chemin légal.

270. La propriété étant le droit de jouir et disposer des choses de la manière la plus absolue, il en résulte d'une part que tout héritage est naturellement libre et affranchi de servitude; et d'autre part que personne ne peut être contraint de le céder. Néanmoins, l'art. 545 du code civil établit à cette dernière règle une exception fondée sur la nécessité publique.

L'art. 682 du même code établit une seconde exception, en autorisant le propriétaire dont les fonds sont enclavés, et qui n'a aucune issue sur la voie publique, à réclamer un passage sur les héritages voisins pour l'exploitation des siens. Il nous semble même que cette disposition a encore pour base une sorte de nécessité publique; car l'intérêt général exige que les propriétés ne soient pas abandonnées et exposées à manquer de culture.

Cependant, cette nouvelle charge ne pouvait pas être gratuitement imposée au fonds de celui qui est obligé de la souffrir. Le particulier qui en a besoin devait être assujetti aux mêmes obligations que l'Etat et les communes qui réclament la cession d'une propriété particulière pour cause d'utilité publique; il a donc été soumis à payer une indemnité.

Mais il n'est point obligé de faire préalablement constater, par une ordonnance royale, la nécessité du passage, ni de faire déterminer, par l'autorité administrative, les héritages sur lesquels il doit s'exercer. Quoique le code civil ne contienne à cet égard aucune disposition expresse, il est manifeste que les lois des 16 septembre 1807, et 8 mars 1810, ne s'appliquent par leurs termes, comme par leur esprit, qu'aux expropriations forcées qui s'opèrent en faveur de l'Etat et des communes; et que la juridiction administrative qui ne peut connaître que des matières qui lui sont spécialement déférées par une loi formelle, est incompétente pour prononcer sur un objet d'utilité privée, qui ne se rattache qu'indirectement à l'intérêt public.

Ce sera donc aux tribunaux ordinaires qu'il appartiendra de statuer sur les contestations qui auraient pour objet la nécessité du passage, la détermination des héritages qui doivent en être grévés, le mode de son exercice et la liquidation de l'indemnité due au propriétaire, dont l'héritage y est assujetti.

271. Mais par cela même que l'obligation d'accorder un passage est une exception au droit de propriété, et à la franchise naturelle des héritages, il faut la restreindre au cas que le législateur a prévu, et ne l'appliquer, comme le dit formellement l'art. 682 du code civil, que lorsque le propriétaire du fonds enclavé n'a *aucune issue* sur la voie publique.

Si donc un propriétaire possédait deux héritages contigus, dont l'un touchant à la voie publique fût une maison et l'autre un champ, et qu'il n'y eût aucune communication de l'un à l'autre, il ne pourrait réclamer le bénéfice de l'art. 682, et serait obligé d'établir la communication nécessaire, quelqu'incommodité qui en résultât pour lui, et lors même que le trajet serait plus long pour se rendre à la voie publique.

272. Mais en serait-il de même dans le cas où l'enclave aurait cessé, soit par l'établissement d'une nouvelle voie publique, soit par l'acquisition que le propriétaire du fonds enclavé aurait faite d'un héritage qui communiquerait à cette voie, et qui serait contigu au premier.

Pour l'affirmative, on pourrait dire que le droit de passage ayant été acquis et payé, est par cela même devenu, dans la main de l'acquéreur, une propriété irrévocable, qu'aucune disposition du code n'autorise formellement à faire cesser.

Cependant, si l'on considère que le passage ne résulte pas d'une convention libre et volontaire, et n'est qu'une servitude imposée par la nécessité à un propriétaire; qu'en principe, l'effet doit cesser avec la cause qui le produit, on demeurera convaincu que celle établie par l'art. 682 du code civil, doit cesser d'exister, dès que le fonds, en faveur duquel elle est établie à une autre issue sur la voie publique, sauf au propriétaire de l'héritage qui était grévé du passage à ne conserver l'indemnité, s'il l'a reçue, qu'à proportion du temps pendant lequel a duré la servitude, et à restituer le surplus. Cette décision nous semble être une conséquence toute naturelle de l'article 701 du code civil, et de la nécessité de laisser à l'agriculture tous les terrains qui ne sont pas indispensables pour un autre usage.

273. Pour que l'art. 682 puisse être invoqué, il faut non-seulement que l'héritage soit enclavé, mais encore que celui à qui il appartient n'ait aucune issue sur la voie publique. Si donc des conventions particulières lui accordaient un passage par un héritage, il nous semble qu'il ne serait pas fondé à en réclamer un sur un autre fonds, sous le prétexte que celui-ci serait plus court et plus commode.

Dans le cas où il n'existerait pas de pareille convention, et que de deux particuliers, l'un se refusa au passage, et l'autre y consentit; le propriétaire du fonds enclavé serait-il fondé à rejeter le passage qui lui serait offert pour exiger celui qui lui serait contesté, si d'ailleurs celui-ci lui était légalement dû ? Nous croyons l'affirmative, sans difficulté; c'est pour éviter l'incertitude, l'arbitraire et les contestations qui en sont la suite, que le législateur a établi des règles propres à déterminer les droits des uns et les obligations des autres. Les tribunaux doivent donc s'attacher à leur observation.

274. Toutefois, ce que nous venons de dire que l'art. 682 du code civil ne peut être invoqué que par celui qui *n'a aucune issue* sur la voie publique, doit être sainement entendu. Car en subordonnant à cette condition l'exercice de la faculté qu'il établit, le législateur n'a pas eu, sans doute, l'intention de favoriser les résistances et les chicannes de la mauvaise foi, ni d'imposer à l'agriculteur qu'il a au contraire voulu favoriser, ou à tout autre, la nécessité de faire des dépenses ruineuses, et il nous semble que la circonstance qu'un passage public est impraticable, ou qu'il ne pourrait être mis en état de viabilité, qu'avec des frais considérables, ou qu'enfin il est d'un usage dangereux ou très difficile, suf-

fitrait pour le faire considérer comme n'existant pas, et pour autoriser les tribunaux à appliquer la disposition de l'art. 682, surtout si l'héritage qui devra être assujetti au passage n'est pas très-précieux, et qu'il n'en éprouve pas une notable incommodité.

Mais les tribunaux, seuls appréciateurs des circonstances, devront user de ce pouvoir discrétionnaire avec une grande réserve, en conciliant, ainsi qu'ils y sont autorisés par l'art. 645, l'intérêt de l'agriculture avec le respect dû à la propriété, qui doit toujours être la principale considération.

Cette doctrine est celle de M. Merlin, Répertoire de Jurisprudence, *verbo* servitude.

« Il paraîtrait néanmoins bien rigoureux, dit-
» il, d'exiger une impossibilité tout-à-fait abso-
» lue, d'aller par ailleurs, pour qu'on eut droit
» de demander au voisin le droit de passage. Il
» suffit qu'il soit *extrêmement difficile, sans cela,*
» *de parvenir à son fonds.* »

L'opinion de M. Merlin a été consacrée par un arrêt de la cour de Colmar, du 26 mars 1816 (Recueil de M. Dalloz, 1817, 2.e partie, pag. 105), dans lequel on lit ce qui suit :

« Que la seconde des portions de prairie d'An-
» toine Weeber, aboutit en effet sur un champ
» qui lui appartient, et qui est borné par un che-

» min; mais que la fénaison précède de beaucoup » la récolte du champ; le terrain productif à » traverser est trois fois plus long, et le dom- » mage, par conséquent, serait trois fois plus » considérable; le champ est très-élevé au-dessus » du niveau de la prairie, et au-delà est un *che-* » *min creux*, étroit et presque impraticable dans » toute sa longeur, qu'il faut parcourir jusqu'à » Oberhasslach, pour ensuite rétrograder vers » Niderhasslach, qu'habitent toutes les parties. »

La cour royale a tiré de ces faits la conséquence que le fonds d'Antoine Weeber était enclavé et sans issue; elle a, en conséquence, confirmé le jugement de première instance qui accordait à celui-ci un passage sur les héritages voisins.

275. Par une conséquence de ce que nous venons de dire :

Si un héritage était contigu à la voie publique, mais que cette voie fût *momentanément* impraticable, soit par une inondation, soit à défaut de réparations, elle serait considérée comme n'existant pas, les voisins seraient obligés de supporter le passage; mais dans le second cas, ce ne serait pas celui auquel le passage serait nécessaire qui devrait l'indemnité; ce serait la commune, dont la négligence à entretenir le chemin, n'aurait pas permis de s'en servir, art. 41 de la loi du 6 octobre 1791.

276. Devrait-on considérer comme enclavé et sans issue, l'héritage bordé par une rivière navigable ou flottable, ou par un ruisseau ?

Cette question qui, dans l'ancienne jurisprudence, avait divisé les auteurs et les tribunaux, n'est pas formellement décidée par le code, et est encore aujourd'hui d'une solution extrêmement difficile.

« Là-dessus, dit Basnage, tom. 2, pag. 487, l'on » a fait cette question, si celui qui peut aborder » par eau sur son héritage, pouvait contraindre » son voisin de lui en accorder un sur le sien. » La raison de douter, était que l'on n'est tenu » à souffrir cette servitude, que dans une néces- » sité absolue, et dans l'impossibilité de passer » par aucun autre endroit; mais quand cela se » peut faire en quelque manière que ce soit, » quoique ce passage soit incommode, ce n'est » point une raison suffisante pour imposer une » charge fâcheuse à son voisin, *nulla enim ne-* » *cessitas excusatur, quæ potest non esse ne-* » *cessitas*, comme disait Tertullien; celui à qui » l'on doit un chemin, ne peut passer à travers » des blés et des vignes, pourvu qu'on lui dé- » signe un passage qui soit commode, *non enim* » *per villam ipsam, nec per medias vineas ire,*

» *agere ipso sinendus est, cùm id æquè, commodè*
» *per aliam viam facere possit, L. si cui sim-*
» *plici*, 9 *D. de L. au tut.* A plus forte raison
» celui qui n'a aucun droit, et qui ne peut l'ob-
» tenir que par grâce, est mal fondé à prétendre
» que son voisin lui doit fournir sa commodité;
» Masuer dit la même chose, titre des prescrip-
» tions, n°. 2. *Si quis petat viam sibi constitui in*
» *fundo proximiori, si reperiatur alibi habere*
» *viam, non auditur dato quod sit sibi proxi-*
» *mior, vel remotior.* Mais l'on répond que cela se
» doit entendre d'un chemin libre et sûr, par le-
» quel on puisse passer ordinairement et commo-
» dément, et sans péril de la personne; ce qui ne
» peut être dit d'un passage par eau, lequel est
» presque toujours dangereux, et c'est pourquoi
» la loi use de ces termes *æquè, commodè*, pour
» montrer que le passage doit être aussi com-
» mode; suivant ces raisons, par un arrêt du
» parlement de Paris, rapporté par le commen-
» tateur de M. Louet, L. C., N. I. Il a été jugé
» que celui qui avait une portion d'ile et de pré,
» en laquelle il ne pouvait aller par terre, si non
» en passant au travers de l'ile de son voisin, le
» pouvait forcer de lui livrer un chemin, *justo*
» *pretio.* Voyez Coquille, question 74, et de
» Lalende sur l'article 251 de la coutume
» d'Orléans.

S'il nous était permis de hasarder une opinion sur un point aussi délicat, nous dirions qu'il ne nous paraît pas possible d'établir une règle fixe ni générale, et qu'il est tel cas où les tribunaux pourront considérer la rivière ou le ruisseau, soit comme une voie publique, soit comme une issue sur la voie publique; et tel autre où ils pourront porter une décision toute différente. Leur jugement à cet égard dépendra des circonstances, de l'étendue de l'héritage, de son éloignement, du genre de culture auquel il sera consacré, et des moyens de transport ou de communication existant sur la rivière. Nous en trouvons un exemple dans le Recueil de M. Sirey, an 1821, pag. 153, deuxième partie.

M. D... était propriétaire d'une prairie qui s'étendait le long de la grande route et qui était séparée de la rivière d'Eure par d'autres prairies appartenant à sept particuliers.

Ceux-ci ayant réclamé le passage par la prairie de M. D... Ce propriétaire l'a refusé, sur le fondement qu'il n'y avait pas enclave dans le sens de l'art. 682 du code civil, puisqu'il y avait issue sur la rivière d'Eure.

Le tribunal de Louviers, juge de la contestation, décida que la rivière n'est pas issue dans le sens de la loi, attendu qu'il n'y a ni *pont* ni *bac*. M. D...

fut condamné par suite à fournir passage moyennant une indemnité annuelle.

Sur l'appel, il a soutenu en principe que, sans pont ni bac, on pouvait facilement s'assurer le passage sur de petits bateaux ou échaudes dont l'usage est habituel pour d'autres propriétaires voisins et que l'entretien de ces échaudes ne serait pas plus dispendieux que l'indemnité annuelle.

Par arrêt du 16 février 1821, la cour de Rouen a mis l'appel au néant, (sans adopter les motifs des premiers juges) : la cour a décidé y avoir enclave et lieu à accorder passage, attendu que l'exploitation des prairies des intimés n'a jamais eu lieu par la rivière d'Eure ;

Que d'ailleurs il y aurait tout à la fois *extrême difficulté*, et même danger pour les récoltes que cette exploitation se fit par ladite rivière.

Quoique cet arrêt ne soit pas assez bien ni assez formellement motivé, et qu'il n'ait pas décidé que les demandeurs n'avaient pas d'issue, parce que celle qu'offre la rivière est impraticable, que sous ce rapport on puisse dire, peut-être, qu'il ne remplit pas le vœu de la loi ; cependant, comme il déclare qu'il y aurait extrême difficulté et même danger pour les récoltes, il nous semble que cette déclaration a suffi pour motiver l'application de l'art. 682.

177. Il n'est pas loisible à celui qui a droit à la

servitude de passage, de la prendre sur celui des héritages voisins qu'il lui plaît de choisir, et l'art. 683 contient à cet égard des principes dont il est important de se bien pénétrer.

En général, le passage doit être établi de manière à offrir le trajet le plus court du fonds enclavé à la voie publique.

Mais ce principe n'est pas absolu; et comme il faut surtout que cette servitude soit le moins onéreuse qu'il est possible pour le propriétaire qui la supporte, il arrive assez souvent qu'on oblige celui qui la réclame, à faire un plus long trajet, parce que l'héritage le plus voisin du chemin est beaucoup plus précieux, beaucoup plus productif que le plus éloigné. C'est ce qu'exprime le mot *régulièrement*, inséré dans l'art. précité, et ce qui a été jugé par un arrêt du 1.er mai 1811, Recueil de M. Dalloz, an 1811, pag. 140. Par une conséquence des termes dans lesquels cet art. est conçu, celui qui a besoin du passage peut être autorisé à le prendre sur un héritage plus éloigné de la voie publique, si pour l'établir sur le plus rapproché, il était obligé de faire des travaux dont les frais fussent considérables. En un mot, le législateur n'a entendu établir qu'une règle générale, dont il a laissé aux tribunaux la faculté de s'écarter suivant les circonstances, de manière à concilier le respect dû à la propriété qui, comme nous l'avons déjà dit, doit être la première et principale considération, avec le besoin du passage qui n'est qu'une considération secondaire.

278. La servitude légale de passage peut être invoquée par le propriétaire enclavé, quelque soit la nature de son héritage, quelque soit l'usage auquel il est consacré; en exprimant qu'il peut réclamer un passage pour *l'exploitation de son fonds*, l'art. 682 n'a pas eu l'intention de restreindre son application aux fonds ruraux; elle pourrait donc être également invoquée par un propriétaire de maison, puisque le passage serait indispensable pour l'employer à l'usage auquel elle est naturellement destinée. La différence de culture ou de destination des héritages pourrait seulement être prise en considération pour déterminer l'étendue et le mode d'exercice de la servitude, telle que la largeur du passage, sa direction et l'heure à laquelle il doit être exercé, ce que la loi a entièrement abandonné à la conscience et aux lumières des magistrats.

Par une juste réciprocité, le riverain de la voie publique est obligé de fournir le passage, quelque soit la nature et la destination de son héritage; ce qui serait applicable même au cas où il serait contraint, pour le fournir, de percer un mur, ou de faire à sa propriété tel autre changement que la circonstance rendrait nécessaire.

279. La servitude dont nous parlons dans ce chapitre existe sans titre, où plutôt le titre de celui qui la réclame est dans la loi qui l'établit. Ainsi, par cela seul qu'un héritage est enclavé et sans issue, celui qui en est le propriétaire a le droit de réclamer un passage sur les fonds voisins.

Mais la détermination des fonds qui doivent supporter cette charge n'est pas invariable, puisqu'il faut concilier le droit du propriétaire de l'héritage assujetti avec celui à qui le passage est dû, de manière à ce qu'il soit le moins dommageable possible pour tous les deux, et surtout pour le premier.

Lorsque le propriétaire enclavé aura passé sur un fonds pendant le temps requis pour constituer la prescription, celui-ci sera-t-il fondé à prétendre qu'il n'est point assujetti au passage; qu'il doit être pris sur un autre héritage, sous prétexte que celui-ci, étant plus voisin de la voie publique, en souffrirait un moindre dommage? Il nous semble qu'il ne faut pas confondre la servitude légale avec celle qui ne peut exister qu'en vertu d'un titre. Pour celle-ci, il est manifeste que le mode de son exercice ne peut être fixé par la prescription, puisque la servitude elle-même ne peut pas s'établir de cette manière; mais, par la raison contraire, il nous semble que, dans le cas proposé, le mode de la servitude est irrévocablement fixé par la prescription; c'est au surplus de cette manière que la loi a été interprétée par un arrêt de la cour de cassation du 16 juillet 1821 (Recueil de M. Sirey, 1822, p. 154), dans lequel on lit les motifs suivants :

« Vu les art. 682, 690, 2262 et 2281 du code » civil;

» Attendu qu'il s'agit dans la cause d'une ser» vitude de passage nécessaire dont, aux termes » de l'art. 682 du code civil, les fonds environ» nants peuvent être grevés malgré le proprié» taire, en l'indemnisant;

» Que cette espèce de servitude, quoique dis» continue, a toujours pu, ainsi que le reconnaît » l'arrêt attaqué, s'acquérir par la possession;

» Attendu que la durée et les conditions de » la possession requise pour acquérir la prescrip» tion n'étaient pas réglées par les lois anciennes, » et qu'ainsi il fallait sur ce point se référer aux » dispositions des art. 690 et 2262 du code civil, » qui fixent à trente ans la durée de cette pos» session, sans aucune modification. »

Nous devons d'ailleurs faire remarquer que la prescription ne peut avoir lieu que sous deux conditions :

1.° Il faut que le fonds soit enclavé et sans issue;

2.° Que le passage ait duré pendant trente ans à partir du moment où cet état de choses a commencé d'exister; toute possession antérieure n'aurait pour base que la tolérance, et ne pourrait par conséquent faire acquérir la prescription.

280. Le sujet de ce chapitre nous conduit naturellement à parler de la faculté de passer sur l'héritage d'autrui, pour faire des réparations au bâtiment ou au mur contigus. Cette faculté, connue sous la dénomination de *tour d'échelle* ou échelage, était en général une servitude urbaine et discontinue, en vertu de laquelle celui à qui elle était due, pouvait poser une échelle sur l'héritage de son voisin et occuper l'espace de terrain qui était nécessaire pour le tour de l'échelle, lorsqu'il faisait faire des réparations ou des constructions dans la partie de sa maison qui donnait du côté du voisin.

On donnait le même nom à l'espace laissé pour cet usage.

On appelait encore tour d'échelle l'espace dont un propriétaire, en construisant un mur ou un édifice, s'était reculé sur son propre héritage.

281. Quelques coutumes accordaient ce droit à titre de servitude légale résultant du seul fait du voisinage, sans qu'il fût besoin de titre pour l'établir. Telles étaient les coutumes de Melun, d'Étampes, d'Orléans, de Dunois, locale de Blois.

D'autres coutumes au contraire qui n'admettaient point les servitudes sans titres, décidaient que la servitude de tour d'échelle ne pouvait pas plus que toutes les autres s'acquérir par la possession, et celles qui autorisaient l'acquisition des servitudes par la prescription n'admettaient celle dont il s'agit que de cette manière.

Enfin, le tour d'échelle était incontestable lorsque celui qui avait construit, avait laissé au delà de la construction une portion de son terrain ; mais alors, ce n'était point à titre de servitude qu'il l'exerçait, c'était en vertu du droit de propriété dont il devait faire la preuve suivant les règles que nous avons données dans les observations placées en tête de cette troisième partie.

Le code civil ne contient aucune disposition spéciale sur le droit de tour d'échelle reclamé à titre de servitude; mais il résulte clairement des principes généraux qu'il établit sur les servitudes qu'il ne la maintient point au nombre de celles qu'il considère comme légales.

L'art. 691 porte que les servitudes discontinues parmi lesquelles le tour d'échelle doit être rangé ne s'acquièrent que par titre, et que la possession même immémoriale ne peut y suppléer; il en résulte que les propriétaires d'héritages situés dans les pays régis par les coutumes qui accordaient le tour d'échelle à titre de servitude légale, ont perdu droit et ne peuvent plus en user aujourd'hui, sans que pour cela le code civil puisse être accusé de rétroactivité.

Mais il en est différemment pour les pays dont les coutumes autorisaient l'acquisition de cette servitude par la prescription, pourvu que cette acquisition ait précédé la promulgation du code; tel est le vœu formel du même article 691.

282. Il ne faut pas toutefois donner aux règles que nous venons d'établir une interprétation trop étendue, et confondre avec le tour d'échelle ce qui ne serait que la conséquence et l'exercice d'une autre servitude.

Ainsi l'art. 696 du code civil pose en principe que, quand on établit une servitude, on est censé accorder tout ce qui est nécessaire pour en user, et ajoute, pour servir d'exemple, que le droit de puiser de l'eau à la fontaine d'autrui emporte nécessairement celui de passage.

Par suite de ce principe, il est manifeste que celui qui a droit d'égout sur l'héritage voisin, a aussi et nécessairement la faculté d'y passer et d'y placer une échelle pour faire à son toît les réparations et reconstructions sans lesquelles la servitude d'égout deviendrait illusoire.

La coutume de Reims, art. 378, contient à cet égard une disposition expresse :

« S'il est besoin (y est-il dit), de recouvrir

» un toit, *et la goutte tombe sur son voisin*, tel » voisin est tenu de bailler place pour les échelles » et ne le pourra empêcher. »

Buridan dit à ce sujet : « Cette espèce de ser- » vitude de pouvoir dresser les échelles dans » l'héritage de son voisin, *pour recouvrir son* » *toit*, ne peut être due qu'en conséquence de » celle d'égout qui est du nombre des servitudes » urbaines, et est appelée en droit *jus stillicidii*. » C'est pourquoi, c'est un préalable de savoir si » cette dernière est due, avant que de pouvoir » prétendre celle dont il est parlé au présent ar- » ticle; l'une et l'autre desquelles, par l'art. 350 » de cette coutume, ne se peut acquérir par tel » laps de temps que ce soit, sinon par titre ou » chose équipollente à titre, telles que la destina- » tion du père de famille; hors lesquels cas, » l'un des voisins ne la peut prétendre sur l'au- » tre, tous héritages étant présumés libres s'il » n'appert du contraire; et conséquemment si le » voisin ne fait apparaître suffisamment de son » droit d'égout, en vain pourra-t-il prétendre le » droit de pouvoir dresser ses échelles sur son » voisin. »

283. Lorsqu'il s'agit de la réfection ou réparation d'un mur, il faut distinguer s'il est mitoyen ou non : dans le premier cas, chaque voisin étant obligé d'y contribuer, par l'art. 655 du code

civil, est tenu par une juste conséquence de fournir le passage nécessaire.

Voyez Ferrière sur l'art. 203 de la coutume de Paris, et Coquille, question 75.

Si le mur n'est pas mitoyen, il faut encore considérer s'il est situé à la ville ou à la campagne; dans les villes où la clôture est forcée, celui à qui appartient le mur dont la réparation est urgente peut exiger ce passage. L'article 663 lui donne le droit de contraindre son voisin à concourir à la construction d'un mur de clôture, et c'est le cas d'appliquer la règle de droit que le moins est contenu dans le plus.

La difficulté se réduiroit donc aux murs de simple clôture dans les campagnes, et au cas où il faudroit réparer la couverture des bâtiments qui n'auroient aucun droit d'égoût; il est évident que, dans ce cas, le propriétaire n'a pas droit de passer sur son voisin; il a dû construire de manière à n'en avoir aucun besoin; il a dû laisser un espace suffisant de terrain pour réparer facilement ses bâtiments ou ses murs. (Voyez M. Pardessus, des Servitudes, pages 348 et 349, n.° 228.)

Cependant, si celui qui a besoin de faire des réparations à son mur ou à son toit justifiait qu'il n'a aucun moyen de les faire, il nous semble qu'il serait fondé à invoquer l'art. 682 du code civil, et à exiger de son voisin qu'il lui accorde le passage nécesssaire; mais alors il serait tenu au paiement d'une indemnité.

La généralité des termes de cet article paraît justifier cette opinion; en accordant le passage pour l'exploitation de l'héritage enclavé et sans issue, c'est-à-dire pour s'en servir suivant l'usage auquel il est consacré, le législateur a nécessairement voulu que le propriétaire de cet héritage pût y faire les réparations sans lesquelles cet usage deviendrait sinon impossible, du moins presque nul.

Cette doctrine est établie au répertoire v.°, tour de l'échelle, page 52; nous y lisons ce qui suit:

« Dès que le tour de l'échelle est une servi-
» tude, on doit suivre les principes généraux
» de ces sortes de droits, à moins qu'il n'en
» soit excepté par une loi particulière. Dans
» tous les cas, chacun doit bâtir sa maison de
» manière à n'avoir pas besoin de passer chez
» son voisin pour la reconstruire ou la réparer;
» *et si la situation des lieux nécessitait absolu-*
» *ment ce droit de passage, on pourrait seule-*
» *ment obliger le voisin à le vendre, comme*
» *on le pratique lorsqu'on a un domaine en-*
» *touré de toutes parts des possessions d'autrui.*
» Mais il n'y a pas plus de raison dans le pre-
» mier cas que dans les derniers pour attribuer

» le passage de plein droit ; on y peut seulement » admettre la destination du père de famille, » comme pour les autres servitudes. »

Si même il était indispensable, pour réparer un bâtiment, de rompre une partie de la couverture du voisin, celui-ci ne pourrait s'y refuser, pourvu que tout fût rétabli promptement et qu'on l'indemnisât. Pothier, *Contrat de société*, *n°* 246 ; Ferrière, sur l'art. 203 de la *Coutume de Paris*.

Il faut d'ailleurs observer que celui qui est obligé de souffrir ce passage doit en éprouver le moins d'incommodité possible ; qu'ainsi le voisin ne peut en user que pour le temps nécessaire, et que pour cet objet seulement ; c'est une conséquence du principe consacré par l'art. 684 du code civil.

284. Mais dès que le tour d'échelle est conservé lorsqu'il était acquis par la prescription à l'époque de la promulgation du code civil, qu'il est un cas où il peut être réclamé à titre de servitude légale, moyennant indemnité, ainsi que le veut l'art. 682 du code civil, et qu'enfin il peut être stipulé entre les parties, il est nécessaire d'examiner quelle largeur il doit avoir. Quant au tour d'échelle acquis par la prescription lors de la promulgation du code civil, il faut suivre les règles prescrites par la coutume du pays ; si elle

est muette, il faut s'en référer à l'acte de notoriété du Châtelet, du 23 août 1701, qui fixe cette largeur à trois pieds. Il faut également suivre cet acte de notoriété, soit pour le tour d'échelle réclamé en vertu de l'art. 682 du code civil, soit pour celui résultant d'une convention qui ne fixerait pas sa largeur.

Telles sont les explications dans lesquelles nous avons cru devoir entrer pour donner des idées précises sur le tour d'échelle, et détruire l'erreur de quelques praticiens qui pensent qu'un voisin peut le réclamer, dans tous les cas, comme formant une servitude légale due sans indemnité.

285. Comme nous l'avons vu, le propriétaire du fonds enclavé est obligé d'accorder une indemnité à celui sur le fonds duquel il réclame le droit de passage; il nous semble fort douteux que le premier puisse se mettre en possession de ce passage, avant d'avoir acquitté son obligation. Nous croyons que le législateur a assez fait pour lui, lorsqu'il lui a rendu applicable la disposition qui n'autorise que l'Etat à réclamer pour cause d'utilité publique, le sacrifice du droit sacré de propriété; et que s'il profite de cette disposition, il doit aussi subir la charge qu'elle lui impose de payer préalablement une indemnité.

D'ailleurs, l'art. 1612 qui, dans le cas d'une aliénation volontaire, autorise le vendeur à refuser la délivrance de la chose, si l'acheteur n'en paie pas le prix nous paraît applicable, *à fortiori*, à une cession forcée, comme celle commandée par l'art. 682 du code civil.

Un système contraire pourrait entraîner des abus, en ce qu'un homme insolvable ou de mauvaise foi prolongerait l'existence d'une contestation, pour jouir d'un droit de passage, souvent très-onéreux au propriétaire du fonds servant, et qu'ensuite il serait hors d'état de lui payer l'indemnité du dommage qu'il lui aurait causé.

Vainement opposerait-on que l'intérêt de l'agriculture exige que le propriétaire du fonds enclavé puisse exploiter son héritage pendant le litige sur la fixation de l'indemnité, litige que le débiteur du passage pourrait aussi prolonger; car il nous semble que la nécessité de maintenir le respect dû à la propriété doit l'emporter sur ces considérations, que le débat sur la fixation de l'indemnité est susceptible d'être promptement terminé, et en même temps que celui sur la nécessité du passage et la fixation de son emplacement; et qu'en cas d'appel de l'une ou de l'autre partie, le tribunal ou la cour peut ordonner l'exécution provisoire du jugement qui liquide l'indemnité, ou la consignation dans le cas de refus de la recevoir. C'est ce qu'a jugé un arrêt de la cour de

Colmar, du 26 mars 1816, que nous avons déjà cité.

Il faut d'ailleurs remarquer que la fixation de l'indemnité due au propriétaire du fonds assujetti, doit avoir pour unique base, le dommage qu'il éprouve de cette charge, sans aucune considération de l'avantage qu'en retire le propriétaire du fonds enclavé. Peu importe donc que cet avantage soit inférieur ou supérieur au dommage, puisque ce dernier doit livrer au propriétaire du fonds assujetti, l'équivalent de sa propriété : telle est la disposition expresse de l'art. déjà cité. C'est l'application au cas particulier du principe général établi par l'art. 1149 du code civil, d'après lequel les dommages-intérêts doivent être proportionnés à la perte que fait, et au gain dont est privé celui auquel ils sont dus.

286. Nous croyons que l'art. 682 qui assujettit l'enclavé au paiement d'une indemnité à raison du passage, doit recevoir une exception dans le cas où celui qui serait obligé de le fournir, serait le vendeur, le donateur, l'héritier du vendeur ou du donateur du fonds enclavé, ou même l'un de ceux qui l'ont partagé; car dans ce cas, ce ne serait plus en vertu de l'art. 682, que le droit de passage serait réclamé, mais parce qu'il serait implicitement compris dans la vente, la donation

ou le partage comme un accessoire indispensable de la chose qui en fait l'objet.

C'est ce que confirment, en termes exprès, les art. 1018 et 1615 du code civil, suivant lesquels la chose léguée doit être délivrée avec les accessoires nécessaires, et dans l'état où elle se trouve au jour du décès du donateur, et l'obligation de délivrer la chose comprend ses accessoires, ainsi que tout ce qui a été destiné à son usage perpétuel.

Une exception semblable a lieu pour le cas où les possesseurs de prés ou de terres situés au milieu d'une prairie ou d'une plaine, passent sur les prés, sur les terres qui les environnent; c'est suivant l'expression de Dunod, une faculté qui vient de la chose, qui consiste à en user, lorsqu'en le faisant, l'on ne fait aucun ou point de préjudice à celui à qui elle appartient. C'est un reste de l'ancienne communion des biens qui est fondée sur l'humanité et l'avantage de la société des hommes.

Denizart *verbo* Laboureur, n.° 12, émet la même opinion, pourvu que le passage ait lieu avec les précautions nécessaires pour qu'il soit le moins dommageable possible à celui sur le fonds duquel il s'exerce, faute de quoi il y a lieu à indemnité.

287. Toutefois, l'action en indemnité a dû par-

tager le sort des autres créances. L'art. 685 la déclare donc prescriptible, sans que pour cela le passage cesse d'être dû, puisqu'il n'a pas cessé d'être nécessaire.

CHAPITRE II.

Du chemin conventionnel.

288. Le chemin conventionnel s'entend par opposition avec le chemin légal, de celui qui résulte non-seulement d'un contrat, mais encore de tout autre acte tel qu'un testament ou un jugement et de la prescription dans les pays où, avant le code civil, il pouvait s'acquérir de cette manière.

D'après l'art. 691 du code civil, le chemin ou passage ne peut s'établir que par titre; il n'y a pas même d'exception pour la possession immémoriale.

Cependant, par une suite du principe salutaire qui interdit de faire produire aux lois un effet rétroactif, le législateur a maintenu les chemins déjà acquis par la possession lors de la promulgation du code dans les pays où ils pouvaient s'acquérir de cette manière.

Comme on le voit, cet article est une exception à la disposition que contient l'art. 2281 du même code, d'après laquelle on aurait pu penser que le législateur avait voulu laisser subsister les servitudes dont la possession avait commencé avant la promulgation du code. Pour éviter les méprises, il a formellement exprimé son intention de ne maintenir que celles qui étaient déjà acquises lors de son émission.

Vainement dirait-on qu'interpréter ainsi l'article 691 ce serait le faire rétroagir, sur le fondement qu'on lui donnerait l'effet de priver du droit de compléter une prescription qui avait commencé sous la loi ancienne.

La loi ne rétroagit que lorsqu'elle enlève des droits acquis avant sa promulgation; et elle peut, sans rétroagir, enlever des expectatives, des espérances, des droits non encore formés, non encore acquis. Or, qu'est-ce que la prescription tant qu'elle n'est que commencée? rien autre chose qu'une expectative, qu'une espérance que peut détruire, par de simples actes interruptifs, celui-là même contre lequel elle agit; et ce qu'un particulier peut faire par des actes interruptifs, bien sûrement la loi peut le faire par une disposition générale.

Or, le passage est incontestablement une servitude discontinue aux termes de l'art. 688 du code civil.

La destination du père de famille ne pourrait pas non plus suppléer au défaut de titre (art. 692 du même code.)

289. Lorsque le titre de la servitude s'explique sur son étendue et le mode de son exercice, il ne peut y avoir aucune difficulté sérieuse, à moins qu'il ne soit conçu en termes obscurs, et alors tout se réduit à une question d'interprétation.

Mais lorsque le titre garde le silence, il faut avoir recours aux dispositions de la loi.

Ainsi, la première règle c'est que celui à qui la servitude est due ne peut lui donner d'extension qui aggrave la condition du propriétaire du fonds assujetti et qu'il est obligé de se restreindre dans l'usage pour lequel il est vraisemblable que le passage a été créé, sans néanmoins que ce dernier puisse le diminuer ni faire aucune innovation qui aurait ce résultat. Ainsi il ne pourrait empêcher le propriétaire du droit de passage d'y faire tous les travaux nécessaires pour en user; mais aussi ces ouvrages devraient être exécutés à ses frais.

290. Le plus ordinairement, les difficultés s'élèveront sur la nature et la largeur du chemin. Nous pensons que, pour les applanir, il faudra suivre les règles du droit romain et les distinctions qu'il

établit entre *iter*, *actum* et *viam*. Ce sera, sans doute, aux tribunaux à examiner si, d'après les localités et l'intention présumée des parties, ils doivent accorder l'un ou l'autre passage; mais ce point une fois résolu, il ne s'agira plus que d'en fixer la largeur. Le passage avec voiture doit avoir deux mètres et demi (ou huit pieds); le passage avec bêtes de somme, moitié de cette largeur; et celui pour un homme à pied, moitié de la précédente et un demi-pied en sus.

CHAPITRE III.

Actions qui dérivent du droit de passage.

291. Celui auquel on refuse ou conteste le droit de passage doit avoir une action pour faire décider cette contestation qui ne peut être portée que devant les tribunaux civils, l'autorité administrative n'ayant sous aucun rapport le droit d'en connaître lors même que le passage serait réclamé par une commune à titre de servitude et non

comme chemin vicinal, arrêts du conseil des 21 novembre 1808, 18 août 1811, 23 avril 1818.

292. Si la contestation roule sur le fond du droit, c'est-à-dire sur la question de savoir si le passage est dû, elle doit être portée devant le tribunal de première instance de l'arrondissement dans lequel l'objet litigieux est situé et l'action sera alors purement *pétitoire*.

293. Mais il arrive très-fréquemment que la décision de la question relative à l'existence de la servitude entraîne de longs délais pendant lesquels la privation du passage est très-préjudiciable à celui auquel il est nécessaire, ou très-onéreux pour celui qui le supporte. L'un et l'autre pourront-ils se pourvoir au possessoire, le premier pour se faire maintenir dans la possession du passage, le second dans celle de son héritage, sans servitude?

Il nous semble que ce dernier a incontestablement ce droit; car la loi établit la franchise des héritages comme leur état naturel et ordinaire, et d'ailleurs l'art. 706 du code dispose que le passage cesse d'être dû si l'on est demeuré pendant trente ans sans en faire usage.

Nous ne devons cependant pas dissimuler que la cour de cassation a rendu, le 2 février 1820, un arrêt qui semble contrarier cette doctrine.

Mais M. Merlin, qui rapporte cet arrêt, questions de droit, verbo *Servitudes*, paragraphe 5, le concilie avec l'opinion qu'il professe en faveur de l'admissibilité de la complainte; il établit que quoiqu'il soit conçu en termes un peu vagues, il doit être restreint à l'objet de la contestation; que la dame Tarnier qui avait formé la complainte, n'était pas et ne prétendait même pas avoir été, au moment de son action, en possession annale de ne pas souffrir la servitude de passage dont il s'agissait; que dès lors, la teneur même de sa demande prouvait que, sous le nom d'action en complainte, c'était une véritable action au pétitoire qu'elle intentait; et que par conséquent le juge-de-paix était compétent pour en connaître. Mais M. Merlin ne doute pas que son recours en cassation n'eût été fondé, si elle eût eu en sa faveur une possession annale de franchise.

Quant à celui qui se prétend troublé dans l'exercice du passage, il faut admettre comme une règle générale qu'il n'est pas recevable à former la complainte.

Car, ainsi que nous l'avons vu, la possession ne peut faire acquérir la propriété d'un droit de passage. Elle ne peut par conséquent servir de base à la complainte; en effet, elle est fondée sur la présomption que celui qui possède est propriétaire, et le jugement qui l'accueille à cet effet qu'il est réputé l'être jusqu'à ce que son adversaire ait fait la preuve de la franchise de son héritage.

294. Ce que nous venons de dire est général pour toute la France et s'applique même aux héritages situés dans les pays où les coutumes autorisaient l'acquisition d'un passage par la prescription.

Vainement un particulier prétendant avoir acquis une servitude semblable avant le code, intentera-t-il une action possessoire sur le fondement que, soit plus d'un an avant sa promulgation, soit plus d'un an avant le trouble, il était en possession du passage, le juge de paix sera incompétent pour en connaître; le demandeur ne pourra agir que par la voie pétitoire. Telle est l'opinion de M. le Président Henrion de Pansey, *Compétence des juges de paix*, chap. 33, § 7, et elle a été consacrée par un arrêt de cassation du 3 octobre 1814, ainsi conçu : « La cour, vu » l'art. 691 du code civil, et attendu, en ce qui » touche le premier moyen, qu'en supposant, » comme l'atteste le jugement attaqué que, dans » le ressort du ci-devant parlement de Toulouse, » la servitude réclamée par le défendeur fut du » nombre de celles qui pouvaient s'acquérir par » une possession trentenaire, il fallait au moins » dans l'espèce de la cause que la possession par » lui alléguée fût à la fois de cette nature et anté- » rieure à la publication du code civil; or, comme » le jugement attaqué se borne à énoncer que le

» défendeur était en possession de passer sur le
» terrain du demandeur pendant l'année qui a
» précédé cette publication, sans indiquer d'une
» manière précise l'époque à laquelle cette pos-
» session aurait pris naissance, il s'en suit néces-
» sairement que le tribunal de St.-Pons a fausse-
» ment appliqué l'exception énoncée au susdit
» article 691 du code, laquelle n'est applicable
» qu'au seul cas où la possession trentenaire allé-
» guée serait acquise au moment de la publica-
» tion du code civil et qu'il a par conséquent
» méconnu les règles de la compétence judiciaire,
» en confirmant la décision du juge-de-paix qui
» avait mal à propos admis par voie de com-
» plainte une action qui ne pouvait être poursui-
» vie *que par voie pétitoire;* en ce qui touche le
» second moyen, attendu que l'incompétence
» étant reconnue, il ne peut y avoir lieu à y sta-
» tuer; Casse. »

De ce que nous venons de dire il résulte que l'opinion contraire qu'émet M. Merlin (questions de droit), ne peut être attribuée qu'à un défaut d'attention ; ce qui le prouve, c'est qu'il se fonde sur le sentiment de M. Toullier qui a écrit avant l'arrêt du 3 octobre 1814.

295. Mais la jurisprudence a introduit une exception à cette règle générale ; comme la loi autorise l'acquisition du passage par titre, celui qui se

prétend troublé dans la possession annale d'un droit de passage pourra intenter une action possessoire en produisant son titre pour justifier le caractère de sa possession.

Toutefois il était nécessaire que la jurisprudence s'expliquât à cet égard; car au premier aspect on aurait pu croire que l'examen des titres tenant au fond du droit, le juge-de-paix en s'y livrant aurait cumulé le pétitoire et le possessoire contre le vœu si formel de l'art. 25 du code de procédure civile.

Mais en consultant les titres, le juge de paix ne fait que déterminer le caractère de la possession et reconnaître qu'elle n'a point eu lieu à titre précaire; en cela il ne fait qu'éclairer le possessoire. La décision qu'il rend n'a point autorité de chose jugée sur le pétitoire qui demeure intact et qui doit être soumis au jugement du tribunal de première instance, comme si le jugement possessoire n'existait pas.

Cette solution a fait naître une autre question. On s'est demandé si le juge-de-paix serait encore compétent dans le cas où le titre produit devant lui par l'une des parties serait contesté par l'autre. Pour la négative, on disait que si un juge-de-paix pouvait consulter les titres pour apprécier le caractère de la possession du demandeur c'était seulement lorsqu'aucune contestation ne s'élevant sur son application, il n'y avait pas lieu de l'interpréter; mais que, dans le cas contraire, il ne pouvait pas juger parce qu'il ne lui appartenait pas de connaître de l'interprétation des actes.

Mais on répondait avec raison que ce serait annuler la juridiction des juges de paix en cette matière que de les dépouiller du pouvoir de statuer sur le fondement de la contestation élevée par une des parties sur l'acte produit par son adversaire, parce que la première ne manquerait jamais d'élever une pareille contestation. La jurisprudence a donc introduit cette règle que le juge-de-paix peut statuer sur l'action possessoire, et apprécier les titres produits malgré la contestation dont ils sont l'objet devant lui.

Tous ces principes ont été établis par une foule d'arrêts et notamment par ceux des 6 juillet 1812 (*Recueil de M. Dalloz*, an 1813, pag. 287, et 17 mai 1820, même recueil, an 1820, pag. 459.)

« Dans ce dernier arrêt on lit les motifs suivants : » vu l'art. 10 du titre 3 de la loi du 24 août 1790 » et l'art. 23 du code de procédure : Attendu que » de ces articles il résulte que le possesseur d'une » servitude discontinue apparente ou non appa» rente est recevable à intenter devant le juge» de-paix l'action possessoire, pourvu qu'il la » forme dans l'année du trouble, et qu'il prouve

» qu'il possède à titre non précaire ; que cette » preuve ne pouvant être faite que par la repré- » sentation du titre, le juge-de-paix doit en » prendre connaissance sous le rapport de la pos- » session, c'est-à-dire pour juger si ce titre a » pu autoriser le demandeur à posséder *animo* » *Domini*, comme lorsque la possession de trente » ans et plus est la seule base de la demande » en maintenue de possession d'an et jour, le » juge-de-paix peut, sous ce rapport, renvoyer » les parties au pétitoire ; mais que de la contes- » tation sur le titre ou la dénégation de la pos- » session immémoriale, il ne résulte pas que le » juge-de-paix cesse d'être le seul compétent » pour statuer sur l'action possessoire déclarée » recevable par la loi, et dont il a été réguliè- » rement saisi. »

Les mêmes principes ont encore été consacrés par deux arrêts des 21 décembre 1820 et 16 janvier 1821. *Recueil de M. Dalloz*, an 1821, p. 100.

296. Nous croyons qu'il n'est pas étranger à l'objet de notre travail de donner quelques règles sur les actions relatives aux droits des communes. C'est par là que nous allons terminer.

Lorsqu'un droit de passage ou un chemin est dû à une commune, les actions qui s'y réfèrent doivent-elles être exclusivement intentées par le maire, ou peuvent-elles l'être par chaque habitant en particulier ?

L'art. 1.er de la loi du 29 vendémiaire an V, est ainsi conçu : « le droit de suivre les actions qui » intéressent *uniquement* les communes, est » confié aux agents desdites communes, et à leur » défaut, à leurs adjoints. »

L'art. 13, titre 2, de la loi du 28 pluviose, an VIII, confère aux *maires* et *à leurs adjoints* le droit de suivre ces mêmes actions.

Enfin, un arrêté du Gouvernement, du 24 germinal an XI, trace des règles spéciales au cas où des sections d'une même commune, seraient en contestation, relativement à des intérêts particuliers à ces sections. On peut recourir à cet arrêté qui se trouve au bulletin des lois, troisième série, n.° 2699.

Mais doit-on considérer comme intéressant *uniquement* une commune, l'action relative à l'exercice d'un droit de passage ?

S'il s'agissait d'un droit communal ordinaire, la question serait très-facile à résoudre. On examinerait d'abord si la jouissance de la propriété communale peut avoir lieu par chaque habitant en particulier.

On considérerait ensuite si le débat porte sur le fonds du droit, c'est-à-dire sur la propriété, ou seulement sur la possession, sur la jouissance.

Dans le premier cas, point de doute que l'action ne puisse être soutenue que par le représentant de la commune, parce qu'elle intéresse uniquement la généralité des habitants; car ce n'est pas par un motif particulier à tel ou tel, que l'exercice du droit est refusé, c'est parce que ce droit n'appartient pas à la commune, et que conséquemment ses habitants ne peuvent, en cette qualité, avoir un droit qu'elle n'a point.

Dans le second cas, la contestation peut être soutenue par chaque habitant en particulier, parce que la partie adverse se bornant à prétendre que celui-ci a mal usé du droit appartenant à la communauté, ou qu'il n'a pas le temps de résidence nécessaire pour jouir des prérogatives attachées à la qualité d'habitant, le débat est étranger à la communauté.

Pour que ces principes soient applicables, il n'importe, au surplus, que la question de propriété soit élevée par action principale, ou incidemment à une question possessoire, la forme ne changeant rien à la question. Seulement, dans ce dernier cas, la commune doit être mise en cause pour soutenir la contestation.

Un décret du 9 brumaire an XIII (Bulletin, n.° 365), relatif à *la jouissance* des biens communaux, autorise le conseil municipal de la commune, et même *un* ou *plusieurs habitants ou ayant droit à la jouissance* de recourir au conseil d'Etat contre les décisions des conseils de préfecture relatifs à cet objet.

Ce décret distingue, comme on le voit, les contestations qui portent sur la jouissance seulement, de celles qui sont relatives au fond du droit. En n'accordant aux particuliers que l'exercice des actions relatives à la jouissance, à la possession, il maintient les dispositions des lois de l'an v, et de l'an VIII sur celles relatives à la propriété.

Un arrêt du conseil du 27 novembre 1814, inséré au bulletin des lois, 5.ᵉ série, n°. 482, établit cette distinction d'une manière encore plus claire.

On y lit les motifs suivants :

« Considérant que lorsqu'*un bien est reconnu* » *communal*, qu'il ne s'élève aucune contestation » *sur la propriété de la commune*, chaque habi- » tant a un droit personnel à la jouissance de ce » bien, et peut par conséquent, ainsi que le dé- » cide le décret du 9 brumaire an XIII, intenter » en son nom privé, les actions relatives à l'exer- » cice de ce droit ;

» Mais qu'il en est autrement pour les actions » qui concernent la propriété des biens commu- » naux; qu'il est évident, en effet, que cette » propriété appartient, non à chaque habitant

» en particulier, mais à la commune en corps, » à l'être moral connu sous cette dénomina» tion, d'où il suit 1.° que les actions qui tendent » à la revendication d'un bien communal, sont » du nombre de celles qui, aux termes de la loi » du 29 vendémiaire an v, intéressent *unique-* » *ment* les communes;

« Et 2°. que d'après la même loi, ces actions » ne peuvent être intentées que par les adminis» trateurs chargés de veiller aux intérêts des » communes;

» Considérant, dans l'espèce que la réclama» tion dont il s'agit, a pour objet la propriété » d'un bien que l'on prétend communal, que les » suppliants agissant en leur nom personnel, » sont non recevables à intenter cette action. »

Mais ces principes s'appliquent-ils aux chemins? Nous croyons qu'il faut résoudre cette question affirmativement, soit qu'il s'agisse d'un droit de passage acquis à une commune à titre de servitude, sur l'héritage d'un particulier, soit même qu'il s'agisse d'un chemin vicinal. C'est ce que la cour de cassation nous paraît avoir jugé par deux arrêts.

Dans l'espèce du premier, un sieur Aubin Mairet, habitant de la commune de Fauverney, ayant passé plusieurs fois par la cour de la dame Tarnier, faisant suite à un chemin public, pour aller puiser de l'eau dans une fontaine voisine, la dame Tarnier l'a fait citer en complainte possessoire devant le juge-de-paix de Genlis, pour voir dire qu'elle serait maintenue dans la possession exclusive de sa cour, *attendu qu'elle n'était point assujettie à la servitude de passage exercée par le sieur Aubin Mairet.*

Celui-ci a répondu qu'il n'avait passé par la cour de la dame Tarnier, qu'en vertu du droit qu'en avaient les habitants de la commune de Fauverney : il a soutenu que ce droit était fondé sur une possession immémoriale.

8 mai 1817, jugement définitif qui, faute par le sieur Aubin Mairet, d'avoir mis en cause la commune de Fauverney, maintient la dame Tarnier dans la libre possession de sa cour, et fait défenses expresses au sieur Aubin Mairet d'y passer à l'avenir, tous ses droits au pétitoire réservés.

Appel de la part du sieur Aubin Mairet; et le 5 mai 1818, jugement du tribunal civil de Dijon, qui annule le jugement du juge-de-paix, pour cause d'incompétence, par les motifs suivants : « Considérant qu'il est constant, en fait, que » depuis un temps immémorial, le passage dont » la Dame Tarnier demande la suppression, » existe; qu'elle n'a pu, sous ce rapport, agir » par voie de complainte possessoire; que la » contestation sur le droit de servitude dis-

» continue, tient essentiellement au pétitoire, » et ne peut être décidée qu'à la vue des titres » ou d'une possession suffisante pour prescrire; » considérant que le sieur Aubin Mairet seul » avait intérêt et qualité pour défendre, *ut singulus*, à la demande de la dame Tarnier, et » que c'est à tort que le juge-de-paix aurait subordonné son droit à la volonté de la masse » des habitants du corps; que c'est dès-lors le » cas d'annuler les jugements dont est appel, » comme rendus par un juge incompétent, en réservant aux parties leurs droits respectifs au » pétitoire. »

La dame Tarnier s'étant pourvu en cassation, son recours a été rejeté, par arrêt du 2 février 1820, dans lequel on lit entre autres motifs les suivants :

« Attendu que quelles que fussent la personne » et la qualité du demandeur, la nature de la » demande demeurait toujours la même; attendu » au surplus que le droit du passage en question » étant présenté comme appartenant aux habitants de la commune de Fauverney *ut singulis*, » et non pas *ut universis*, il pouvait être individuellement défendu par chacun d'eux. »

Voici l'espèce du second arrêt.

Le sieur Naude Marracou, en sa qualité d'habitant de la commune de N....., prétendait avoir droit de passer sur une lande du sieur Bataille, attendu qu'il existait sur cette lande *un chemin public vicinal*, à l'usage de la commune.

Troublé dans l'exercice de ce droit de passage, le sieur Naude Marracou assigne le sieur Bataille pour voir dire qu'il existait sur sa propriété *un chemin public communal*, à l'usage de la commune de N.....

Le sieur Bataille répond que le chemin dont s'agit, n'était ni public ni communal; qu'il était sa propriété privée, et qu'au surplus le sieur Naude Marracou était non recevable à réclamer individuellement, et en son nom particulier, un droit appartenant à la commune qu'il habitait; que la commune avait seule qualité pour exercer une action semblable.

30 juin 1819, jugement du tribunal civil de Tarbes, qui déclare le sieur Naude Marracou non recevable.

Appel — 12 mai 1821, arrêt de la cour royale de Pau qui confirme.

Pourvoi en cassation, pour fausse application de l'art. 1.er de la loi du 29 vendémiare an v, en ce que l'arrêt dénoncé a fait l'application de cet article, bien que dans l'espèce il ne s'agit pas d'une action intéressant la commune, mais d'une action intentée dans l'intérêt personnel d'un habitant troublé dans l'exercice du droit de passage sur un chemin vicinal.

Le 16 juillet 1822, il est intervenu, au rapport de M. conseiller Lasagny, un arrêt de la section des requêtes, ainsi conçu :

« La cour — attendu, en droit que dans les con-
» testations qui s'élèvent sur les propriétés et
» droits prétendus communaux, il faut distin-
» guer le cas où le fonds du droit étant reconnu
» et avoué, on n'en refuse l'exercice qu'à tel ou
» tel autre parmi les habitants de la commune ;
» que si, dans ce second cas, s'agissant d'un
» droit particulier et individuel de ces habitants,
» ils peuvent agir individuellement en leur privé
» nom, et de leur propre chef, *uti singuli*, il
» n'en est pas de même dans le premier cas, où
» s'agissant d'un intérêt général appartenant au
» corps moral tout entier, c'est à ce même corps
» moral tout entier de le faire valoir, par le mi-
» nistère de ses représentants, et les habitants
» ne peuvent agir qu'*uti universi*, et que, l'ayant
» ainsi jugé, l'arrêt attaqué n'a fait qu'une juste
» application des lois de la matière ; rejète. »

297. Il est très-important de faire remarquer que, lorsque la contestation intéresse la commune, l'assignation doit être donnée au maire seul, lors même qu'il serait absent, et non à l'adjoint; vainement, dirait-on, que l'adjoint

supplée et remplace de plein droit le maire, lorsque celui-ci éprouve un empêchement quelconque, et qu'aux termes des lois de l'an v, et de l'an VIII, les actions qu'intéressent les communes peuvent être intentées par les maires ou leurs adjoints; on répondrait que ce raisonnement peut être fondé, lorsque la commune est *demanderesse et assigne;* mais que l'art. 69 du code de procédure civile, établit des formalités particulières, pour le cas où elle est défenderesse et ajournée; qu'elle doit l'être *en la personne* ou *au domicile du maire,* qui doit viser l'original, et que si le maire est absent ou refuse le *visa,* ce n'est pas une raison pour s'adresser à l'adjoint, la loi ayant prévu le cas, et ayant désigné les fonctionnaires compétents pour recevoir la copie et donner le *visa;* ces fonctionnaires sont le juge-de-paix ou le procureur du Roi de l'arrondissement.

Il est d'autant plus nécessaire de se conformer strictement à ce que cet article prescrit que le suivant attache à son inobservation la peine de nullité.

298. De ce que nous venons de dire, il résulte qu'une assignation qui serait donnée à une commune en la personne ou au domicile de l'adjoint (le maire absent), serait nulle, lors même que le *visa* aurait été donné par le juge-de-paix ou le

procureur du Roi; c'est le maire, et non l'adjoint, qui doit figurer dans la contestation.

Qu'une assignation donnée à la commune en la personne ou au domicile du maire, mais en parlant à l'adjoint qui a visé l'original, serait également nulle.

C'est, au surplus, ce qu'a jugé la cour de cassation, par trois arrêts, des 10 juin 1812, 22 novembre 1813, et 10 février 1817.

Nous devons aussi faire remarquer que M. Merlin portait la parole, lors de l'arrêt du 22 novembre 1813, qui fut rendu contre ses conclusions, dans lesquelles on trouve une discussion approfondie de la question.

Voici le texte des deux derniers arrêts.

Arrêt du 22 *novembre* 1813, *entre les maire et habitants de la commune d'Ennezat, et les maire et habitants de la commune de Riom.*

Vu l'art. 69, § 5, et l'art. 70 du code de procédure civile;

« Attendu qu'il est prescrit par l'art. 69 § 5 que » les communes seront assignées en la personne » ou au domicile du maire; que l'original sera » visé de celui à qui copie de l'exploit sera » laissée; qu'en cas d'absence ou de refus, le » *visa* sera donné, soit par le juge-de-paix, soit

» par le procureur du roi près le tribunal de
» première instance, auquel, en ce cas, copie
» sera laissée, que cet article exclut l'adjoint du
» maire par cela même qu'il ne le nomme pas,
» et qu'en cas d'absence ou de refus du maire,
» il appelle expressément et immédiatement,
» pour recevoir la copie et donner le *visa*, l'au-
» torité judiciaire ;

» Attendu que dans l'espèce l'huissier a laissé,
» en l'absence du maire, la copie à l'adjoint, et
» a fait donner le *visa* par lui, sans recourir,
» soit au juge-de-paix, soit au procureur du roi
» près le tribunal de première instance ;

» D'où il suit que l'exploit est nul aux termes
» de l'art. 70 précité ;

» La cour admet la fin de non recevoir, dé-
» clare en conséquence les demandeurs déchus
» de leur pourvoi.

» Fait et jugé le 22 mars 1813. »

Entre les sieurs et dames, etc., agissant comme garants des héritiers des sieurs de la Rue-Mareille, et les maire, habitants et commune de Reynel.

« Vu l'article 69, §. 5, du code de procédure civile, ainsi conçu :

» Seront assignés 1.°, 2.°, 3.°, 4.°, 5.°, les
» communes, en la personne ou au domicile du
» maire, et à Paris en la personne ou au domi-

» cile du préfet. Dans les cas ci-dessus, l'original » sera visé de celui à qui copie de l'exploit sera » laissée : en cas d'absence ou de refus, le *visa* » sera donné, soit par le juge-de-paix, soit par » le procureur du roi près le tribunal de pre- » mière instance, auquel, en ce cas, la copie » sera laissée. »

« Attendu que cet article exige impérieusement que la signification d'un exploit notifié à une commune soit laissée au maire de cette commune ou à son domicile, que l'original en soit visé par lui, ou, en son absence, par le juge-de-paix de l'arrondissement, ou par le procureur du roi près le tribunal de première instance, auquel, en ce cas, il doit en être laissé copie;

» Attendu que, parmi les fonctionnaires désignés en cet article, il n'est fait aucune mention de l'adjoint du maire, et que, dans le silence du législateur à cet égard, il n'est pas dans la puissance de la cour de reconnaître dans ce dernier fonctionnaire une attribution que la loi elle-même ne lui a pas accordée;

» Attendu, en fait, que dans l'espèce la signification de l'arrêt portant admission du pourvoi a été faite à la commune de Reynel dans la personne de l'adjoint au maire de cette commune, en l'absence de ce dernier, et que l'original n'en a été visé que par ledit adjoint; d'où il suit que cette signification est irrégulière et nulle, et que, n'ayant été suivie d'aucune autre signification régulière dans le délai de la loi, les demandeurs en cassation doivent être déclarés déchus de leur pourvoi, aux termes de l'article 30 du titre 4 de la première partie du règlement de 1738;

» Par ces motifs, la cour déclare les demandeurs en cassation déchus de leur pourvoi.

» Fait et jugé le 10 février 1817. »

299. Cependant il en serait différemment, s'il n'y avait pas de maire par mort, démission ou destitution, ou s'il était suspendu de ses fonctions. L'adjoint ferait fonction de maire, et par la force des circonstances, on serait obligé d'assigner la commune en sa personne.

300. On a élevé la question de savoir si des assignations données au maire ou par lui sous la seule qualification de maire de la commune de... sans autre indication étaient valables.

Cette question suppose, comme on le voit, deux cas différents; ou le maire est défendeur ou il est demandeur.

Dans les deux cas on disait, pour faire annuler l'assignation, que l'art. 61 du code de procédure exige qu'elle contienne les noms et domiciles du demandeur et du défendeur; que personne en France, à l'exception du Roi, ne plaide par procureur; qu'ainsi, il était indispensable d'exprimer dans l'exploit qu'il était signifié à la commune de... en la personne de M....., son maire, demeurant à..... ou à la requête de la commune de......., en la personne de M......., son maire, demeurant à....... On trouvera dans l'analyse raisonnée de M. Carré et dans ses questions de procédure une discussion très-étendue à ce sujet.

La cour de cassation, statuant sur ces fins de non recevoir, les a rejetées, attendu 1.° que l'assignation donnée à la requête du *maire de la commune* est sans aucune dénomination individuelle; et que par cela seul elle doit être réputée du fait du fonctionnaire qui remplissait alors les fonctions de maire; 2° que la loi qui autorise les communes à plaider par l'organe de leurs maires, n'exige pas l'indication spéciale des noms et domicile de ce fonctionnaire; qu'ainsi l'assignation dont il s'agit ne présente aucune violation de la loi.

L'arrêt qui contient cette décision est du 12 septembre 1809.

Le conseil d'État a adopté la même jurisprudence. Les sieurs Barrier et Servolle étaient en contestation avec la commune de Voingt au sujet d'une propriété que les premiers prétendaient leur appartenir, et que la commune réclamait comme bien communal.

Le conseil de préfecture du Puy-de-Dôme, se méprenant visiblement sur ses attributions, avait décidé cette question de propriété en faveur de la commune par interprétation de différents anciens titres. Consulté sur le pourvoi au conseil-d'Etat, j'observai, avant de le former, qu'il me paraissait évident que le conseil de préfecture avait rendu une décision incompétente *ratione materiæ*; mais que je craignais que le pourvoi ne fût plus recevable parce que l'arrêté avait été signifié à Barrier et Servolle il y avait plus de trois mois. L'avocat chargé des intérêts de ceux-ci, dans le département du Puy-de-Dôme, me répondit que toute la procédure et l'arrêté lui-même avaient été signifiés à la requête du sieur...., maire de la commune de Voingt et non à la requête de cette commune, poursuite et diligence de son maire; que d'ailleurs il s'agissait d'incompétence matérielle qui pouvait être opposée en tout état de cause. Quoique cette opinion fût celle d'un jurisconsulte consommé, je crus devoir réitérer mes observations; mais comme elles n'obtinrent aucun succès, je formai le pourvoi. Le conseil-d'Etat annula l'arrêté pour cause d'incompétence et sans même de communication préalable à la commune de Voingt; mais celle-ci ayant formé opposition et proposé la fin de non recevoir, je répliquai par les deux moyens dont j'ai parlé. Le conseil-d'Etat ne s'y arrêta pas, adopta la fin de non recevoir, et en conséquence rapporta sa première décision.

Son arrêt est d'autant plus remarquable que la question d'incompétence ne pouvait souffrir aucune difficulté, et qu'en matière administrative, on n'est pas aussi rigoureux sur les fins de non recevoir qu'en matière civile.

301. Une commune ne peut plaider, soit en demandant, soit en défendant, sans une autorisation préalable. C'est ce qui résulte du décret du 14 décembre 1789, sanctionné le 28 du même mois, art. 54 de la loi du 3 vendémiaire an 5 et de celle du 28 pluviôse an 8.

302. Dans l'ancienne législation l'autorisation de plaider n'était requise que dans le cas où la commune voulait intenter une action; mais les lois que nous venons de citer veulent qu'elle soit aussi obtenue pour la défense.

303. C'est aux conseils de préfecture qu'il appartient de donner ou de refuser ces autorisations. La loi du 28 pluviose an VIII est à cet égard très-positive. Lorsqu'elles ont été refusées, la commune peut se pourvoir au conseil-d'Etat pour les obtenir de ce tribunal supérieur; elles peuvent même être accordées, dans certains cas, par le conseil-d'Etat, sans avoir d'abord été demandées

au conseil de préfecture. Arrêts du conseil des 10 janvier, 7 mars, 13 juin et 15 août 1821. Cette jurisprudence paraît infiniment sage. Il ne doit pas dépendre d'un conseil de préfecture de priver une commune de l'exercice d'un droit souvent très-précieux; c'est cependant ce qui arriverait s'il ne lui était pas permis d'attaquer devant le conseil-d'Etat l'arrêté du conseil de préfecture qui lui refuse l'autorisation de plaider, et il en résulterait cette choquante contradiction que ce conseil pourrait condamner une commune en dernier ressort sans être son juge; bien que lorsqu'il statue en cette qualité il ne puisse rendre qu'une décision sujette à l'appel.

304. Mais la partie adverse d'une commune n'a pas qualité pour se pourvoir au conseil-d'Etat contre un arrêté du conseil de préfecture qui n'a fait qu'autoriser cette commune à plaider. Arrêt du conseil du 20 juin 1821.

305. C'est toujours à la commune à obtenir l'autorisation. Cela est sans difficulté lorsqu'elle est demanderesse; mais on a prétendu qu'il en devait être autrement lorsqu'elle est défenderesse : cette opinion est évidemment une erreur. La loi du 28 pluviose an VIII est ainsi conçue : «Les conseils de préfecture prononcent sur les

demandes qui leur sont présentées *par les communes* à l'effet d'être autorisées à plaider. »

Une assignation dans la forme légale et devant le juge compétent, voilà donc la seule formalité exigée pour traduire une commune devant les tribunaux.

Si le maire se présente sur cette assignation, sans être autorisé à y défendre, le juge, sur l'observation qui lui en est faite, soit par la partie, soit par le ministère public, donne à la commune un délai suffisant pour remplir cette formalité. A l'expiration de ce délai, et même d'un second, toutes les fois que les circonstances l'exigent, si l'autorisation n'est pas représentée, il demeure constant qu'elle a été refusée par le conseil de préfecture; l'affaire est jugée par défaut; ce jugement, après les significations légales et les délais voulus par la loi, devient définitif, et le procès est terminé. C'est ce qui a été décidé par deux arrêts du conseil des 4 juin 1816 et 4 novembre 1817.

306. La commune condamnée par un premier jugement peut, sans y être autorisée, signifier qu'elle en appelle, parce que cet acte est purement conservatoire; mais pour suivre sur cet appel, il lui faut une nouvelle autorisation; cependant elle ne lui serait pas nécessaire si l'arrêté du conseil de préfecture portait, au moins

implicitement, qu'en cas de non succès, elle est autorisée à parcourir tous les degrés de juridiction.

307. Une commune autorisée à plaider sur l'appel n'a pas besoin d'une nouvelle autorisation pour se pourvoir en cassation.

308. Lorsque le défaut d'autorisation n'a été opposé ni en première instance, ni en appel, il peut l'être devant la cour de cassation pour faire casser l'arrêt qui est dénoncé.

309. Les règles que nous venons de rappeler ne s'appliquent qu'aux actions réelles; quant aux actions mobilières et aux créances, il en existe d'autres qui sont établies par l'arrêté du gouvernement du 17 vendémiaire an x.

310. Les règles sur l'autorisation requise en matière réelle ne s'appliquent qu'au cas où l'action est portée devant l'autorité judiciaire; mais l'autorisation n'est pas nécessaire lorsqu'elle est portée devant l'autorité administrative. Ainsi soit qu'il s'agisse de plaider en défendant ou en demandant devant un conseil de préfecture, un préfet ou un ministre, soit qu'il y ait lieu de se pourvoir au conseil-d'Etat contre les décisions émanées de ces autorités, il n'est pas nécessaire de se munir d'une autorisation du conseil de préfecture. Le maire doit seulement prendre

la précaution de se faire autoriser par le conseil municipal, pour que la commune ne puisse pas blâmer sa conduite et refuser de payer les frais. *Voyez* Merlin, *Questions de droit*, au mot Communes, § 6, art. 44.

FIN.

TABLE

ALPHABÉTIQUE ET RAISONNÉE

DES MATIÈRES.

A.

B.

C.

Prononcent, à l'exclusion des préfets, l'amende, la démolition des constructions et la confiscation des matériaux contre ceux qui réparent ou construisent des bâtiments le long des routes, soit en pleine campagne, soit dans la traverse des villes, bourgs ou villages, sans avoir obtenu une permission préalable, ou sans s'y être conformés. 97, 98

Cette disposition s'applique à l'exhaussement d'un bâtiment et à la reconstruction d'un mur latéral. 98 à 101

Bien que la loi du 29 floréal an x confère aux conseils de préfecture la répression des contraventions commises sur les grandes routes et leurs dépendances; leur pouvoir est limité aux condamnations pécuniaires, mais ne peut s'étendre aux peines corporelles et d'emprisonnement. 134 à 142

Ils doivent donc appliquer les peines niaires en prononçant sur les amendes encourues par les contrevenants, comme sur les indemnités, restitutions et réparations auxquelles les contraventions peuvent donner lieu; mais dans les cas où les contraventions donnent lieu en outre à une peine corporelle, ils doivent, après avoir prononcé les condamnations qui sont de leur compétence, renvoyer devant les tribunaux

D.

E.

F.

J.

M.

Q.

R.

Les maires ont le droit de faire des règlements pour ordonner la suppression des gouttières saillantes sur la voie publique. 374

D'ordonner à un propriétaire de troupeau d'exercer son droit de vaine pâture sur un cantonnement déterminé, et d'y conduire son troupeau par des chemins désignés. 374, 375

Les arrêtés ou règlements des maires, rendus dans les limites de leur compétence, sont exécutoires provisoirement, avant l'approbation des préfets et jusqu'à réformation. 375, 379

Ils peuvent ordonner que les ouvriers, pour être admis à travailler sur le port d'une commune, doivent être nommés et commissionnés par le maire, afin de prévenir les rixes et de maintenir la tranquillité. 375, 376, 377, 378

Les maires ne peuvent, par des règlements de police, imposer aux habitants de leurs communes l'obligation de tapisser le devant leurs maisons pour les processions usitées dans le culte catholique. 378

Ni de montrer certains signes le jour d'une fête royale, et spécialement d'arborer un drapeau blanc à leurs maisons le jour de la St.-Louis. *ibid.*

Mais ils peuvent prescrire ou défendre de

RUES ET PLACES PUBLIQUES.

S.

T.

V.

U.

FIN DE LA TABLE.

ERRATA.

Page 44, ligne 21, au lieu de *ils*, lisez *elles*.
Pag. 127, lig. 20, au lieu de *appliquées*, lisez *applicables*.
Pag. 130, lig. 13, au lieu de *par l'article*, lisez *par cet article*.
Pag. 234, lig. 27, au lieu de *augmenter*, lisez *les augmenter*.

Nisi meruerit homo per fidem assequi gratiam, inutilis est, nec aptus regno Dei. Contrà verò, qui gratiam spiritûs acceperit, nullatenùs aversus, aut per negligentiam, aut delictum, gratiam contumeliâ afficiat, et ità temporum successu decertans spiritum sanctum non contristet, vitam æternam consequi poterit. Quemadmodùm enim sentit quispiam operationes vitiosas, ex ipsis affectionibus, irâ, inquam, concupiscentiâ, invidiâ, torpore, pravis cogitationibus et reliquis absurdis affectionibus: ità debet sentire gratiam et vim divinam in virtutibus, nempè caritate, benignitate, bonitate, gaudio, simplicitate, et exultatione divinâ: ut similis esse possit et contemperari cum bonâ et divinâ naturâ, cum benigno et sancto gratiæ instinctu. *S. Macar. Homil. 24. pag.* 158.

An illa ingemiscit cui vacat cultum pretiosæ vestis induere?—Animam tuam, misea, perdidisti, spiritualiter mortua supervivere hîc tibi, et ipsa ambulans funus tuum portare cœpisti, et non acriter plangis?--Non te vel pudore criminis, vel continuatione lamentationis abscondis? Ecce pejora adhuc peccandi vulnera, ecce majora delicta; peccasse nec satisfacere; deliquisse nec delicta deflere. Agite pœnitentiam jam plenam, dolentis ac lamentantis animi probate mœstitiam. Nec vos quorumdam moveat aut error improvidus, aut stupor vanus qui cùm teneantur in tàm gravi crimine, percussi sunt animi cæcitate, ut nec intelligant delicta nec plangant. Indignantis Dei major est hæc plaga, sicut scriptum est: *Et dedit illis Deus spiritum transpunctionis.* (Vulgat. *compunctionis*, Rom. cap. XI. vers. 8.)

Domini præcepta contemnunt, medelam vulneris negligunt, agere pœnitentiam nolunt. Ante admissum facinus improvidi, post facinus obstinati; nec priùs stabiles, nec postmodùm supplices. Quandò debuerant stare, jacue-

www.ingramcontent.com/pod-product-compliance
Ingram Content Group UK Ltd.
Pitfield, Milton Keynes, MK11 3LW, UK
UKHW012002240726
13965UKWH00001B/102

9 782013 554091